钢筋翻样基础知识与实例

郭 利 主编

中国建筑工业出版社

图书在版编目（CIP）数据

钢筋翻样基础知识与实例/郭利主编．—北京：中国
建筑工业出版社，2017.7
ISBN 978-7-112-20824-1

Ⅰ．①钢… Ⅱ．①郭… Ⅲ．①建筑工程-钢筋-工程
施工 Ⅳ．①TU755.3

中国版本图书馆 CIP 数据核字（2017）第 126086 号

本书主要针对钢筋翻样的初学者使用，全书共六章，主要内容包括：翻样前的准备—通用知识、梁类构件的翻样、板类构件的翻样、柱类构件的翻样、剪力墙构件的翻样、基础构件的翻样。每个章节都含有应用实例，便于读者更好地掌握相关知识。

责任编辑：张伯熙 杨 杰 万 李
责任设计：李志立
责任校对：王宇枢 芦欣甜

钢筋翻样基础知识与实例
郭 利 主编
*
中国建筑工业出版社出版、发行（北京海淀三里河路 9 号）
各地新华书店、建筑书店经销
霸州市顺浩图文科技发展有限公司制版
北京同文印刷有限责任公司印刷
*
开本：787×1092 毫米 1/16 印张：19½ 字数：482 千字
2018 年 1 月第一版 2018 年 1 月第一次印刷
定价：**45.00** 元
ISBN 978-7-112-20824-1
（30482）

前　言

　　钢筋翻样是工民建钢筋分项工程施工中的重要技术环节，其主要任务是完成图纸中，建筑构件从平面图纸表达到实际下料料单的转化。在图纸设计采用平法表达后，翻样成为一个有一定技术含量技术工种。其工作结果和质量直接影响到施工进度、质量，并对钢筋原材料的利用率提高和废料率的降低起到重要的影响，从而对总包项目部的最终效益产生直接影响。需要每个总包单位及下属的项目部对这项工作重视起来。

　　一直以来，钢筋翻样岗位归属于劳务队伍当中，其很好地解决了钢筋分项工程内部各工种的配合问题，但因为其工作目标导向的不一致，造成诸多问题和矛盾。

　　当期众多总包单位开始对钢筋分项工程实施精益管理，通过提高钢筋分项工程的管理水平，从而提高自身的盈利能力和市场竞争能力，并进行自主翻样的实践。但由于受制于翻样专业人才的匮乏和缺乏有效的管理方式及手段，自主翻样的实践受到很大制约。

　　钢筋翻样人才的培养成为实施钢筋精益管理和自主翻样工作的迫切问题。钢筋翻样人才的培养要讲究方式、方法，遵循人才成长和学习规律的科学原理。为配合总包单位翻样人才培养的需要，特编写本书助力总包单位钢筋翻样人才培养工作的开展。

　　当前钢筋翻样人才的培训对象来自两个途径，一是来自现场钢筋工程施工从业人员，另一途径来自大中专院校建筑施工相关专业的毕业生。钢筋工程从业人员学习翻样技术的主要优势是现场经验丰富，对构件钢筋的构造和安装理解颇深，其主要缺点是因为文化教育水平较低，对图集、规范的理解有难度，并且对钢筋翻样软件的学习和应用比较困难。而大中专院校毕业生对图集、规范的理解有很好的基础，对翻样软件的学习也得心应手，但由于缺乏必要的现场钢筋施工经验，对翻样要适应现场安装缺乏直观印象。

　　编者自 2012 年起长期开办钢筋翻样培训学习班，既培训了大量现场钢筋施工人员学习翻样，也为总包单位培训大中专院校毕业生从事钢筋翻样工作。积累了丰富的钢筋翻样教学经验。此次恰逢 16G101 系列图集的实施，特编写此教材以应对钢筋翻样规范的新变化和实施。

　　一个合格的翻样人才需要具备扎实的识图能力、规范图集熟练应用能力、手工计算方法和软件使用能力。本书的编写从培养学生的平法识图能力开始，第一步首先让学生具备正确、熟练的图纸阅读能力；第二步让学生全面的掌握图集和规范对钢筋构造的要求；第三步具备熟练的钢筋手工计算能力；第四步熟练地使用钢筋翻样软件进行日常工作，从而提高翻样效率；第五步清楚在现场翻样实际工作中应注意的问题，避免翻样的多发性、易错性和重大错误的产生。

　　为了钢筋翻样学习者提高学习效率，降低学习难度，本书将每种构件的学习均按照这五个步骤进行学习安排，以便学生能随学随用，满足学生快速成长的需求。本书中为了读者能深度的理解识图、钢筋构造和手工计算，采用易学易用的"E 筋施工下料软件"，通过软件的学习使用，能对前三个步骤进行回顾和加深理解。

本书在编写过程中得到了 E 筋翻样软件开发单位"北京易精软件有限公司"总经理罗智平先生、张林先生的大力支持。"北京美建联合工程咨询有限公司"总经理李国庆先生作为编者的挚友和合伙人为编者提供了宽松的写作环境和条件。在具体翻样技术上得到了优秀的翻样技术从业者段建昌先生的大力帮助。"青岛利亚特工程咨询有限公司"总经理常继新先生作为编者从事钢筋翻样教学实践及研究的引路人，引领编者走进了这个让我立志奋斗一生的行业，在此一并表示感谢。特别感谢本书的编辑张伯熙先生，是他一直的鼓励促成了本书的编写和面世。

由于编者水平有限和钢筋翻样技术的无止境，尽管尽心校对，仍难免有疏漏和谬误之处，恳请读者提出宝贵意见，编者将不胜感激。

郭 利

2017 年 2 月于北京

目　录

第一章 翻样前的准备—通用知识

第一节 钢筋混凝土

钢筋混凝土（英文：Reinforced Concrete 或 Ferroconcrete），工程上常被简称为钢筋混凝土，是指通过在混凝土中加入钢筋与之共同工作来改善混凝土力学性质的一种组合材料。

混凝土结构拥有较强的抗压强度（大约3,000磅/平方英寸，35MPa）。但是混凝土的抗拉强度较低，通常只有抗压强度的十分之一左右，任何显著的拉、弯、剪切作用都会使其微观晶格结构开裂和分离，从而导致结构的破坏。而绝大多数结构构件内部都有受拉应力作用的需求，故素混凝土极少被单独使用于工程。而钢筋具有较强的抗拉性能，在混凝土中加入钢筋，由钢筋承担其中的拉应力，混凝土承担压应力。钢筋与混凝土共同作用，使钢筋混凝土既有良好的抗压性能，又具有良好的抗拉性能。

在混凝土中加入钢筋而不是其他金属，是因为钢筋与混凝土有着近似相同的线膨胀系数，不会由环境和温度的变化产生过大的内应力，从而破坏钢筋混凝土的内部结构。

钢筋混凝土之所以可以共同工作是由它自身的材料性质决定的。首先钢筋与混凝土之间有良好的粘结力，热轧带肋钢筋的表面也被加工成间隔的横肋和纵肋来提高混凝土与钢筋之间的机械咬合，当此仍不足以传递钢筋与混凝土之间的拉力时，通常将钢筋的端部弯起90°或180°弯钩。此外混凝土中的氢氧化钙提供的碱性环境，在钢筋表面形成了一层钝化保护膜，使钢筋相对于中性与酸性环境下更不易腐蚀。

同普通混凝土一样，钢筋混凝土在浇筑后28天达到设计强度。

第二节 混凝土强度等级

混凝土，简称为"砼（tóng）"：是指由胶凝材料将骨料胶结成整体的工程复合材料的统称。通常讲的混凝土一词是指普通混凝土，它广泛应用于土木工程。普通混凝土是由水泥、粗骨料（碎石或卵石）、细骨料（砂）、外加剂和水拌合，经硬化而成的一种人造石材。砂、石在混凝土中起骨架作用，并抑制水泥的收缩。水泥和水形成水泥浆，包裹在粗细骨料表面并填充骨料间的空隙。水泥浆体在硬化前起润滑作用，使混凝土拌合物具有良好工作性能，硬化后将骨料胶结在一起，形成坚强的整体。

混凝土硬化后的最重要力学性能，是指混凝土抵抗压、拉、弯、剪等应力的能力。水灰比、水泥品种和用量、骨料的品种和用量，以及搅拌、成型、养护，都直接影响混凝土的强度。混凝土按标准抗压强度划分的强度等级称为强度等级，分为 C10、C15、C20、C25、C30、C35、C40、C45、C50、C55、C60、C65、C70、C75、C80、C85、C90、C95、C100 共 19 个等级。

第三节　钢筋的种类

一、钢筋分类

1. 钢筋分类

（1）钢筋按化学成分不同分类

碳素钢筋、合金钢筋。按碳元素和合金元素的含量还有低、中、高之分。

（2）钢筋按加工方法不同分类

热轧钢筋、冷轧钢筋、冷拉钢筋、冷拔钢筋等。

热轧钢筋是用低碳钢或低合金钢在高温下轧制，自然冷却而成。

冷轧钢筋是在常温下，将光圆的普通低碳或低合金钢筋经过轧制，使其减小直径，并且表面带肋的钢筋。

（3）钢筋按供货包装形式分类

钢筋按供货包装形式分为直条钢筋和盘条钢筋两种。直径为 12～50mm 的钢筋通常用直条供应，长度为 9 或 12m；直径小于 12mm 的钢筋通常用盘条形式供应。

2. 热轧钢筋

根据热轧钢筋强度标准值不同，分为 300、335、400、500MPa 四个级别。级别越高，钢筋的强度也越高，但塑性越低。

HPB300：质量稳定，塑性好，易成型，但屈服强度较低，不宜用于结构中的受力钢筋。（俗称一级钢）

HRB335：带肋钢筋，有利于与混凝土之间的粘结，强度和塑性均较好，是主要应用的钢筋品种之一（俗称二级钢，目前已被国家列为落后淘汰技术品种）

HRB400：带肋钢筋，粘结好，强度和塑性均较好，是主要应用的钢筋品种之一。（俗称三级钢，是当前建筑工程中最主要的钢筋品种）

HRB500：高强钢筋，我国通过对钢筋成分的微合金化而开发出来的一种强度高、延性好的钢筋新品种。（俗称四级钢，是当前国家大力推广的钢筋品种）

RRB400：是 HRB335 钢筋热轧后穿水，使钢筋表面快速冷却，利用钢筋内部温度自行回火而成，淬火钢筋强度提高，但塑性降低，余热处理后塑性有所改善。

二、钢筋的力学性能

1. 抗拉性能

抗拉性能是钢筋最重要的技术性质，其是指抵抗拉应力所做出的一系列变化。钢筋的抗拉性能可用其受拉时的应力—应变图来阐明（见图1-1）。

① 线性阶段（OA段）

该阶段正应力与正应变成正比，A点对应的正应力，为材料的比例极限σ_ρ。

② 屈服阶段（AB段）

在此阶段内，应力几乎不变，而变形却急剧增加的现象，称为屈服。钢材受力达屈服点后，变形会迅速发展，尽管尚未破坏但已不能满足使用要求，故设计中一般以屈服点作为强度取值依据。通常把B下点对应的应力作为屈服强度，用σ_s表示。

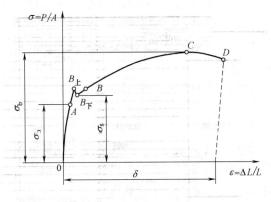

图1-1 钢筋应力—应变图

③ 强化阶段（BC段）

当荷载超过屈服点以后，由于试件内部组织结构发生变化，抵抗变形能力又重新提高，故称为强化阶段。强化阶段的最高点C所对应的正应力，称为材料的强度极限，用σ_b表示。

④ 颈缩阶段（CD段）

当应力增长至强度极限之后，试样的某一局部显著收缩，产生颈缩。由于试件断面急剧缩小，塑性变形迅速增加，拉力也就随着下降，最后发生断裂。

横坐标表示钢筋长度变化值与钢筋长度的比值，纵坐标表示钢筋单位面积上所受的拉应力。

2. 冷弯性能

钢筋冷弯是考核钢筋的塑性指标，也是钢筋加工所需的。钢筋弯折做弯钩时应避免钢筋裂纹和折断。低强度的热轧钢筋冷弯性能较好，强度较高的冷弯性能稍差，冷加工钢筋的冷弯性能最差。

冷弯性能是反映钢筋变形能力的指标，如图1-2所示中的中心轴直径越小，钢筋弯转角度越大，钢筋的冷弯性能就越好，它反映了钢筋的塑性性能。

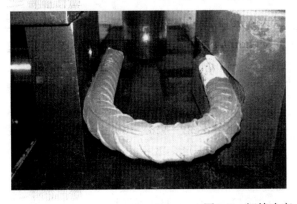

图1-2 钢筋冷弯

3. 焊接性能

钢材的焊接性能系指被焊钢材在采用一定焊接材料、焊接工艺条件下，获得优质焊接

3

接头的难易程度，也就是钢材对焊接加工的适应性。它包括：

（1）工艺焊接性，也就是接合性能，指在一定焊接工艺条件下焊接接头中出现各种裂纹及其他工艺缺陷的敏感性和可能性。

（2）使用焊接性，是指在一定焊接条件下焊接接头对使用要求的适应性，以及影响使用可靠性的程度。

在施工过程中，钢筋的焊接形式通常有闪光对焊、电渣压力焊、单面焊、双面焊、帮条焊几种。

4. 锚固性能

钢筋混凝土结构中，两种性能不同的材料能够共同受力，是由于它们之间存在着粘结锚固作用，这种作用使接触界面两边的钢筋与混凝土之间能够实现应力传递，从而在钢筋与混凝土中建立起结构承载所必需的工作应力。

钢筋在混凝土中的粘结锚固作用有：

（1）胶结力——即接触面上的化学吸附作用，但其影响不大；

（2）摩阻力——它与接触面的粗糙程度及侧压力有关，且随滑移发展其作用逐渐减小；

（3）咬合力——这是带肋钢筋横肋对肋前混凝土挤压而产生的，为带肋钢筋锚固力的主要来源；

（4）机械锚固力——这是指弯钩、弯折及附加锚固等措施（如焊锚板、贴焊钢筋等）提供的锚固作用。

第四节　混凝土环境类别

混凝土环境类别是指混凝土所处的周边环境按照《混凝土结构设计规范》GB 50010—2010 第 3.5.2 条规定所划分的类别。混凝土环境类别与钢筋翻样下料中扣减混凝土保护层厚度有一定关系。

混凝土环境划分表 表 1-1

环境类别	条　　件
一	室内干燥环境； 无侵蚀性静水浸没环境
二 a	室内潮湿环境； 非严寒和非寒冷地区的露天环境； 非严寒和非寒冷地区与无侵蚀性的水或土壤直接接触的环境； 严寒和寒冷地区的冰冻线以下与无侵蚀性的水或土壤直接接触的环境
二 b	干湿交替环境； 水位频繁变动环境； 严寒和寒冷地区的露天环境； 严寒和寒冷地区冰冻线以上与无侵蚀性的水或土壤直接接触的环境
三 a	严寒和寒冷地区冬季水位变动区环境； 受除冰盐影响环境； 海风环境

续表

环境类别	条　件
三 b	盐渍土环境； 受除冰盐作用环境； 海岸环境
四	海水环境
五	受人为或自然的侵蚀性物质影响的环境

上表见16G101-1第56页，在有些工程的结构设计总说明中，设计是按照环境类别来给出的混凝土保护层厚度，因此需要知道哪些部位是一类环境，哪些部位是二类环境，从而确定扣减钢筋保护层的数值。

第五节　混凝土保护层最小厚度

16G101系列图集中规定的各类环境类别中混凝土保护层的最小厚度如下表：见16G101-1第56页。

表 1-2

环境类别	板、墙（mm）	梁、柱（mm）
一	15	20
二 a	20	25
二 b	25	35
三 a	30	40
三 b	40	50

注：1. 表中混凝土保护层厚度指最外层钢筋外边缘至混凝土表面的距离，适用于设计使用年限为50年的混凝土结构。

2. 构件中受力钢筋的保护层厚度不应小于钢筋的公称直径。

3. 一类环境中，设计使用年限为100年的混凝土结构，最外层钢筋的保护层厚度不应小于表中数值的1.4倍；二、三类环境中，设计使用年限为100年的混凝土结构应采取专门的有效措施。

4. 混凝土强度等级不大于C25时，表中保护层厚度数值应增加5mm。

5. 基础底面钢筋的保护层厚度，有混凝土垫层时，应从垫层顶面算起，且不小于40mm。

规定解读：

1. 关于混凝土保护层厚度的最新规定：混凝土保护层厚度是指最外层钢筋外边缘至混凝土表面的距离。柱和梁类构件的保护层厚度是指柱和梁的混凝土表面到箍筋外皮的厚度，因此现在计算箍筋尺寸都按照箍筋的外皮尺寸计算，简单方便。

2. 构件中受力钢筋的保护层厚度不应小于钢筋的公称直径；比如一类环境中，梁、柱的混凝土最小保护层厚度为20mm，如果梁、柱的受力钢筋为32mm，则受力钢筋的保护层厚度不应小于32mm，该梁、柱的混凝土保护层厚度去除箍筋的直径（假如箍筋直径为10mm），不应小于22mm。

3. 表中保护层厚度不仅指构件四周表面的保护层厚度，也指构件两端的保护层厚度，在实际工程翻样中，构件两端的混凝土保护层厚度往往留的比四周的保护层厚度大，主要是为了避免钢筋加工的误差、钢筋连接时的误差累计以及节点处各层钢筋的避让，避免误差和误差累计造成钢筋端部顶到两端的模板或跑到模板的外面去，这在后面的构件下料翻样中会详细说明。

第六节　抗　震　等　级

在混凝土结构设计施工中，建筑物在地震作用下保持结构完整性是一个重要考虑因素，多数钢筋的构造是按照抗震设计的，因此学习钢筋翻样非常有必要了解地震的相关知识，以便于理解构件的钢筋构造要求。

一、地震

地球的构造可分为三层：中心层是地核，地核主要是由铁元素组成；中间层是地幔；最外层是地壳。地震一般发生在地壳之中。地壳内部在不停地变化，由此而产生力的作用（即内力作用），使地壳岩层变形、断裂、错动，于是便发生地震。

地震波是地球内部发生的急剧破裂产生的震波，在一定范围内引起地面振动的现象。地震（Earthquake）就是地球表层的快速振动，在古代又称为地动。它就像海啸、龙卷风、冰冻灾害一样，是地球上经常发生的一种自然灾害。大地振动是地震最直观、最普遍的表现。在海底或滨海地区发生的强烈地震，能引起巨大的波浪，称为海啸。地震是极其频繁的，全球每年发生地震约五百五十万次。地震常常造成严重人员伤亡，能引起火灾、水灾、有毒气体泄漏、细菌及放射性物质扩散，还可能造成海啸、滑坡、崩塌、地裂缝等次生灾害。

地震是造成建筑物破坏的主要外部力量，是建筑物结构设计考虑的重要因素。

二、震源

地下岩层断裂和错动的地震发源的地方，叫作震源（focus）。

三、震中

震源在地面上的垂直投影，地面上离震源最近的一点称为震中。它是接受振动最早的部位。

四、震源深度

震中到震源的深度叫作震源深度。

1. 浅源地震

通常将震源深度小于 60km 的叫浅源地震。

2. 中源地震

深度在 60～300km 的叫中源地震。

3. 深源地震

深度大于 300km 的叫深源地震。

对于同样大小的地震，由于震源深度不一样，对地面造成的破坏程度也不一样。震源越浅，破坏越大，但波及范围也越小，反之亦然。破坏性地震一般是浅源地震，如 1976 年的唐山地震的震源深度为 12km。

破坏性地震的地面振动最烈处称为极震区，极震区往往也就是震中所在的地区。

五、震中距

观测点距震中的距离叫震中距。震中距小于 100 公里的地震称为地方震，在 100～1000 公里之间的地震称为近震，大于 1000 公里的地震称为远震，其中，震中距越长的地方受到的影响和破坏越小。

地震所引起的地面振动是一种复杂的运动，它是由纵波和横波共同作用的结果。在震中区，纵波使地面上下颠动。横波使地面水平晃动。因此在震中区的人的感觉是：先上下颠簸，后左右摇摆。由于纵波传播速度较快，衰减也较快，横波传播速度较慢，衰减也较慢，因此离震中较远的地方，往往感觉不到上下跳动，但能感到水平晃动。

六、主震

当某地发生一个较大的地震的时候，在一段时间内，往往会发生一系列的地震，其中最大的一个地震叫作主震。

七、前震

主震之前发生的地震叫前震。

八、余震

主震之后发生的地震叫余震。

九、地震活跃期

地震具有一定的时空分布规律。从时间上看，地震较多的时期叫地震活跃期，地震相对较少的时期为地震平静期。

十、地震带

从空间上看，地震的分布呈一定的带状，称地震带。

十一、海洋地震

震中在海洋内的地震成为海洋地震

十二、大陆地震

震中在大陆上的地震称为大陆地震

大陆地震主要集中在环太平洋地震带和地中海—喜马拉雅地震带两大地震带。太平洋地震带几乎集中了全世界 80％以上的浅源地震（0～60km），全部的中源（60～300km）和深源地震（＞300km），所释放的地震能量约占全部能量的 80％。

中国地震主要分布在五个区域：台湾地区、西南地区、西北地区、华北地区、东南沿海地区。

十三、地震震级

地震震级是根据地震时释放的能量的大小而定的。一次地震释放的能量越多，地震级别越大。

目前国际上一般采用美国地震学家查尔斯·弗朗西斯·芮希特和宾诺·古腾堡（Beno Gutenberg）于 1935 年共同提出的震级划分法，即现在通常所说的里氏地震等级。

里氏地震等级是从 1 级地震开始，最大为 10 级地震。里氏规模每增强一级，释放的能量约增加 32 倍，相隔二级的震级其能量相差 1000 倍（32×32）。

目前人类有记录的震级最大的地震是 1960 年 5 月 21 日智利发生的 9.5 级地震，所释放的能量相当于一颗 1800 万吨炸药量的氢弹，或者相当于一个 100 万千瓦的发电厂 40 年的发电量。汶川地震所释放的能量大约相当于 90 万吨炸药量的氢弹，或 100 万千瓦的发电厂 2 年的发电量。

1. 小于里氏规模 2.5 的地震，人们一般不易感觉到，称为小震或者是微震；

2. 里氏规模 2.5～5.0 的地震，震中附近的人会有不同程度的感觉，称为有感地震，全世界每年大约发生十几万次；

3. 大于里氏规模 5.0 的地震会造成建筑物不同程度的损坏，称为破坏性地震。里氏规模 4.5 以上的地震可以在全球范围内监测到。

十四、地震烈度

（1）地震烈度定义

同样大小的地震，造成的破坏不一定是相同的，同一次地震，在不同的地方造成的破坏也不一样。为了衡量地震的破坏程度，科学家又"制作"了另一把"尺子"—地震烈度。

在中国地震烈度表上，对人的感觉、一般房屋震害程度和其他现象作了描述，可以作为确定烈度的基本依据。

（2）影响地震烈度的因素

影响地震烈度的因素有震级、震源深度、距震源的远近、地面状况和地层构造等。

（3）地震烈度与震源和震级之间的关系

一般情况下仅就烈度和震源、震级间的关系来说，震级越大震源越浅，烈度也越大。一般来讲，一次地震发生后，震中区的破坏最重，烈度最高；这个烈度称为震中烈度。从震中向四周扩展，地震烈度逐渐减小。所以，一次地震只有一个震级，但它所造成的破坏，在不同的地区是不同的。也就是说，一次地震，可以划分出好几个烈度不同的地区。

例如，1990 年 2 月 10 日，常熟-太仓发生了 5.1 级地震，有人说在苏州是 4 级，在无锡是 3 级，这是错的。无论在何处，只能说常熟-太仓发生了 5.1 级地震，但这次地震，在太仓的沙溪镇地震烈度是 6 度，在苏州地震烈度是 4 度，在无锡地震烈度是 3 度。

（4）中国地震烈度表（1980 年版）

1 度：无感——仅仪器能记录到

2 度：微有感——特别敏感的人在完全静止中有感

3 度：少有感——室内少数人在静止中有感，悬挂物轻微摆动

4 度：多有感——室内大多数人，室外少数人有感，悬挂物摆动，不稳器皿作响

5 度：惊醒——室外大多数人有感，家畜不宁，门窗作响，墙壁表面出现裂纹

6 度：惊慌——人站立不稳，家畜外逃，器皿翻落，简陋棚舍损坏，陡坎滑坡

7 度：房屋损坏——房屋轻微损坏，牌坊，烟囱损坏，地表出现裂缝及喷沙冒水

8 度：建筑物破坏——房屋多有损坏，少数破坏路基塌方，地下管道破裂

9 度：建筑物普遍破坏——房屋大多数破坏，少数倾倒，牌坊，烟囱等崩塌，铁轨弯曲

10 度：建筑物普遍摧毁——房屋倾倒，道路毁坏，山石大量崩塌，水面大浪扑岸

11 度：毁灭——房屋大量倒塌，路基堤岸大段崩毁，地表产生很大变化

12 度：山川易景——一切建筑物普遍毁坏，地形剧烈变化动植物遭毁灭

例如，1976 年 7 月 28 日唐山地震，震级为 7.8 级，震中烈度为十一度；受唐山地震的影响，天津市地震烈度为八度，北京市烈度为六度，再远到石家庄、太原等就只有四至五度了。1920 年甘肃海原地震，是中国历史上唯一被定为 12 度的地震。

按国家规定的权限批准作为一个地区抗震设防依据的地震烈度。"三水准"：

第一水准～小震不坏

第二水准～中震可修

第三水准～大震不倒

十五、抗震设防

指对房屋进行抗震设计和采取抗震措施，来达到抗震的效果，抗震设防的依据是抗震

设防烈度。

十六、抗震等级

是设计部门依据国家有关规定，按"建筑物重要性分类与设防标准"，根据烈度、结构类型和房屋高度等，而采用不同抗震等级进行的具体设计，一般分为一、二、三、四级。一级最高，四级最低，四级以下按非抗震设计。

第七节　钢　筋　锚　固

混凝土结构中钢筋能够受力是由于它与混凝土之间的粘结锚固作用，如果钢筋锚固失效，则结构可能丧失承载能力并由此引发垮塌、开裂等灾难性后果。

一、钢筋在混凝土中的锚固作用

1. 粘结力：即接触面上的化学吸附作用，但其影响力不大，当接触面发生相对滑移时该力消失且不可恢复。

2. 摩擦力：它与接触面的粗糙程度及侧压力有关，且随滑移发展其作用逐渐减弱。

3. 咬合力：表现为带肋钢筋横肋对肋前混凝土咬合齿的挤压力，是带肋钢筋锚固力的主要来源。挤压力是斜向的，在保护层混凝土中将产生环向应力。

4. 机械锚固力：这是指弯钩、弯折及附加锚固等措施（如焊锚板、贴焊钢筋等）提供的锚固作用。

二、影响钢筋锚固的因素

影响钢筋粘结力的因素有混凝土强度、锚固长度、锚固钢筋的外形特征、混凝土保护层厚度、配箍情况对锚固区域混凝土的约束；混凝土浇捣情况、钢筋在锚固区受力情况等。

1. 混凝土强度对钢筋锚固的影响

混凝土强度越高，则伸入钢筋横向肋间的混凝土咬合齿越强，握裹层混凝土的劈裂就越难以发生，故粘结锚固作用越强。

2. 锚固长度对钢筋锚固的影响

钢筋锚固长度增加，锚固强度随之增加，当锚固抗力等于钢筋屈服抗力时，相应地锚固长度为临界锚固长度，这是保证受力钢筋屈服也不会发生锚固破坏的最小长度，是钢筋承载受力的基本保证；当锚固抗力等于钢筋拉断力时，相应地锚固长度为极限锚固长度。超过极限锚固长度是多余和浪费，规范规定的锚固长度应大于临界锚固长度而小于极限锚固长度。

3. 锚固钢筋的外形特征对钢筋锚固的影响

钢筋外形决定混凝土咬合齿的形状，主要外形参数为相对肋高和肋面积比、横肋对称性及连续性。

光圆钢筋和刻痕钢筋的粘结力来源于胶结和摩擦，锚固强度最差，设置弯钩后能有效地提高粘结锚固性能。

变形钢筋的粘结锚固能力来源于摩擦力和变形钢筋表面凸出的肋与混凝土之间在受力后产生的机械咬合力。简短的月牙肋钢筋较好，连续的螺纹肋钢筋锚固性能最好。

4. 混凝土保护层厚度对钢筋锚固的影响

混凝土保护层厚度越厚，则对锚固钢筋的约束力越大，咬合力对握裹层混凝土的劈裂越不容易发生。当保护层厚度大到一定程度后，锚固强度不再增加。

5. 配箍情况对锚固区域混凝土的约束影响

锚固区域的配箍对锚固强度影响很大，不配箍的钢筋在握裹层混凝土劈裂后即丧失锚固力，配置箍筋后对保护后期粘结强度，改善锚筋延性作用明显，即使发生劈裂，粘结锚固强度仍然存在。

6. 混凝土浇捣情况对钢筋锚固的影响

不正确的混凝土浇筑和过高的水灰比容易使混凝土表面出现沉淀收缩和离析泌水现象，对水平放置的钢筋，其下面会形成疏松层，上面将出现收缩沉降裂缝，导致粘结强度降低。

7. 钢筋在锚固区的受力情况对钢筋锚固的影响

钢筋在构件内的受力情况对粘结强度也有影响。

在锚固范围内存在侧压力，能提高粘结强度，但侧压力过大将导致提前出现裂缝，反而降低粘结强度。

在锚固区有剪力时，由于存在斜裂缝和锚筋受到暗销作用而缩短了有效长度，增加局部粘结破坏的范围，使平均粘结强度降低。

对于反复荷载的锚筋，它和周围混凝土之间产生交叉内裂缝，反复开闭，使钢筋肋间混凝土碾碎，粘结恶化。

同时正反两个方向的反复滑动，使锚筋表面和混凝土骨料间的摩擦牙合作用降低。

三、受拉钢筋的基本锚固长度 l_{ab}

受拉钢筋的基本锚固长度可以按照 16G101-1 第 57 页表格查询取值。

受拉钢筋基本锚固长度 l_{ab}　　　　　　　　　　　　　　　　表 1-3

钢筋种类	混凝土强度等级								
	C20	C25	C30	C35	C40	C45	C50	C55	≥C60
HPB300	39d	34d	30d	28d	25d	24d	23d	22d	21d
HRB335、HRBF335	38d	33d	29d	27d	25d	23d	22d	21d	21d
HRB400、HRBF400	—	40d	35d	32d	29d	28d	27d	26d	25d
HRB500、HRBF500	—	48d	43d	39d	36d	34d	32d	31d	30d

抗震设计时受拉钢筋基本锚固长度 l_{abe}　　　表 1-4

钢筋种类		混凝土强度等级								
		C20	C25	C30	C35	C40	C45	C50	C55	≥C60
HPB300	一、二级	45d	39d	35d	32d	29d	28d	26d	25d	24d
	三级	41d	36d	32d	29d	26d	25d	24d	23d	22d
HRB335 HRBF335	一、二级	44d	38d	33d	31d	29d	26d	25d	24d	24d
	三级	40d	35d	31d	28d	26d	24d	23d	22d	22d
HRB400 HRBF400	一、二级	—	46d	40d	37d	33d	32d	31d	30d	29d
	三级	—	42d	37d	34d	30d	29d	28d	27d	26d
HRB500 HRBF500	一、二级	—	55d	49d	45d	41d	39d	37d	36d	35d
	三级	—	50d	45d	41d	38d	36d	34d	33d	32d

对于该页中两个表格及说明的解读：

1. 受拉钢筋基本锚固长度表的数据来源于实验室试验数据，用于非抗震设计和四级抗震设计。

2. 受拉钢筋锚固长度修正系数 ζ_a 表在 16G 图集中没有了，直接给出了抗震设计时受拉钢筋基本锚固长度，表二中的一二级抗震数据是表一中相应的数据乘以修正系数 1.15 得到的；三级抗震数据是表一中相应的数据乘以修正系数 1.05 得到的。

应注意区别受拉钢筋锚固长度 l_a 和受拉钢筋基本锚固长度 l_{ab}，抗震设计时受拉钢筋基本锚固长度 l_{abE} 和受拉钢筋抗震锚固长度 l_{aE} 的区别。锚固长度和基本锚固长度的区别在翻样上的区别是直径 25mm 及以下钢筋 $l_a = l_{ab}$ $l_{aE} = l_{abE}$ 直径大于 25mm 以上钢筋 $l_a = 1.1 l_{ab}$ $l_{aE} = 1.1 l_{abE}$ 从而得到 16G101-1 第 58 页两个表格。

四、受拉钢筋锚固长度 l_a

受拉钢筋锚固长度 l_a 和受拉钢筋抗震锚固长度 l_{aE} 可按 16G101-1 第 58 页两个表格直接查取使用。

受拉钢筋锚固长度 l_a　　　表 1-5

钢筋种类	混凝土强度等级							
	C20	C25		C30		C35		C40
	d≤25	d≤25	d>25	d≤25	d>25	d≤25	d>25	d≤25	d>25
HPB300	39d	34d	—	30d		28d	—	25d	—
HRB335、HRBF335	38d	33d	—	29d		27d	—	25d	—
HRB400、HRBF400 RRB400	—	40d	44d	35d	39d	32d	35d	29d	32d
HRB500、HRBF500	—	48d	53d	43d	47d	39d	43d	36d	40d

续表

钢筋种类	混凝土强度等级							
	C45		C50		C55		>C60	
	$d \leqslant 25$	$d > 25$	$d \leqslant 25$	$d > 25$	$d \leqslant 25$	$d > 25$	$d \leqslant 25$	$d > 25$
HPB300	24d	—	23d	—	22d	—	21d	—
HRB335、HRBF335	23d	—	22d	—	21d	—	21d	—
HRB400、HRBF400 RRB400	28d	31d	27d	30d	26d	29d	25d	28d
HRB500、HRBF500	34d	37d	32d	35d	31d	34d	30d	33d

受拉钢筋抗震锚固长度 l_{aE}　　　　　　　　　　　　　表1-6

钢筋种类及抗震等级		混凝土强度等级								
		C20	C25		C30		C35		C40	
		$d \leqslant 25$	$d \leqslant 25$	$d > 25$	$d \leqslant 25$	$d > 25$	$d \leqslant 25$	$d > 25$	$d \leqslant 25$	$d > 25$
HPB300	一、二级	45d	39d	—	35d	—	32d	—	29d	—
	三级	41d	36d	—	32d	—	29d	—	26d	—
HRB335 HRBF335	一、二级	44d	38d	—	33d	—	31d	—	29d	—
	三级	40d	35d	—	30d	—	28d	—	26d	—
HRB400 HRBF400	一、二级	—	46d	51d	40d	45d	37d	40d	33d	37d
	三级	—	42d	46d	37d	41d	34d	37d	30d	34d
HRB500 HRBF500	一、二级	—	55d	61d	49d	54d	45d	49d	41d	46d
	三级	—	50d	56d	45d	49d	41d	45d	38d	42d

钢筋种类及抗震等级		混凝土强度等级							
		C45		C50		C55		>C60	
		$d \leqslant 25$	$d > 25$	$d \leqslant 25$	$d > 25$	$d \leqslant 25$	$d > 25$	$d \leqslant 25$	$d > 25$
HPB300	一、二级	28d	—	26d	—	25d	—	24d	—
	三级	25d	—	24d	—	23d	—	22d	—
HPB335 HRBF335	一、二级	26d	—	25d	—	24d	—	24d	—
	三级	24d	—	23d	—	22d	—	22d	—
HRB400 HRBF400	一、二级	32d	36d	31d	35d	30d	33d	29d	32d
	三级	29d	33d	28d	32d	27d	30d	26d	29d
HRB500 HRBF500	一、二级	39d	43d	37d	40d	36d	39d	35d	38d
	三级	36d	39d	34d	37d	33d	36d	32d	35d

对于该页中两个表格及说明的解读：

1. 受拉钢筋锚固长度 l_a、抗震锚固长度 l_{aE} 表查取方法

要确定某工程钢筋的锚固长度，需要取得钢筋级别、抗震等级、混凝土强度等级三个条件，然后在表中查询相应的数据。例如已知某工程柱的混凝土强度等级为 C40；该工程的抗震等级为二级抗震设计；柱纵筋的钢筋为 HRB400 级，则其锚固长度为 33d。

注意：在某些工程中，不止一种抗震等级设计，不同部位有不同的抗震等级，不同部

位的混凝土强度等级也不相同，查询锚固长度时注意要加以区别对待，比如在同一抗震等级条件下，梁柱节点中，柱的混凝土强度等级为 C40，梁的混凝土强度等级为 C35，梁在柱内锚固长度按柱的混凝土强度等级还是按梁的混凝土强度等级，这需要与设计人员沟通后确认。

2. 关于修正系数的使用

在 16G101-1 第 58 页中，表格下方的注释内第 1～3 条规定的修正系数，一般在翻样过程中不予考虑这些因素。

3. 受拉钢筋锚固长度 l_a 抗震锚固长度 l_{aE} 的最小值

l_a 和 l_{aE} 在任何情况下不应小于 200，这一规定基本只针对 8mm 和 6.5mm 的钢筋做受拉钢筋时使用，而实际工程中 8mm 和 6mm 的钢筋极少作为受拉钢筋使用。

4. 四级抗震设计时的 l_{aE}

第 6 条明确规定四级抗震时 $l_{aE}=l_a$

5. 16G101-1 图集中第 57～58 页所规定的为热轧钢筋的锚固长度，冷轧带肋钢筋的锚固长度不适合于该页内容规定，冷轧带肋钢筋的锚固长度要查询冷轧带肋钢筋的国家标准。

五、纵向钢筋弯钩与机械锚固形式（图1-3）

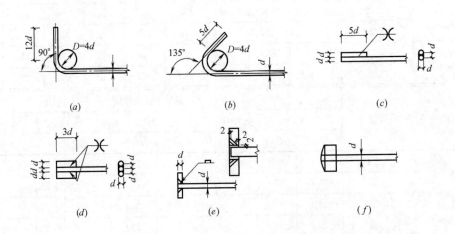

图 1-3 纵向钢筋弯钩与机械锚固形式

（a）末端带 90°弯钩；（b）末端带 135°弯钩；（c）末端一侧贴焊锚筋；

（d）末端两侧贴焊锚筋；（e）末端与钢板穿孔塞焊；（f）末端带螺栓锚头

注：

1. 当纵向受拉普通钢筋末端采用弯钩或机械锚固措施时，包括弯钩或锚固端头在内的锚固长度（投影长度）可取为基本锚固长度的 60%。

2. 焊缝和螺纹长度应满足承载力的要求；螺栓锚头的规格应符合相关标准的要求。

3. 螺栓锚头和焊接钢板的承压面积不应小于锚固钢筋截面积的 4 倍。

4. 螺栓锚头和焊接锚板的钢筋净距小于 4d 时应考虑群锚效应的不利影响。

5. 截面角部的弯钩和一侧贴焊锚筋的布筋方向宜向截面内侧偏置。

6. 受压铜筋不应采用末端弯钩和一侧贴焊的锚固形式。

本知识点见 16G101-1 第 59 页左上部，对该知识点的解读如下：

1. 图 a、b 两图是对纵向钢筋 90 度弯钩和 135 度弯钩的弯曲半径和弯钩平直段的要求，与箍筋和拉钩的弯钩及平直段要求无关，不要混用。

2. 图 c、d、e、f 为纵向钢筋锚固时，除弯折与直锚外可以采用的机械锚固形式，如使用 f 图中所规定的螺栓锚头形式，还需参照相应的技术规程。图 c、d、e 三图应用范围较少见，在翻样时应需要编制相应的施工方案取得设计认可后方可应用。

六、钢筋弯折的弯弧内直径（图1-4）

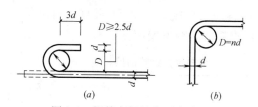

图 1-4　钢筋弯折的弯弧内直径 D

（a）光圆钢筋末端 180°弯钩；（b）末端 90°弯折

注：钢筋弯折的弯弧内直径 D 应符合下列规定：

1. 光圆钢筋不应小于钢筋直径的 2.5 倍。

2. 335MPa 级、400MPa 级带肋钢筋，不应小于钢筋直径的 4 倍。

3. 500MPa 级带肋钢筋，当直径 $d \leqslant 25$ 时，不应小于钢筋直径的 6 倍；当直径 $d > 25$ 时，不应小于钢筋直径的 7 倍。

4. 位于框架结构顶层节点处（P67 页）的梁上部纵向钢筋和柱外侧纵向钢筋，在节点角部弯折处，当钢筋直径 $d \leqslant 25$ 时，不应小于钢筋直径的 12 倍；当直径 $d > 25$ 时不应小于钢筋直径的 16 倍。

5. 箍筋弯折处尚不应小于纵向受力钢筋直径；箍筋弯折处纵向受力钢筋为搭接或并筋时，应按钢筋实际排布情况确定箍筋弯弧内直径。

知识点解读：

此处的条文规定主要和钢筋弯曲机的弯曲轴直径更换有关系。在加工时要适时的更换钢筋弯曲机的弯曲轴，并按照现场弯曲机的弯曲直径来测算钢筋下料长度中弯曲调整值。

1. 光圆钢筋直径不应小于钢筋直径的 2.5 倍，常用的光圆钢筋直径为 6mm、8mm、10mm 三种规格，其弯曲直径分别为 15mm、20mm、25mm 三种。在制作这三种规格的钢筋时，要注意区分弯曲机的中心轴。（但在现场实际加工时，很少有按此操作的）

2. 光圆钢筋末端弯钩平直段要求不低于 $3d$，6mm、8mm、10mm 光圆钢筋末端 180°弯钩平直段长度不低于 18mm、24mm、30mm。在计算光圆钢筋下料长度时，现场常用计算数值为光圆钢筋纵向外皮尺寸＋15d 来计算带 180°弯钩的光圆钢筋下料长度，即每端加 7.5d，这是个现场经验数值。

第八节　钢筋连接

一、钢筋连接形式

钢筋连接有搭接、焊接和机械连接三种连接形式。焊接按照焊接方法可分为电渣压力焊、闪光对焊、帮条焊。机械连接可分为直螺纹套丝连接、套管挤压连接、锥螺纹套丝连接、镦粗套丝连接等几种形式。搭接可分为接触式搭接与分离式搭接。

二、钢筋搭接连接

1. 钢筋搭接长度的计算

钢筋的搭接长度等于钢筋的锚固长度乘以搭接长度修正系数，钢筋的锚固长度按照锚固长度表查询取值，搭接修正系数按照搭接接头面积百分率取值，25%搭接率为1.2；50%搭接率为1.4；100%搭接率为1.6。16G101-1 第 60 页直接给出了 25%、50% 和 100%接头面积百分率下非抗震搭接长度 l_l，第 61 页直接给出了 25%、50%接头面积百分率下抗震搭接长度 l_{lE}，可直接按表查取使用。

纵向受拉钢筋搭接长度 l_l

表 1-7

钢筋种类及同一区段内搭接钢筋面积百分率		混凝土强度等级								
		C20	C25		C30		C35		C40	
		$d \leqslant 25$	$d \leqslant 25$	$d > 25$	$d \leqslant 25$	$d > 25$	$d \leqslant 25$	$d > 25$	$d \leqslant 25$	$d > 25$
HPB300	≤25%	$47d$	$41d$	—	$36d$	—	$34d$	—	$30d$	—
	50%	$55d$	$48d$	—	$42d$	—	$39d$	—	$35d$	—
	100%	$62d$	$54d$	—	$48d$	—	$45d$	—	$40d$	—
HRB335 HRBF335	≤25%	$46d$	$40d$	—	$35d$	—	$32d$	—	$30d$	—
	50%	$53d$	$46d$	—	$41d$	—	$38d$	—	$35d$	—
	100%	$61d$	$53d$	—	$46d$	—	$43d$	—	$40d$	—
HRB400 HRBF400 RRB400	≤25%	—	$48d$	$53d$	$42d$	$47d$	$38d$	$42d$	$35d$	$38d$
	50%	—	$56d$	$62d$	$49d$	$55d$	$45d$	$49d$	$41d$	$45d$
	100%	—	$64d$	$70d$	$56d$	$62d$	$51d$	$56d$	$46d$	$51d$
HRB500 HRBF500	≤25%	—	$58d$	$64d$	$52d$	$56d$	$47d$	$52d$	$43d$	$48d$
	50%	—	$67d$	$74d$	$60d$	$66d$	$55d$	$60d$	$50d$	$56d$
	100%	—	$77d$	$85d$	$69d$	$75d$	$62d$	$69d$	$58d$	$64d$
钢筋种类及同一区段内搭接钢筋面积百分率		混凝土强度等级								
		C45		C50		C55		C60		
		$d \leqslant 25$	$d > 25$	$d \leqslant 25$	$d > 25$	$d \leqslant 25$	$d > 25$	$d \leqslant 25$	$d > 25$	
HPB300	≤25%	$29d$	—	$28d$	—	$26d$	—	$25d$	—	
	50%	$34d$	—	$32d$	—	$31d$	—	$29d$	—	
	100%	$38d$	—	$37d$	—	$35d$	—	$34d$	—	
HRB335 HRBF335	≤25%	$28d$	—	$26d$	—	$25d$	—	$25d$	—	
	50%	$32d$	—	$31d$	—	$29d$	—	$25d$	—	
	100%	$37d$	—	$35d$	—	$34d$	—	$34d$	—	

续表

钢筋种类及同一区段内搭接钢筋面积百分率		混凝土强度等级							
		C45		C50		C55		C60	
		$d \leqslant 25$	$d > 25$	$d \leqslant 25$	$d > 25$	$d \leqslant 25$	$d > 25$	$d \leqslant 25$	$d > 25$
HRB400 HRBF400 RRB400	$\leqslant 25\%$	$34d$	$37d$	$32d$	$36d$	$31d$	$35d$	$30d$	$34d$
	50%	$39d$	$43d$	$38d$	$42d$	$36d$	$41d$	$35d$	$39d$
	100%	$45d$	$50d$	$43d$	$48d$	$42d$	$46d$	$40d$	$45d$
HRB500 HRBF500	$\leqslant 25\%$	$41d$	$44d$	$38d$	$42d$	$37d$	$41d$	$36d$	$40d$
	50%	$48d$	$52d$	$45d$	$49d$	$43d$	$48d$	$42d$	$46d$
	100%	$54d$	$59d$	$51d$	$56d$	$50d$	$54d$	$48d$	$53d$

知识点解读：

（1）两种不同直径钢筋搭接时，表中的 d 取较细钢筋直径。

（2）钢筋的最小搭接长度不应小于 300mm。主要针对 6mm、8mm、10mm 钢筋搭接时若搭接长度小于 300mm 时，按 300mm 计算搭接长度。

（3）四级抗震设计时，钢筋的搭接长度等于非抗震搭接长度。

纵向受拉钢筋抗震搭接长度 l_{lE}　　　　　　　　　表 1-8

钢筋种类及同一区段内搭接钢筋面积百分率			混凝土强度等级								
			C20	C25		C30		C35		C40	
			$d \leqslant 25$	$d \leqslant 25$	$d > 25$	$d \leqslant 25$	$d > 25$	$d \leqslant 25$	$d > 25$	$d \leqslant 25$	$d > 25$
一、二级抗震等级	HPB300	$\leqslant 25\%$	$54d$	$47d$	—	$42d$		$38d$	—	$35d$	—
		50%	$63d$	$55d$	—	$49d$		$45d$		$41d$	—
	HRB335 HRBF335	$\leqslant 25\%$	$53d$	$46d$		$40d$		$37d$		$35d$	
		50%	$62d$	$53d$		$46d$		$43d$		$41d$	
	HRB400 HRBF400	$\leqslant 25\%$	—	$55d$	$61d$	$48d$	$54d$	$44d$	$48d$	$40d$	$44d$
		50%	—	$64d$	$71d$	$56d$	$63d$	$52d$	$56d$	$46d$	$52d$
	HRB500 HRBF500	$\leqslant 25\%$	—	$66d$	$73d$	$59d$	$65d$	$54d$	$59d$	$49d$	$55d$
		50%	—	$77d$	$85d$	$69d$	$76d$	$63d$	$69d$	$57d$	$64d$
三级抗震等级	HPB300	$\leqslant 25\%$	$49d$	$43d$	—	$38d$		$35d$		$31d$	—
		50%	$57d$	$50d$	—	$45d$	—	$41d$	—	$36d$	—
	HRB335 HRBF335	$\leqslant 25\%$	$48d$	$42d$		$36d$		$34d$		$31d$	
		50%	$56d$	$49d$		$42d$		$39d$		$36d$	
	HRB400 HRBF400	$\leqslant 25\%$	—	$50d$	$55d$	$44d$	$49d$	$41d$	$44d$	$36d$	$41d$
		50%	—	$59d$	$64d$	$52d$	$57d$	$48d$	$52d$	$42d$	$48d$
	HRB500 HRBF500	$\leqslant 25\%$	—	$60d$	$67d$	$54d$	$59d$	$49d$	$54d$	$46d$	$50d$
		50%	—	$70d$	$78d$	$63d$	$69d$	$57d$	$63d$	$53d$	$59d$

钢筋种类及同一区段内搭接钢筋面积百分率		混凝土强度等级							
		C45		C50		C55		C60	
		$d{\leqslant}25$	$d{>}25$	$d{\leqslant}25$	$d{>}25$	$d{\leqslant}25$	$d{>}25$	$d{\leqslant}25$	$d{>}25$
一、二级抗震等级	HPB300 ≤25%	34d	—	31d	—	30d	—	29d	—
	HPB300 50%	39d	—	36d	—	35d	—	34d	—
	HRB335 HRBF335 ≤25%	31d	—	30d	—	29d	—	29d	—
	HRB335 HRBF335 50%	36d	—	35d	—	34d	—	34d	—
	HRB400 HRBF400 ≤25%	38d	43d	37d	42d	36d	40d	35d	38d
	HRB400 HRBF400 50%	45d	50d	43d	49d	42d	46d	41d	45d
	HRB500 HRBF500 ≤25%	47d	52d	44d	48d	43d	47d	42d	46d
	HRB500 HRBF500 50%	55d	60d	52d	56d	50d	55d	49d	53d
三级抗震等级	HPB300 ≤25%	30d	—	29d	—	28d	—	26d	—
	HPB300 50%	35d	—	34d	—	32d	—	31d	—
	HRB335 HRBF335 ≤25%	29d	—	28d	—	26d	—	26d	—
	HRB335 HRBF335 50%	34d	—	32d	—	31d	—	31d	—
	HRB400 HRBF400 ≤25%	35d	40d	34d	38d	32d	36d	31d	35d
	HRB400 HRBF400 50%	41d	46d	39d	45d	38d	42d	36d	41d
	HRB500 HRBF500 ≤25%	43d	47d	41d	44d	40d	43d	38d	42d
	HRB500 HRBF500 50%	50d	55d	48d	52d	46d	50d	45d	49d

知识点解读：

（1）抗震设计时，纵向钢筋的搭接面积百分率没有 100% 搭接的情况。

（2）四级抗震设计时，$l_{lE}=l_l$。

2. 搭接接头面积百分率

搭接接头面积百分率是指在同一连接区段内，钢筋搭接的数量与钢筋总数量的百分比。连接区段不是一个截面，而是一个区段，区段的长度为 1.3 倍搭接长度。见 16G101-1 第 59 页右上图示（图 1-5）。

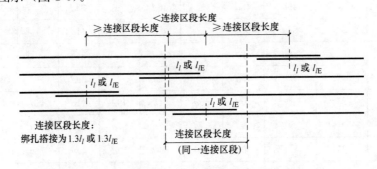

图 1-5　同一连接区段内纵向受拉钢筋绑扎搭接接头

知识点解读：

（1）当同一构件内不太能够直径的钢筋连接时，连接区段长度不同时，按最大的连接区段错开钢筋连接位置。比如同一构件内既有 12mm 钢筋搭接，又有 14mm 钢筋搭接，搭接接头错开距离按 14mm 钢筋计算。

（2）在翻样过程中，区分连接区段按照搭接中心点计算不方便，一般按照接头错开距离计算，比如在竖向构件中体现为高桩与低桩错开的高度；在平面构件中体现为长头与短头错开的长度。

三、钢筋搭接区箍筋构造（图1-6）

1. 如下图所示的纵向受力钢筋搭接区箍筋的构造适用于梁、柱类构件搭接区箍筋的加密设置。

2. 搭接区内的箍筋直径不小于四分之一搭接钢筋最大直径，间距不大于 100mm 及 5 倍搭接钢筋最小直径。

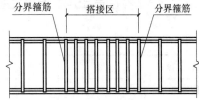

3. 当受压搭接钢筋的直径大于 25mm 时，尚应在搭接接头两个端面外 100mm 的范围内各设置两道箍筋。

图 1-6　纵向受力钢筋搭接区箍筋构造

4. 搭接区箍筋加密不包含两个搭接区直接的距离。

四、钢筋机械连接和焊接（图1-7）

1. 机械连接的连接区段长度为连接钢筋直径的 35 倍；
2. 焊接连接的连接区段长度为连接钢筋直径的 35 倍且大于 500mm；
3. 凡接头位于连接区段长度内的连接接头均属于同一连接区段；
4. 受拉钢筋直径大于 25mm，受压钢筋直径大于 28mm 时，最好采用机械连接。（实际工程中为节省钢筋，直径 16mm 以上钢筋多数都采用机械连接，直径 12～14mm 的钢筋多数采用电渣压力焊方式连接）

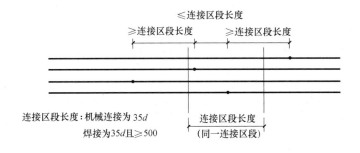

图 1-7　同一连接区段内纵向受拉钢筋机械连接、焊接接头

第九节　弯曲调整值

一、钢筋弯曲调整值的由来

平直的钢筋在弯曲成各种角度时，角度部分的内侧尺寸缩减，外侧尺寸伸长，中轴线尺寸不变。而实际测量钢筋尺寸时，我们都习惯测量其外皮尺寸，因此要减去弯曲部分的伸长值，从外皮尺寸得到中轴尺寸，中轴尺寸即为钢筋的下料长度。

二、各种角度的弯曲调整值

表 1-9

弯曲角度	30°	45°	60°	90°	135°
调整值	0.35d	0.5d	0.85d	2d	2.5d

以上角度，出现一个角度，就从外皮尺寸内减掉一个调整值。

在实际下料翻样中，由于用卷尺测量非 90°时，测量的起始点与一段弯弧相连，很难确定准确的弧的终点和平直段的起点，无法准确地测量尺寸，所以只有 90°时，扣减 2d，其他角度都不扣减。

三、箍筋的下料尺寸算法

箍筋的下料长度＝箍筋四边周长＋15.8d（平直段长度 10d 及弯曲调整值）

例如：构件的边长为 a 和 b，保护层厚度为 c，135 度平直段长度为 10d

则箍筋按外皮尺寸计算的下料长度为：$(2a+2b-4c)+15.8d$

箍筋的中心线理论长度为 $(2a+2b-4c)+17.5d$

箍筋的预算长度为 $(2a+2b-4c)+20d$

其中箍筋按外皮尺寸下料长度应根据箍筋机的弯曲中心轴再进行实地调整，中心轴粗时再增加一些，中心轴细时，再减少一些。

注：箍筋目前都采用 135°弯钩形式，抗震时，弯钩的平直段为 10d 和 75mm 之间的较大值；非抗震时，弯钩平直段为 5d。

四、拉筋的下料尺寸算法（图 1-8）

1. 拉筋拉住主筋时：$a-2c+11.9d×2$

a 为构件外表面尺寸，c 为四周保护层厚度，d 为拉筋直径

2. 拉筋拉住箍筋时：$a-2c+11.9d×2+2d$（箍筋直径）

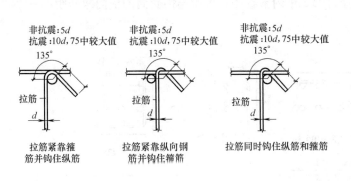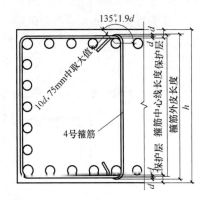

图 1-8　下料示意图

五、光圆端头 180°弯钩尺寸算法

光圆钢筋在受拉使用时，两头端部要做成 180°弯钩，弯钩后的平直段长度为 $3d$，其下料长度＝光圆钢筋平直段大身长度＋$(3.25d+3d)\times 2$，实际翻样时通常按两个 180°弯钩加 $15d$ 的经验值计算。

第十节　梁、柱纵筋的间距要求

一、梁上部纵筋的间距要求

1. 梁上部纵筋第一排纵筋之间的间距要求为大于等于 30mm 且大于等于 1.5 倍纵筋直径；

2. 梁上部纵筋第一排与第二排之间的间距要求为大于等于 25mm，且大于等于一个纵筋直径。根据此条要求，我们在翻梁的上部纵筋端部时，第一排纵筋与第二排纵筋之间避让 25mm 或一个纵筋直径。

二、梁下部纵筋的间距要求

1. 梁下部纵筋第一排钢筋之间间距要求大于 25mm 且大于一个纵筋直径；

2. 梁下部纵筋第一排与第二排钢筋间距要求大于 25mm，且大于一个纵向钢筋直径。根据此条要求，我们在翻梁的下部纵筋端部时，第一排下部纵筋和第二排下部纵筋在端部避让 25mm 或一个纵筋直径。

三、柱纵筋的间距要求（图 1-9）

柱纵筋之间在 b 边和 h 边方向上，两条相邻纵筋之间的间距要求大于 50mm，因此柱内箍的模数为 50mm 加两条纵筋直径再加 2 个内箍直径。机械连接套筒的横向净间距不宜小于 25mm。

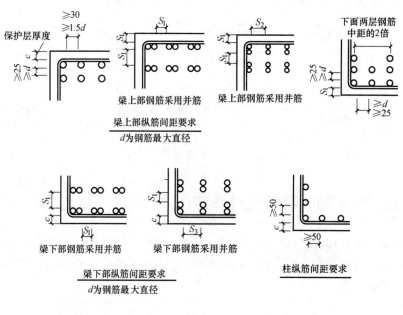

图 1-9

第十一节　其他通用构造知识

一、钢筋代换

1. 梁并筋等效直径代换

钢筋代换是翻样和现场施工时常用的一种措施，多用于现场某种规格材料缺失，用较小直径的钢筋通过两根替代一根较大直径钢筋的情况。

表 1-10

单筋直径 d	25	28	32
并筋根数	2	2	2
等效直径 d_{eg}	35	39	45
层净距 S_1	35	39	45
上部钢筋净距 S_2	53	59	68
下部钢筋净距 S_3	35	39	45

2. 其他钢筋并筋代换

当采用图集中为涉及的并筋形式时，由设计确定，比如柱、板、筏板等构件中钢筋的代换需取得设计确认。

并筋连接接头宜按每根单筋错开，接头面积百分率应按同一连接区段内所有的单根钢筋计算，钢筋单筋长度应按单筋分别计算。也就是说并筋中的两根钢筋按单根对待。

二、拉结筋构造要求（图1-10）

拉结筋的构造形式是16G101-1中新增加的内容，其有两种形式，采用哪种形式由设计指定。

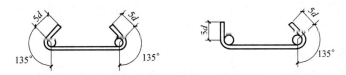

图 1-10 拉结筋构造
用于剪力墙分布钢筋的拉结，宜同时勾住外侧水平及竖向分布钢筋

此处明确规定了拉结筋的弯钩平直段长度为 $5d$，在施工翻样时要特别注意，不能按以往的 $10d$ 翻样。

要区分箍筋中的单肢箍与拉结筋的区别，单肢箍是箍筋，平直段按箍筋的规定执行。

第十二节 建筑结构类型

一、按材料不同分类

分为木结构、砖石结构、混凝土结构、钢筋混凝土结构、钢结构、预应力钢结构、砖混结构。

1. 木结构

指在建筑中以木材为主制成的结构，一般用榫卯、齿、螺栓、钉、销、胶等连接。木材是一种取材容易、加工简便的结构材料。木结构自重较轻，木结构便于运输、装拆，能多次使用，故广泛地用于房屋建筑中，也用于桥梁和搭架。近代胶合木结构的出现，更扩大了木结构的应用范围。但在空气温度、湿度较高的地区，白蚁、蛀虫、家天牛等对木材危害颇大；木材处于潮湿状态时，将受木腐菌侵蚀而腐朽；木材能着火燃烧。故木结构应采取防虫、防腐、防火措施，以保证其耐久性。

2. 砖石结构

指在建筑中以砖或石材为主砌筑制成的结构，是我国传统的建筑结构形式之一，造就了中国砖石塔发展的高峰，形式丰富，结构多样，构造作法进步。从平面看，有方形、六边形、八边形，北宋中期以后，以八边形为主。从外观看，有密檐式、楼阁式、花束式等不同类型。在密檐式塔中出现了八角形密檐塔。在楼阁式塔中，一种是塔身用砖造，外围的平座及腰檐用木构，另一种是全部用砖或石砌筑，而形式完全仿木结构，第三种是简化的仿木楼阁式塔。花束式塔则完全不同于以上类型，与历史上的塔没有继承发展关系，为新出现的一种形式，它的上半部外作花束式，下半部仍为塔室形。

3. 混凝土结构

指以普通混凝土为主制作的结构。《建筑结构设计通用符号、计量单位和基本术语》（GEM83-85）中指出：它包括素混凝土结构、钢筋混凝土结构、预应力混凝土结构等。其应用范围极广，是土木建筑工程中用得最多的一种结构。与其他材料的结构相比，其主要优点是：整体性好，可灌筑成为一个整体；可模性好，可灌筑成各种形状和尺寸的结构；耐久性和耐火性好；工程造价和维护费用低。主要缺点是：混凝土抗拉强度低，容易出现裂缝；结构自重比钢、木结构大；室外施工受气候和季节的限制；新旧混凝土不易连接，增加了补强修复的困难。

4. 钢筋混凝土结构

指用配有钢筋增强的混凝土制成的结构。由于混凝土的抗拉强度远低于抗压强度，因而混凝土结构不能用于受有拉应力的梁和板。如果在混凝土梁、板的受拉区内配置钢筋，则混凝土开裂后的拉力即可由钢筋承担，这样就充分发挥了混凝土抗压强度较高的优势，起到共同抵抗的作用，提高了混凝土梁、板的承载能力。钢筋混凝土结构在土木工程中的应用范围极广，各种工程结构都可采用钢筋混凝土建造。

5. 钢结构

指以钢材为主制成的结构。其中，由钢带或钢板经冷加工而成的型材制作的结构称冷弯钢结构。常用钢板和型钢等制成的钢梁、钢柱、钢桁架等构件组成；各构件或部件之间采用焊缝、螺栓或铆钉连接。钢结构具有重量轻、承载力大、可靠性较高、能承受较大动力荷载、抗震性能好、安装方便、密封性较好等特点。但钢结构耐锈蚀性较差，需要经常维护，耐火性也较差。常用于跨度大、高度大、荷载大、动力作用大的各种工程结构中。

6. 预应力结构

指在结构上施加荷载以前用特定的方法预加应力，使内部产生对结构承受外荷有利的应力状态的钢结构。大跨度房屋建筑结构、吊车梁、桥跨结构、大直径贮液库、压力管道和压力容器等都可采用预应力结构。预应力钢结构可扩大结构或构成弹性工作范围，减少挠度，更有效地利强度钢材，从而改善结构或构件的状况。

7. 砖混结构

是指建筑物中枢向承重结构的楼、柱等采用砖或者砌块砌筑，梁、楼板、屋面板等采用钢筋混凝土结构。也就是说砖混结构是以小部分钢筋混凝土及大部分砖墙承重的结构。砖混结构是混合结构的一种，是采用砖墙来承重，钢筋混凝土梁柱板等构件构成的混合结构体系。适合开间进深较小，房间面积小，多层或低层的建筑，对于承重墙体不能改动，而框架结构则对墙体大部可以改动。

二、按构筑形式、组合形式及受力特点不同分类

分为砌体结构、墙板结构、现浇式墙板结构、装配式大板结构、框架结构、剪力墙结构、框架-剪力墙结构、筒体结构、筒体-框架结构、框筒结构、筒中筒结构、束筒结构、壳体结构、网架结构、悬索结构、框架轻板建筑、大模板建筑、升板建筑、滑模建筑等。这种分类也是我们翻样时常使用的分类方法。

1. 砌体结构

指在建筑中以砌体为主制作的结构。《建筑结构设计通用符号、计量单位和基本术语》（G 因 83-85）中指出：它包括砖结构、石结构和其他材料的砌块结构。分为无筋砌体结构和配筋砌体结构。一般民用和工业建筑的墙、柱和基础都可采用砌体结构。烟囱、隧道、涵洞、挡土墙、坝、桥等，也常采用砖、石或砌块砌体建造。砌体结构的优点是：（1）容易就地取材；（2）砖、石或砌体砌块具有良好的耐火性和较好的耐久性；（3）砌体砌筑时不需要模板和特殊的施工设备。在寒冷地区，冬季可用冻结法砌筑，不需特殊的保温措施，砖墙和砌块墙体能够隔热和保温，所以既是较好的承重结构，也是较好的围护结构。其缺点是：（1）与钢和混凝土相比，砌体的强度较低，因而构件的截面尺寸较大，材料用量多，自重大；（2）砌体的砌筑基本上是手工方式，施工劳动量大；（3）砌体的抗拉和抗剪强度都很低，因而抗震性较差，在使用上受到一定限制。砖、石的抗压强度也不能充分发挥，黏土砖要黏土制造，在某些地区过多占用农田，影响农业生产。

2. 墙板结构

由墙和楼板组成承重体系的房结构。墙既作承重构件，又作房间的隔断，是居住建筑中最常用且较经济的结构形式。缺点是室内平面布置的灵活性较差。墙板结构多用于住宅、公寓，也可用于办公楼、学校等公用建筑。墙板结构的承重墙可用砖、砌块、预制或现浇混凝土做成。楼板用预制钢筋混凝土或预应力混凝土空心板、槽形板、实心板预，也可与现浇叠合式楼板，全现浇式楼板配合。墙板结构按所用材料和建造方法的不同可分为三类：（1）混合结构；（2）装配式大板结构；（3）现浇式墙板结构。

3. 现浇式墙板结构

指墙体用混凝土现浇、楼板采用预制或现浇的房屋结构。主要优点是抗震性能好。与混合结构相比，墙面抹灰量大量减少，劳动强度减轻，用量少；与装配式大板结构相比，施工简便，是我国地震区多层与高层住宅的主要结构形式之一。现浇式墙板结构的墙体材料与建造方法可分内外墙全部现浇混凝土及横墙与内纵墙现浇，外墙采用预制大板（简称内浇外挂）或砖、块（简称内浇外砌）两类。

4. 装配式大板结构

指用预制混凝土墙板和楼板拼装成的房屋结构，是一种工业化程度较高建筑结构体系。主要优点是可以进行商品化生产，现场施工效率高，劳动强度低，自重较轻，结构强度与变形能力均比混合结构好。但造价较高，需用大型的运输吊装机械，平面布置不够灵活。装配式大板结构的连接构造是房屋能否充分发挥强度、保证必要的刚度和空间整体性能的关键。

5. 框架结构

框架结构是由梁和柱组成承重体系的结构。主梁、柱和基础构成平面框架，各平面框架再由联系梁连接起来而形成框架体系。框架结构的最大特点是承重构件与围护构件有明确分工，建筑的内外墙处理十分灵活，应用范围很广。这种结构形式虽然出现较早，但直到钢和钢筋混凝土出现后才得以迅速发展。根据框架布置方向的不同，框架体系可分为横向布置、纵向布置及纵横双向布置三种。横向布置是主梁沿建筑的横向布置，楼板和联系梁沿纵向布置，具有结构横向刚度好的优点，实际采用较多。纵向布置同横向布置相反，横向刚度较差，应用较少。纵横双向布置是建筑的纵横向都布置承重框架，建筑的整体刚度好，是地震设防区采用的主要方案之一。

6. 剪力墙结构

剪力墙结构是利用建筑的内墙或外墙做成剪力墙以承受垂直和水平荷载的结构。剪力墙一般为钢筋混凝土墙，高度和宽度可与整栋建筑相同。因其承受的主要荷载是水平荷载，使它受剪受弯，所以称为剪力墙，以便与一般承受垂直荷载的墙体相区别。剪力墙结构的侧向刚度很大，变形小，既承重又围护，适用于住宅和旅游等建筑。国外采用剪力墙结构的建筑已达 70 层，并且可以建造高达 $100\sim150$ 层的居住建筑。由于剪力墙的间距一般为 $3\sim8m$，使建筑平面布置和使用要求受到一定限制，对需要较大空间的建筑通常难以满足要求。剪力墙结构可以现场捣制，也可预制装配。装配式大型墙板结构与盒子结构，就其实质也是剪力墙结构。

7. 框架—剪力墙结构

简称框—剪结构。它是指由若干个框架和剪力墙共同作为竖向承重结构的建筑结构体系。框架结构建筑布置比较灵活，可以形成较大的空间，但抵抗水平荷载的能力较差，而剪力墙结构则相反。框架-剪力墙结构使两者结合起来，取长补短，在框架的某些柱间布置剪力墙，从而形成承载能力较大、建筑布置又较灵活的结构体系。在这种结构中，框架和剪力墙是协同工作的，框架主要承受垂直荷载，剪力墙主要承受水平荷载。

8. 筒体结构

由一个或数个筒体作为主要抗侧力构件而形成的结构称为筒体结构。筒体，是由密柱高梁空间框架或空间剪力墙所组成，在水平荷载作用下起整体空间作用的抗侧力构件。筒体结构适用于平面或竖向布置繁杂、水平荷载大的高层建筑。筒体结构分筒体—框架、框筒、筒中筒、束筒四种结构。

9. 筒体-框架结构

筒体-框架结构是中心为抗剪薄壁筒，外围是普通框架所组成的结构。

10. 框筒结构

框筒结构是外围为密柱框筒，内部为普通框架柱组成的结构。

11. 筒中筒结构

筒中筒结构是中央为薄壁筒，外围为框筒组成的结构。

12. 束筒结构

束筒结构是由若干个筒体并列连接为整体的结构。

13. 壳体结构

由曲面形板与边缘构件（梁、拱或桁架）组成的空间结构。壳体结构具有很好的空间传力性能，能以较小的构件厚度形成承载能力高、刚度大的承重结构，能覆盖或围护大跨度的空间而不需中间支柱，能兼重结构和围护结构的双重作用，从而节约结构材料。壳体结构可做成各种形状，以适应工程造型需要，因而广泛应用于工程结构中。如大跨度建筑物顶盖、中小跨度屋面板、工程结构与衬砌、各种工业用管道、冷却塔、储液罐等。工程结构中采用的壳体多由钢筋混凝土做成，也可用钢、木、石、砖或玻璃做成。

14. 网架结构

指由多根杆件按照一定的网格形式通过节点联结而成的空间结构。具有空间受力、重量轻、刚度大、抗震性能好等优点，可作体育馆、影剧院、展览厅、候车厅、体育场、看台雨篷、飞机库、双向大柱距车间等建筑的屋盖。缺点是会交于节点上的杆件数量较多，制作安装较平面结构复杂。网架结构按所用材料分有钢网架、钢筋混凝土网架以及钢与钢筋混凝土组成的网架，其中以钢网架用得较多。

15. 悬索结构

是以钢索（钢丝束、钢绞线、钢丝绳等）作为主要受拉构件的结构。钢索主要承受轴向拉力，可以充分发挥材料的强度，并且由于钢索的抗拉强度很高，从而使结构具有自重轻、用钢省、跨度大的优点。悬索结构按其表面形式不同分为单曲面及双曲面两类，每一类又按索的布置方式分为单层悬索与双层悬索两种，其中双曲面悬索中还有一种交叉索网体系。单曲面单层或双层悬索适用于矩形建筑平面；双曲面单层或双层悬索适用于圆形建筑平面；双曲面交叉索网体系的屋面因刚度大、层面轻、排水处理方便，能适应各种形状的建筑平面所以在实际中应用较为广泛。

16. 框架轻板建筑

采用柱、梁或柱、板组成承重框架，再以各种轻质材料制品作围护结构的建筑。它与一般框架结构建筑的不同之处是建筑的内外墙体都采用新型轻质墙板。轻质外墙板，按其构造特点分单一材料板如（如加气混凝土板）和多层复合板（如石棉水泥板、陶粒混凝土矿棉夹芯板、预应力薄板内复石膏板等）两种。按外墙板的支承方式，可分为自承重式和悬挂式（墙板悬挂在梁上）两种。轻质内墙板一般有三种类型：一种是用各种轻质材料制成的实心板，二是用轻质材料制成的空心板；三是用轻质板制成的多层复合板。框架轻板建筑既具有一般框架结构建筑的特点，又有自重轻、使用面积大、节省水泥、施工速度快和合理利用工业废料等突出优点。

17. 大模板建筑

大模板建筑采用整块的工具式大模板现浇混凝土承重内墙，用相当于一个房间大小的台模现浇楼板（或采用预制楼板），用预制外墙板（或采用砖砌体）做围护结构的施工方法建造的建筑。外墙采用预制大板的做法称为内浇外挂；外墙采用手式砌筑砖墙的做法称为内浇外砌；内外墙采用大模板现浇混凝土的做法则为全现浇式。大模板建筑的优点是整体性好，抗震性强，施工工艺设备简单，技术容易掌握，机械化程度较高，施工速度较快，工期也较短。应用于城市中的多层和高层住宅建筑有很大的优越性，同时也适用于多层和高层的公共建筑。因此，采用大模板建筑是比较适合我国国情的一种工业化施工方法。

18. 升板建筑

升板建筑通常是先将楼板和屋面板在地面上分层重叠浇筑成型，然后沿已建成的柱网利用安装在柱子上的提升设备将楼板逐层提升并就位固定的施工方法建造的建筑。它具有节约模板、构件运输量少、施工速度快而安全、不需大型起重设备、升板操作容易掌握、施工占地少、施工噪声小等优点。适用于钢筋混凝土柱子承重、楼面前载较大、内墙较少的各类建筑。如果把围护结构的大型墙板预先安装在楼板上，然后整层一起提升，由顶层往下逐层就位固定，这种方法称为升层法，是将升板和大板施工工艺结合起来的施工方法。如果将升板和滑升模板技术相结合以升带滑，则称为升板滑模法。此外还有集层升板法和悬挂升板法等，都是在升板的基础上发展的。

19. 滑模建筑

滑模建筑一般按建筑的平面形状组装成一定高度的模板系统，利用液压提升设备不断提升模板，上边浇筑混凝土，下边随即脱模而连续浇筑混凝土墙体的施工方法建造的建筑。滑升模板只解决墙体的浇筑，建筑内部的楼板和梁等还需采取预制和现浇的方法进行施工。滑升模板由模板系统、操作平台系统、液压系统和支承杆等基本部分组成。滑模建筑可适用于多层、高层住宅、办公楼等建筑，更适用于多层、高层工业建筑和构筑物（如多层框架、烟囱、冷却塔、电视塔、高层建筑中的电棉井等）。其特点是施工速度快，机械化水平高，节省人工、模板和施工用地，建筑的整体性好，抗震能力强，但工艺设备较复杂，施工操作难度也较大。

第十三节　翻样前的图纸准备

一、纸质蓝图的准备

1. 蓝图的准备

在翻样前，首先取得工程的纸质蓝图，按照楼号装订成册，根据每册图纸目录检查图纸是否齐全。缺页图纸及变更了版本的图纸一并向施工单位索要。

2. 其他资料的准备

在翻样前，需要详细的阅读结构设计总说明，并对照建施图阅读分析结施图，看建施图与结施图、结施图前后是否有矛盾冲突的地方，一一记录。在图纸会审或技术交底会议上提出自己阅读图纸的疑问和工程通用做法，并取得会议记录，连同图纸变更中涉及钢筋的部分，一并向施工单位索要取得，并将图纸会审、图纸变更一并装订成册留存作为翻样做法的依据。

二、电子版图纸的准备（软件翻样必须做的工作）

1. 向施工单位索要电子图纸。

2. 图纸如果加密，安装天正软件使用 YJG_GJFJ 命令将图纸解密。

3. 按照楼号和每个楼栋的图纸目录将一个楼栋的所有图纸拷贝到一个文件内；（原因是一个小区各号楼相同部分，设计院往往把相同楼栋的图纸共用一张图纸）注意各个版本，一般分为 0 版、A 版、B 版，不要把旧版本拷贝进来，拷贝的时候，在 CAD 内选中要拷贝的图纸，使用 ctrl＋shift＋c 三个键先后按下去，然后指定基点，然后到要放进去的图纸，点击 ctrl＋v 键，指定基点，就可以拷贝进来，使用复制按钮或 ctrl＋c 键是不能跨文件复制的。

4. 图纸如果缺少字体，到网上搜索该字体，将字体补全，字体放到 AUTO CAD 安装文件夹下的 Fonts 文件夹内，再打开 AUTO CAD 程序（图 1-11）。

5. 图纸如果钢筋符号显示为"？"，则使用替换命令，将钢筋字体替换成正常字

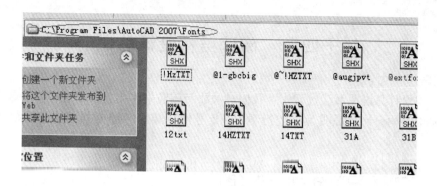

图 1-11

体,%%130、%%131、%%132 分别是一级钢、二级钢筋和三级钢符号。

6. 图纸打开后,如果文字显示不正常,则尝试选中不能正常显示的文字,选中下图所示的文字式样,看是否能够正常显示(图 1-12)。

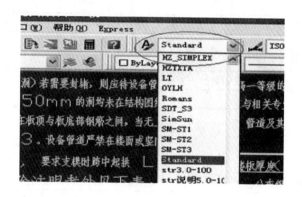

图 1-12

7. 如果图纸中的线条不能被单独选中,一点击会选中一大片,也是无法使用软件中的拾取功能的,这时选中锁定的线条,使用 CAD 内的分解功能可以将锁定的线条炸开(图 1-13)。

8. 有时有些图纸的线条图层被锁定了,这时可以选中这些线条的图层,在图层管理器内,将图层锁定的锁打开即可(图 1-14)。

图 1-13

图 1-14

第十四节　阅读结构设计总说明

在结构设计总说明阅读过程中，我们只关注与钢筋翻样相关的信息即可。这里以附录中的 2 号楼结构设计总说明为例进行学习。2 号楼与其他的楼栋共用同一份结构设计总说明。

一、工程概况部分的阅读（图 1-15）

结构指标 ＼ 楼号	2#、5#	3#、4#	9#、10#、15#、16#、17#、18#	11#、12#	3#地下车库
地下/地上层数	1/16 层	1/15 层	1/11 层	1/9 层	1/0 层
基本组合单元	A2—B2		C		
结构类型	抗震墙		抗震墙		板柱—抗震墙
抗震等级	二级		二级		三级
人防楼号/抗力等级			9#/甲类核 5 级		甲类核 6 级
地基类型	CFG桩人工地基		CFG桩人工地基、天然地基		天然地基
基础类型	板式筏基		板式筏基		板式筏基

图 1-15

在结构设计总说明的工程概况部分，与钢筋翻样相关的信息有以下几个：

1. 楼层信息

从上表所列示的信息可以得到 2 号楼到 18 号楼的楼层为地下一层，2 号楼的地上部分为地上 16 层；3 号地库的楼层信息为地下一层，无地上部分。

2. 建筑结构类型

从上表所列示的结构类型信息，可以了解到 2 号楼～18 号楼的建筑结构类型为抗震墙结构，也就是通常所说的纯剪力墙结构；3 号地库的结构类型为板柱—抗震墙结构，也就是通常所说的框架—剪力墙结构。

3. 抗震等级

从上表的抗震等级栏，可以了解到 2 号楼—18 号楼的抗震等级为二级抗震设计，3 号地库的抗震等级为三级抗震设计。

4. 人防设计

从上表中人防楼号/抗力等级栏，可以了解到，9 号楼有人防设计，3 号地库有人防设计，其他楼号无人防设计。

5. 基础类型

从上表中的基础类型栏，可以了解到 2 号楼～18 号楼及 3 号地库的基础类型为板式筏基，也就是通常所说的平板式筏板基础。

二、设计依据部分的阅读（图 1-16）

通过阅读设计依据的第四条"本工程结构设计的表示方法和采用的主要图集"，可以得知：本工程结构图采用平法设计表示方法，采用的图集为 11G101 系列图集，填充墙为二次结构，采用的是 88J2-2 图集，人防部分采用的是 2007 版本的 FG01-05 图集。

(四)本工程结构设计的表示方法和采用的主要图集：

　1、本工程墙、柱、梁和板除特别注明外，均采用"平法"表示，其制图规则和标准构造详图均详见选用图集。
　2、主要图集：
　　基础：《混凝土结构施工图平面整体表示方法制图规则和构造详图》 11G101-3
　　梁、柱、剪力墙：《混凝土结构施工图平面整体表示方法制图规则和构造详图》11G101-1
　　板：《混凝土结构施工图平面整体表示方法制图规则和构造详图》11G101-1
　　楼梯：《混凝土结构施工图平面整体表示方法制图规则和构造详图》 11G101-2
　　填充墙：《墙身框架结构填充轻集料空心砌块》(88J2-2)
　　人防构件：《防空地下室结构设计》(2007年合订本) FG01~05

图 1-16

设计依据中的（一）-（三）和（五）-（九）的内容与钢筋翻样工作没有直接关系，我们在翻样过程中仅做一般了解即可。

三、结构材料部分的阅读（图 1-17）

结构材料的（一）钢筋、型材及焊条详表对钢筋翻样没有直接用途，我们仅需要知道工程用的是 HPB235 的一级钢和 HRB400 的三级钢，预埋吊钩为 HPB235 的圆钢即可。

结构材料的（二）"混凝土强度等级"部分与钢筋翻样工作直接相关，需要密切关注。

（二）混凝土： 除图中特别注明外结构各部位混凝土强度等级见下表：

楼号及层数 ＼ 强度等级	部位 基础垫层	基础底板	地下室外墙	框架柱	混凝土强度等级 （抗渗等级） 其他抗震墙／连梁	楼板、梁楼梯、坡道	构造柱、圆梁过梁、水平系梁
2~7#、20#	C15	C35	C35				
-1~10层					C35	C30	C20
11层~屋面					C35	C30	C20
9~13#15~19#		C30	C35				
22~24 27~29#-1~3层	C15				C35	C30	C20
32#、33#4层~屋面	C15				C30	C30	C20
地下车库 -1层	C15	C35	C35	C40	C35	C35	C20
备注：	1、图中已标明结构构件混凝土强度等级以具体施工图中所注为准。 2、混凝土墙与框架柱相连，混凝土强度等级以混凝土墙为准。						

图 1-17

通过对上表的阅读，我们可以得知 2 号的基础垫层的混凝土强度等级为 C15；基础底板的混凝土强度等级为 C35；地下室外墙的混凝土强度等级为 C35；负一层到地上 10 层的剪力墙和连梁混凝土强度等级为 C35；负一层到地上 10 层的楼板、梁、楼梯、坡道的混凝土强度等级为 C30；二次结构中的构造柱、圈梁、过梁和水平连系梁混凝土强度等级为 C20，地上 11 层到屋面的混凝土强度等级与负一层到地上 10 层的相同。

因为 2 号楼为纯剪力墙结构，没有框架柱，框架柱一栏中的混凝土强度等级为空。

我们在学习通用构造的钢筋锚固长度时，已知钢筋的锚固长度与三个因素有关系，分别是钢筋级别、抗震等级、混凝土强度；结构设计总说明阅读到此，我们已经可以得知钢筋的级别是 HPB235、HRB400；抗震等级 2 号楼为二级抗震；混凝土强度以上表为准，由此可以进行钢筋锚固长度和搭接长度的计算。

一级钢、二级抗震、C30 的锚固长度为 $35d$；C35 的锚固长度为 $32d$。

三级钢：C30 的锚固长度为 $40d$；C35 的锚固长度为 $37d$。

结构材料（三）内外隔墙砌体部分与钢筋翻样无关，可不予考虑。

四、结构构造部分的阅读（图 1-18）

1. 纵向受力钢筋混凝土构件保护层厚度及混凝土耐久性要求

(一)纵向受力钢筋混凝土构件保护层厚度(详图另有要求者除外)及混凝土耐久性要求：

使用部位	保护层厚度(mm) 非人防构件	人防构件	混凝土耐久性要求			
			环境类别/适用范围	最大水胶比	最大氯离子含量(%)	最大碱含量(kg/m³)
基础底板下部/上部	40/20	40/20	一类/室内正常环境	0.60	0.30	不限制
地下室顶板(埋土部分)上部/下部	35/15	35/20				
地下室外墙外侧/内侧	25/15	30/20				
地下室内墙及地上墙	15	20	二(a)类/卫生间、水池	0.55	0.20	3.0
柱	20	30	二(b)类/地面以下与土或水直接接触环境以及室外露天环境	0.50	0.15	3.0
地下室梁(埋土部分)上部/下部	35/20	35/30				
地下室梁(非埋土部分)及地上梁	20	30				
楼板、屋面板、楼梯板	15	20				
水池迎水面/背水面	50/15	50/20				
备注	1.混凝土保护层厚度除上表规定外，尚不得小于受力主筋的直径，保护层厚度从结构构件中最外层钢筋外边缘至结构构件外表面距离。 2.板、墙中分布钢筋的保护层厚度不应小于表中应应值减10mm，且不应小于10mm；梁、柱中箍筋和构造钢筋的保护层厚度不应小于15mm。 3.采用机械连接的纵向受力钢筋的接头连接件混凝土保护层厚度也应满足本要求。					

图 1-18

构件混凝土保护层厚度与钢筋翻样工作直接相关，需要重点关注，从上表所示的构件混凝土保护层可以得知：

（1）基础筏板底部的保护层厚度为 40mm；顶部的保护层厚度为 20mm。

（2）地下室顶板埋土部分的保护层厚度上部为 35mm，下部为 15mm；这指的是 3 号地库的地下室顶板的保护层厚度。

（3）地下室外墙的保护层厚度，外侧是 25mm，内侧为 15mm。

（4）地下室内墙及地上的所有墙保护层厚度为 15mm。

（5）柱的保护层厚度为 20mm。

（6）埋土部分的地下室梁上部保护层厚度为 35mm；下部保护层厚度为 20mm；这是指的 3 号地库地下室梁。

（7）非埋土部分的地下室梁及地上梁保护层厚度为 20mm。

（8）楼面板、屋面板、梯板保护层厚度为 15mm。

（9）水池迎水面保护层厚度为 50mm，背水面保护层厚度为 15mm。

（10）构件混凝土保护层厚度除满足以上要求外，尚不得小于构件内受力钢筋的直径，比如柱中的纵向受力钢筋的直径为 25mm，则保护层厚度由 20mm 加大到 25mm。

（11）保护层厚度应从构件的最外侧钢筋外边缘到构件外表面距离。

（12）板、墙中分布钢筋的保护层厚度不应小于表中相应数值减 10mm。

（13）梁柱中箍筋和构造钢筋的混凝土保护层厚度不应小于 15mm。

（14）采用机械连接的纵向受力钢筋的接头连接件混凝土保护层厚度也应满足此表要求，也就是说采用套筒连接的构件保护层厚度要相应的加大，我们在实际翻样工作中把套筒连接的梁和柱的保护层加大到 25mm。

2. 钢筋的锚固与连接（图 1-19）

(二)钢筋的锚固与连接图中特别注明外，钢筋的锚固与搭接长度按以下规定取用：
　　非抗震构件(L_a、L)：基础底板、楼板、次梁、坡道、水池等构件钢筋及分布钢筋。
　　抗震构件(L_{aE}、L_E)：框架梁、柱、剪力墙暗柱、连梁、楼梯纵向钢筋及剪力墙墙身钢筋。
　　钢筋的锚固长度 L_a（抗震）、L_a（非抗震）、搭接长度 L_{lE}（抗震）、L_l（非抗震）详见平法图集 11G101-1 页53。
　　人防构件钢筋的锚固长度（L_{af}）、搭接长度(L_{lf})构造要求详见图集《防空地下室结构设计》(2007年合订本)FG01页57。同时，抗震构件必须满足相应抗震连接的要求。

图 1-19

在此条中可以得到的信息有如下三条：

（1）基础筏板、楼板、次梁、坡道和水池构件按非抗震构件处理，锚固长度和搭接长度为 L_a 和 L_l 取用；

（2）框架梁、柱、剪力墙柱、剪力墙连梁和楼梯纵筋及剪力墙墙身按二级抗震处理，锚固长度和搭接长度按 L_{aE} 和 L_{lE} 取用；

（3）人防构件的锚固长度和搭接长度 L_{af} 和 L_{lf} 的取值按 FG01 第 57 页取用。

3. 钢筋接头形式及要求（图 1-20）

(三)钢筋接头形式及要求：
1、结构构件当受力钢筋直径≥22mm 时，采用机械连接，当受力钢筋直径<22mm 时，可采用绑扎连接接头。
　　钢筋机械连接的接头性能应符合《钢筋机械连接通用技术规程》JGJ107-2003的Ⅱ级接头性能。
2、钢筋在搭接长度范围内箍筋应加密，其间距为100mm，并不应大于5d(d为梁纵向受力钢筋的最小直径)；
　　当d>25mm时，须在搭接接头两端面外各100mm范围内，设置与梁内箍筋相同箍筋2个。
3、位于同一连接区段内的纵向受拉钢筋绑扎搭接接头数量：次梁、板不大于25%；墙不大于50%；受压区接头数量不大于
　　50%。位于同一连接区段内的纵向受拉钢筋机械连接接头数量：梁不大于25%，柱不大于50%；受压区接头数量不限。
4、连续配置的板、次梁内受力钢筋：上筋(负筋)在跨中 Lo/3 范围内搭接，底筋(正筋)在支座处搭接(基础底板及基础梁上
　　表面钢筋为正筋，下表面钢筋为负筋，Lo为净跨)。
5、梁、柱内纵向钢筋不应与箍筋、拉筋及预埋件等焊接。
6、悬挑构件上部钢筋在悬挑跨内不应设置任何形式的钢筋接头。

图 1-20

（1）构件中钢筋直径大于等于 22mm 的采用机械连接，小于 22mm 的可采用绑扎搭接接头，在实际翻样工作中应与施工单位总工或钢筋工长做进一步的明确，多大直径的钢筋采用机械连接，多大直径的采用电渣压力焊，多大直径的采用搭接，并不一定严格按照该设计总说明执行，在总说明规定范围内会有一定的灵活处理余地。一般 16mm 以上的钢筋就可以采用机械连接。搭接方式因为要有一段钢筋重叠，所以会浪费钢筋；套筒的成本较高；电渣压力焊成本低、浪费钢筋少，但过粗的钢筋电渣压力焊会存在质量问题。三种方式各有利弊，因此翻样人员在钢筋连接方式上要与施工单位沟通，确定各种直径钢筋的连接方式。

（2）同一连接区段接头面积百分率的规定

采用绑扎搭接接头时，次梁和板的面积接头百分率不超过 25％；墙不大于 50％；受压区接头数量不大于 50％。

采用机械连接接头时，梁不大于 25％；柱不大于 50％，受压区的接头数量不限。

（3）钢筋在搭接长度范围内箍筋要加密，其间距为 100mm，并不应大于 5d（d 为梁纵向受力钢筋的最小直径），当 d 大于 25mm 时，尚应在搭接接头两端面外各 100mm 范围内，设置与梁内箍相同箍筋两个。此条是采用搭接接头方式的统一规定。

（4）连续配置的板、次梁内受力钢筋，上筋在跨中三分之一范围内搭接连接，底筋在支座处搭接连接，基础底板和基础梁与此相反。

（5）梁、柱内纵向钢筋不得与箍筋、拉筋和预埋件等焊接。这是由于焊接会造成纵向钢筋烧伤，造成横截面有效面积减少。但这种现象在实际施工过程中比比皆是。

（6）悬挑构件上部钢筋在悬挑跨内不应设置任何形式的干钢筋接头。这是由于悬挑构件上部是受弯拉伸所致。

本条"钢筋接头形式及要求"中，第 1、2 条是该工程钢筋翻样工作必须明确的要求，其他 3、4、5、6 条是规范和图集中的统一明确要求，即使不在此列示，也必须遵守的。

4. 混凝土楼板及屋面板构造要求（图 1-21）

（四）混凝土楼板和屋面板构造要求：
1、板的底部钢筋伸入支座长度应≥5d，且伸至梁（墙）中心线；板顶部钢筋两端设直钩，非支座处板顶筋的下弯长度为板厚减 20mm，位于支座处板顶筋的锚固长度为 La。
2、楼上洞口（含后浇洞口）应按图集标准处理，凡洞口尺寸B（直径）≤300mm者，应将板内钢筋由洞口边绕过，不得截断；1000mm≥B（直径）>300mm者，应于每边各增设加强筋（详图1 图纸说明者除外），且加强筋在短方向伸入梁或墙内。
3、楼板短跨方向上部主筋应置于长跨方向上部主筋之上；短跨方向下部主筋应置于长跨方向下部主筋之下；当板底与梁底平时，板的下部钢筋须伸入梁内须弯折后置于梁的下部纵向钢筋之上。
4、预留孔洞（也含300以上洞）若需要封洞，则应待设备管道安装完毕后再浇高一等级的无收缩混凝土填实，板厚同相邻楼面楼板厚度。
5、楼板上洞边最小净尺寸≤250mm的洞均未在结构图纸上表示，施工时与相关专业图纸核对无误后方可施工。
6、埋入楼板中的机电暗管应放在板顶与板底部钢筋之间，当无上铁时按图2施工。管道及其配件的混凝土保护层厚度不小于20mm，同时管道外径应≤楼板厚/3。设备管道严禁在楼面斜穿或竖向穿过柱、暗柱。
7、楼板短向净跨 L≥4m，要求支模时跨中起拱 L/500。

楼板厚度(mm)	≤110	120~150	160~200
分布钢筋	Φ6@250	Φ6@200	Φ8@200

8、板内分布钢筋，除注明者外见下表：
9、卫生间局部降板钢筋构造详图 3。其他局部楼面高差处做法详11G101-4页99~100。
10、对外露的现浇钢筋混凝土女儿墙、挂板、檐口等构件，当其水平直线长度超过12m时应设置伸缩缝。伸缩缝宽20mm；缝间距<12m。在伸缩缝处钢筋不断，装修前用水泥砂浆填实。
11、板支座上部钢筋表示方法详图 4。
12、各层楼板当板厚150mm 时，若板面跨中区域未配置钢筋，均需双向配置温度分布钢筋Φ6@200，该分布钢筋与板上铁受力钢筋搭接长度为150mm。

图 1-21

（1）关于板的底筋锚固要求

板的底筋要求伸入支座长度大于等于 5d，且伸至梁或墙中心线。这是图集和规范要求，实际施工时一般按照过中心线加 5d 计算。主要原因是实际施工下料时，如果按照过梁中心线下料，实际下料有误差，如果出现负误差，会造成板底筋不能过梁或墙的中心线，达不到规范要求，所以按照过中心线再加 $5d$ 计算，这样既能满足伸入支座 $5d$ 又能过梁或墙的中心线。板底筋的施工下料尺寸比预算的尺寸要长一些。

（2）板面筋的锚固要求

板面筋的两端要求设置 90°弯钩，非支座处板面筋弯钩长度为板厚减去 20mm；支座处板面筋伸入支座加弯钩的长度为 L_a。

（3）板上开洞的构造要求（图 1-22）

板上开洞单边尺寸小于等于 300mm 的洞四周钢筋不截断，从洞四周绕过。也就是板上洞口尺寸小于 300mm 的，翻样时不用考虑开洞，绑扎的时候，直接弯曲绕过即可。

板上开洞尺寸大于 300mm，小于 1000mm 时，按照详图一进行处理。详图一中的第一个图是边上开洞，三边设加强筋，且在短跨方向伸入梁或墙内。第二个图是板中开洞，四周均设加强筋，且在短跨方向伸入梁或墙内。

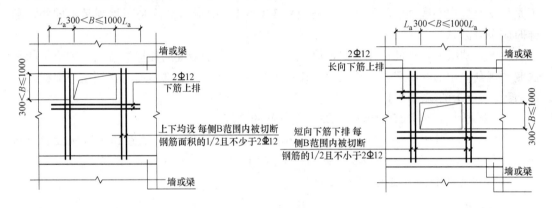

图 1-22 板洞口加固配筋图

（4）第 3 条说的是板的钢筋排布规则，与绑扎相关，翻样不必考虑；第 4、5、6、7、10 条和钢筋翻样无太多关系，仅作了解。

（5）第 8 条是板的分布筋的规定，在总说明中统一规定，各楼板的平面图中不再单独说明。

（6）第 9 条是板的局部沉降构造，按图 1-23 施工：

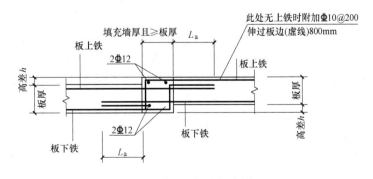

图 1-23 楼板局部变标高详图

（7）板支座上部钢筋的表示方法（图 1-24）

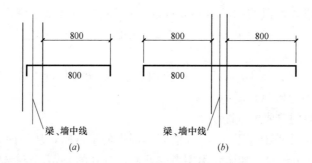

图 1-24　板支座钢筋表示方法

（a）边支座；（b）中间支座

在详图 4 中，可以看到板的上部钢筋识图上方标注的尺寸是从支座边到端部的尺寸，不是从支座的中心线开始的尺寸，这与图集 16G101-1 中板的平法制图规则是不同的，翻样时应予以注意。

在实际图纸中，板的标注方法，设计人员还是习惯于传统的板标注方法，图集中的平法制图规则应用的并不严格，绝大部分设计人员在标注板的上部钢筋时，还是习惯标注支座边到 90°弯折的端部尺寸。

（8）板厚大于等于 150mm 时，关于温度筋的规定

当板厚大于等于 150mm 时，若板面跨中区域未配置钢筋时，需在跨中区域设置双向温度分布筋，温度筋为 A6@200，该温度筋与板上部支座负筋的搭接长度为 150mm。

5. 混凝土梁的构造要求（图 1-25）

（五）混凝土梁构造要求：
1. 框架梁的纵向钢筋连接构造详图详见平法图集 11G101-1 页79，80。
2. 非框架梁及悬挑梁的构造详图见平法图集 11G101-1 页81，82。
3. 当主次梁交接处的纵筋处于同一标高时，次梁的上、下纵筋应放在主梁上、下纵筋之上。
4. 主次梁交接处，箍筋应贯通布置，在次梁两侧设置附加箍筋和吊筋。构造详图见平法图集 11G101-1 页87。附加箍筋的直径及肢数同主梁。当图中未注明时在次梁两侧各设置 4Φd（d 为主梁箍筋直径），间距 50mm。
5. 连梁及梁上若留洞必须经设计人员同意。
6. 梁侧面纵向构造钢筋和拉筋做法详见平法图集 11G101-1 页87。
7. 跨度大于4m时，按跨度的1/500起拱。当为悬臂梁时，按悬臂长度的1/250起拱，起拱高度不小于20mm。
8. 所有悬挑构件须在上部结构全部施工完毕，同时混凝土强度达到设计强度的100%后，并按由上至下的顺序拆除支撑。

图 1-25

（1）第 1、2、6 条框架梁、非框架梁、悬挑梁及梁侧面构造钢筋拉筋的构造要求见图集中的相关要求，我们在后面梁的构造要求中会讲到，在此先不做讲解。

（2）第 3 条是讲主梁和次梁相交，主次梁钢筋的排布规则，次梁放在主梁钢筋上面，这与钢筋绑扎有关。

（3）第 4 条是讲主次梁相交时，主梁的箍筋贯通设置，次梁的箍筋在相交处断开。在主梁上设置附加箍筋和吊筋，当图中未注明时，附加箍筋按每边 4 套主梁的箍筋设置，间距为 50mm。

（4）第 5、7、8 条做一般性了解即可。

6. 柱的构造要求

本工程中的柱无特殊要求，按图集 11G101-1 中的构造要求执行。

7. 剪力墙构造要求（图1-26）

(七)剪力墙

1. 墙内暗柱的纵向钢筋、箍筋作法及弯折同框架柱。暗柱箍筋在纵筋连接范围内加密，加密区箍筋间距为100mm。

2. 剪力墙竖向水平分布钢筋接头位置应错开，每次连接的钢筋数量不超过50%。

3. 墙上预留洞按下述要求施工：如洞口尺寸≤200mm时，洞边不再设附加钢筋，墙内钢筋绕过；当洞口尺寸>200mm且≤800mm时，按图6设加强筋。

4. 剪力墙与梁垂直相交处若剪力墙内无暗柱，当梁高大于2倍墙厚或梁跨度≥4m时，剪力墙内设置暗柱详图7。

5. 剪力墙竖向分布筋由柱(暗柱)侧50mm处开始设置，墙内竖筋须在基础内预留插筋，做法详各楼基础施工图。

6. 填充墙在柱、剪力墙边小墙垛做法详图5。

7. 剪力墙施工时必须确保墙身钢筋连接牢固，定位准确。

图 1-26

（1）剪力墙暗柱纵向钢筋、箍筋做法及弯折同框架柱；暗柱箍筋在纵筋连接范围内加密，加密区间距为100mm。

（2）剪力墙竖向水平分布钢筋接头面积百分率50%。

（3）墙上开洞尺寸小于等于200mm时，可不比关注；洞口尺寸大于200mm小于等于800mm时，按详图6设置加强筋。（图1-27）

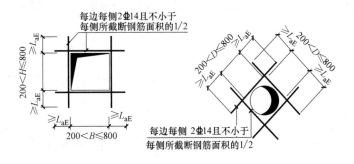

图 1-27　剪力墙洞口加固构造

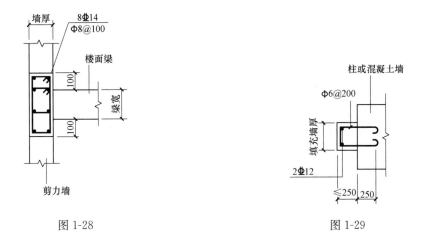

图 1-28

图 1-29

（4）剪力墙与梁垂直相交处，若剪力墙内无暗柱，当梁高大于2倍墙厚或梁跨度大于等于4m时，剪力墙内按详图1-28设置暗柱。

（5）剪力墙竖向分布钢筋排布从柱边或暗柱边50mm开始起步，此条规定在计算竖向分布钢筋时会用到。

（6）填充墙在柱、剪力墙边的小墙垛做法按图1-29做法预留拉结筋。

（7）剪力墙施工时，必须确保墙身钢筋连接牢固，定位准确：剪力墙钢筋定位主要依靠水平梯子筋、竖向梯子筋和顶模撑来保证。

8. 砌体工程（图1-30）

(八)砌体工程

1.关于填充墙体的节点构造详图集88J2-2中框架结构填充轻集料混凝土空腔砌块结构构造措施（结1~结13）

2.填充墙定位详建施图，填充墙与混凝土墙柱交接处，沿墙高度每600mm在灰缝内配置2φ6拉结筋，全长贯通(混凝土水平系梁处不设)。

3.构造柱

在填充墙转角处及墙长大于5m时，应设置间距不大于2.5m的构造柱；当门窗洞口宽度≥2.4m时，在洞口两侧设置构造柱；构造柱截面见图8。构造柱上、下端600mm长度范围内，箍筋加密。构造柱构造详图见图集88J2-2页结10~结13。构造柱门窗洞口两侧未设构造柱的，均应按图集88J2-2设置抱框。

4.外填充墙窗台下部和窗洞顶标高处及内填充墙门洞顶标高处均应设一道通长水平系梁QL1，宽同墙厚，高100mm，配筋2φ10，连系筋φ6@250；洞顶处与过梁钢筋搭接500mm。水平系梁上的纵向钢筋应与剪力墙、柱内预留筋连接，其做法详88J2-2，无门窗洞口的墙，墙高超4m时，墙体半高处设置与柱或剪力墙连接且沿墙全长贯通的水平系梁，截面、配筋同QL1。

5.填充墙顶部与梁、板有可靠连接，做法详88J2-2。

6.砌块墙上留洞及门窗洞上均应设过梁，详过梁表及图9、图10。

7.当过梁支座长度不满足表中所示时，应在柱、墙上预留与过梁纵筋数量同直径的插筋，与过梁内纵筋搭接，钢筋锚入柱内长度不小于La，伸出柱外表面长度不小于L。

图1-30

砌体工程属二次结构，需要按填充墙、构造柱、过梁位置在主体结构施工时，预留拉结筋。

9. 人防构件

图中未注明的人防构件的构造做法均按照人防图集07FG01第55-71页（2007年合订本）

第二章 梁类构件的翻样

本章节学习思路：

梁构件翻样的学习步骤为：

1. 学习梁构件的平法施工图制图规则，目的是掌握梁平法施工图识图能力。
2. 学习梁构件的构造详图，目的是掌握梁构件的钢筋构造要求。
3. 学习梁构件钢筋的手工计算方法，目的是具备梁构件的手工翻样能力。
4. 学习使用软件的单构件法进行梁类构件翻样，提高翻样效率。

第一节 梁构件平法识图

本节内容为学习梁平法施工图制图规则，内容为 16G101-1 第 26 页～38 页，请参照图集内容学习本节课程。

一、梁的类型及代号（表 2-1）

梁类型及代号表 表 2-1

梁类型	梁代号	梁类型	梁代号
楼层框架梁	KL	非框架梁	L
楼层框架扁梁	KBL	悬挑梁	XL
屋面框架梁	WKL	井字梁	JZL
框支梁	KZL		

楼层框架扁梁是 16G101-1 图集新增加的一种梁类型，楼层框架扁梁节点核心区代号为 KBH。

图纸中标注为非框架梁 L 和井字梁 JZL 的梁端支座均为按铰接设计，当图纸中标注的非框架梁和井字梁为 Lg 和 JZLg 时，其端支座上部钢筋按充分利用钢筋的抗拉强度设计，翻样时应注意区别。井字梁 JZL 的代号要注意与基础主梁 JL 区别，在有些图纸中设计人员会不按规范注写基础主梁，将其注写为 JZL。

二、梁的平面注写方法

梁平法设计通常在梁结构平面图上采用平面注写方式表达，分别在不同编号的梁中各选一根梁在其上注写截面尺寸和配筋具体数值。

对于轴线未居中的梁应标注其偏心定位尺寸（贴柱边的梁可不注）。

梁平面注写由集中标注和原位标注两部分构成，集中标注表达梁的通用数值，原位标注表达梁的特殊数值。当集中标注中的某项数值不适用于梁的某部位时，则将该项数值原位标注。

1. 梁的集中标注

梁的集中标注包括：梁的编号、梁的截面尺寸、梁的箍筋、梁上部纵筋、架立筋、梁侧面构造钢筋或受扭钢筋配置及梁顶面标高高差。梁集中标注的内容有5项必注值及2项选注值（集中标注可以从梁的任意一跨引出），规定如下：

（1）梁编号

梁编号为必注值，由梁类型代号、序号、跨数及有无悬挑代号组成。

梁的类型代—有 KL、KBL、WKL、L、KZL、XL、JZL 等，不同的类型代号，代表不同受力特征和不同构造要求的梁。

梁序号—是在本张图纸中梁的自然编号。

梁跨数—按支座划分，两支座之间算一跨，跨数不包括悬挑跨，一端悬挑表示为 A，二端悬挑表示为 B。

例如：KL5（4A）表示第5号楼层框架梁，共4跨，一端有悬挑。

（2）梁截面尺寸

梁截面尺寸为必注值，用 $b×h$ 表示。b 表示梁宽，h 表示梁高。

当为竖向加腋梁时，用 $b×h$ $GYc_1×c_2$ 表示，其中 c_1 为腋长，c_2 为腋高（图2-1）；

当为水平加腋梁时，用 $b×h$ $PYc_1×c_2$ 表示，其中 c_1 为腋长，c_2 为腋高（图2-2）；

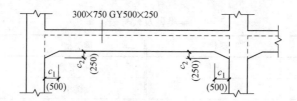

图 2-1　竖向加腋截面注写示意

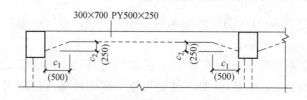

图 2-2　水平加腋截面注写示意

当有悬挑梁且根部和端部的高度不同时，用斜线分隔根部与端部的高度值，即为 $b×h_1/h_2$（图2-3）。

（3）梁箍筋

梁箍筋项为必注值，包括钢筋级别、直径、加密区与非加密区间距及肢数。箍筋加密区与非加密区的不同间距及肢数需用斜线"/"分隔，箍筋肢数应写在括号内。

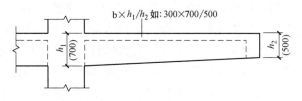

图 2-3　悬挑梁不等高截面注写示意

【例】　Φ10@100/200（4）：表示箍筋为 HPB300 钢筋，直径 10mm，加密区箍筋间距为 100mm，非加密区箍筋间距为 200mm，均为 4 肢箍。

【例】　Φ8@100（4）/150（2）：表示箍筋为 HPB300 钢筋，直径为 8mm，加密区箍筋间距为 100mm，四肢箍；非加密区箍筋间距为 150mm，为两肢箍。

对非抗震结构中的各类梁，采用不同的箍筋间距及肢数时，也可用斜线"/"隔开，先注写支座端部的箍筋，在斜线后注写梁跨中部的箍筋。

【例】　12Φ8@150/200（4），表示箍筋为 HPB235 级钢筋，直径为 8mm，梁的两端各有 12 个 4 肢箍，间距为 150mm；梁跨中部分间距为 200mm，4 肢箍。

（4）梁上部通长筋或梁架立筋配置

梁上部通长筋或梁架立筋配置（通长筋可为相同或不同直径采用搭接连接、机械连接或焊接的钢筋），该项为必注值。所注钢筋规格与根数应根据结构受力要求及箍筋肢数等构造要求而定（这句话是对设计人员说的）。当同排钢筋中既有通长筋又有架立筋时，应用加号"＋"将通长筋和架立筋相连。注写时需将角部纵筋写在加号的前面，架立筋写在加号后面的括号内，以示不同直径。

【例】　2B22＋（4Φ12）用于 6 肢箍，其中 2B22 的为通长筋，4Φ12 为架立筋。

当梁的上部纵筋和下部纵筋均为全跨相同，且多数跨配筋相同时，此项可加注下部钢筋的配筋值，用分号";"隔开。

【例】　3B22；4B25 表示梁的上部配 3 根 HRB400 级直径 22mm 的通长筋，梁的下部配置 4 根 HRB400 级直径 25mm 的通长筋。

（5）梁侧面纵向构造钢筋或受扭钢筋配置

梁侧面纵向构造钢筋或受扭钢筋配置此项为必注值。当梁腹板高度 $h \geqslant 450mm$ 时，须配置侧面纵向构造钢筋或抗扭钢筋。构造钢筋用 G 表示，抗扭腰筋用 N 表示，应由设计者注明。

【例】　N6Φ12 表示共配置 6 根强度等级为 HPB300、直径为 12mm 的受扭腰筋，梁每侧各配置 3 根。

【例】　G4Φ12 表示梁的两个侧面工配置 4Φ12 的纵向构造钢筋，每侧各配置 2 根。

（6）梁顶面标高高差，该项为选注值。

梁顶面标高高差指相对于结构楼面标高的高差。高于楼面标高为正值，低于楼面标高为负值。有高差时，须将其写入括号内，无高差时不注。结构夹层的梁顶面标高高差是相对于结构夹层楼面的标高高差。

【例】　某结构标准层的楼面标高为 44.950m，当某梁的顶面标高高差注写为（－0.050）时，表示该梁的顶面标高相对于 44.950m 低 0.05m。

（7）梁下部纵筋

梁下部纵筋是选注项，可放在梁的原位进行标注。当梁的集中标注中已注写了下部通长纵筋值时，则不需在梁下部重复做原位标注。换言之，当梁的下部纵筋每跨均相同时，可在梁集中标注中注写，否则每跨原位标注。下部纵筋不管是在集中标注处还是在原位标注处均遵循能通则通原则，不能贯通则在支座处锚固。即使每跨均标注梁下部纵筋，翻样时并不意味着每跨非断不可。反之即使是在梁集中标注处标注了下部通长筋，也不是不能在支座处断开锚固。梁的底筋是采用一跨一锚还是拉通主要是要和施工现场钢筋工长与绑扎劳务队伍进行沟通确定。

【例】　梁：KL3（6A）400×600

　　　　Φ8@100/200（4）

　　　　2C25+（2C12）；4C22

　　　　N4C16（+0.1）

表示楼层框架梁 3，有 6 跨，一端悬挑，截面尺寸为 400mm×600mm。箍筋为直径 8mm 的 HPB300 级钢筋，加密区间距 100mm，非加密区间距 200mm，2 肢箍，上部有 2 根直径 25mm 的 HRB400 级通长筋和 2 根直径 12mm 的 HRB400 级架立筋。梁下部有 4 根直径为 22mm 的 HRB400 级通长筋，侧面共有 4 根直径 16mm 的 HRB400 级抗扭腰筋。梁高出楼层结构标高 0.1m。

【例】　梁：WKL7（3B）500×600

　　　　A10@100/200（2）

　　　　2C25

　　　　G4C16

表示屋面框架梁 7 号，截面尺寸 500mm×600mm，有 3 跨，两端悬挑。箍筋为直径 10mm 的 HPB300 级钢筋，加密区间距 100mm，非加密区间距 200mm，2 肢箍，梁上部有 2 根直径 25mm 的 HRB400 级通长筋，梁侧面有 4 根直径 16mm 的 HRB400 级构造钢筋，每侧 2 根。

其他类型的梁与上面表示方式一样，只是代号有所不同，在此就不一一举例。

2. 梁原位标注

梁原位标注内容规定如下：

（1）梁支座上部纵筋注写（含通长筋在内的所有纵筋）

A1. 当上部纵筋多于一排时，用斜线"/"将各排纵筋自上而下分开（图 2-4）。

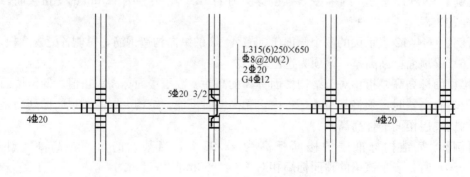

图 2-4

A2. 当同排纵筋有两种直径时，用加号"＋"将两种直径的纵筋相连（图 2-5）。

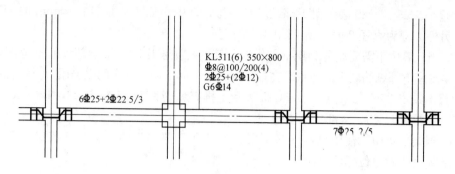

图 2-5

A3. 当梁中间支座两边的上部纵筋不同时，需在支座两边分别标注，当梁中间支座两边的上部纵筋相同时，可仅在支座的一边标注配筋值，另一边省略不注（图 2-6）。

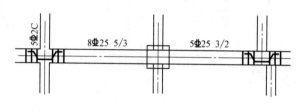

图 2-6

A4. 当两大跨中间为小跨，且小跨净长小于左右两大跨净跨之和的 1/3 时，小跨上部纵筋为贯通全小跨方式（图 2-7）。

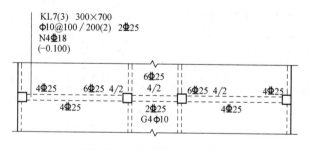

图 2-7　大小跨梁的注写示意

（2）梁下部纵筋的标注

A1. 梁下部纵筋多于一排时，用斜线"／"隔开（图 2-8）。

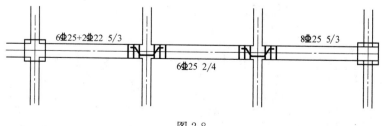

图 2-8

43

A2. 当同排纵筋有两种直径时，用加号"＋"相连，注写时角筋写在前面。

【例】 2C25＋2C20 表示梁下部纵筋有一排，其中角筋为 2 根直径 25mm 的 HRP400 钢筋，另外 2 根为直径 20mm 的 HRB400 的钢筋。

A3. 当计算中不需要充分利用下部纵向钢筋的抗拉强度时，梁下部纵筋不全部伸入支座，将梁支座下部纵筋减少的数量写在括号内，梁下部不伸入支座的纵筋用（一）表示，

【例】 如 3C25＋2C22（－2）/5C25 表示上排有纵筋为 3C25 和 2C22，其中 2C22 不伸入支座，下排有 5C25，全部伸入支座。

A4. 当梁的集中标注中已经注写了梁的上部和下部均为通长的纵筋值时，则不需要在梁的下部重复做原位标注（图 2-9）。

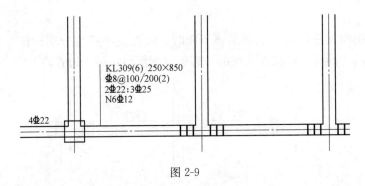

图 2-9

A5. 当梁设置竖向加腋时，加腋部位下部纵筋应在支座下部以 Y 打头，注写在括号内（图 2-10）。

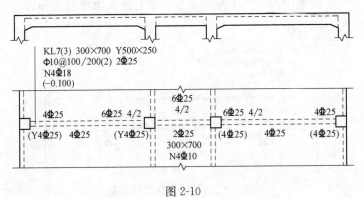

图 2-10

A6. 当梁设置水平加腋时，水平加腋内上、下部斜纵筋应在加腋支座上部以 Y 打头注写在括号内，上下部纵筋之间用"/"分隔（图 2-11）。

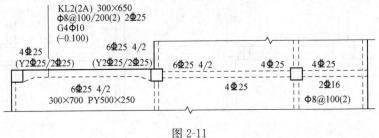

图 2-11

A7. 当在梁上集中标注的内容，不适用于某跨或某悬挑部分时，则将其不同数值原位标注在该跨或该悬挑部位，施工翻样时，按原位标注数值取用（图2-12）。

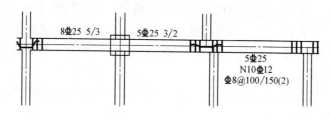

图 2-12

A8. 当在多跨梁的集中标注中已注明加腋，而该跨的根部却不需要加腋时，则应在该跨原位标注等截面的 $b×h$，以修正集中标注中的加腋信息（图2-13）。

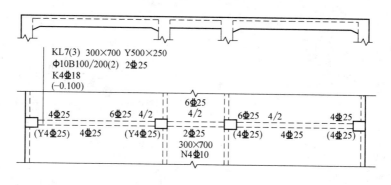

图 2-13

（3）附加箍筋或吊筋

将其直接画在平面图中的主梁上，用线引注总配筋值。8A8 表示在主梁上配置直径 8mm HPB300 级附加箍筋共 8 道，在次梁两侧各 4 道，为 2 肢箍。当多数附加箍筋或吊筋相同时，一般在梁平法施工图上统一用文字说明，少数不同时在原位引注（图2-14）。

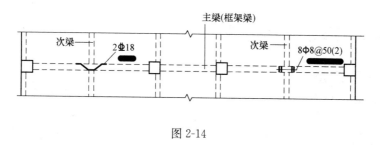

图 2-14

三、梁的截面注写方式

截面注写方式就是在分标准层绘制的梁平面布置图上，分别在不同编号的梁中各选择一根梁，用剖面符号引出配筋图，并在其上注写截面尺寸和配筋具体数值的方式来表达梁平法施工图。

对所有梁按平面注写方式中的规定对梁进行编号，从相同编号的梁中选择一根梁，先将"单边截面符号"画在该梁上，再将截面配筋详图画在本图或其他图上，当某梁的顶面标高与结构层的楼面标高不同时，尚应继其梁编号后注写梁顶面标高高差。高差注写方式与平面注写方式相同。

在截面配筋详图上注写截面尺寸 $b×h$、上部筋、下部筋、侧面构造筋或受扭筋以及箍筋的具体数值时，其表达形式与平面注写方式相同。

截面注写方式既可以单独使用，也可以与平面注写方式配合使用。在梁平法施工图的平面图中，当局部区域的梁布置过密时，除了采用截面注写方式表达外，可将过密区用虚线框出，适当放大比例后，再用平面注写方式表示（图2-15）。

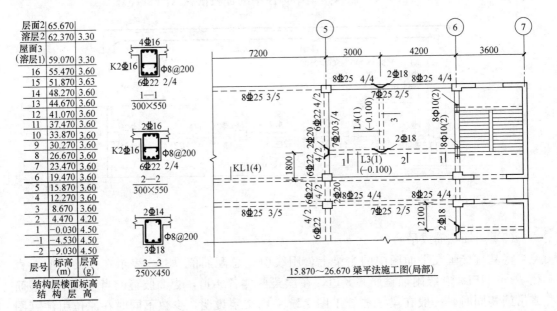

图 2-15

四、框架扁梁的注写方式

1. 框架扁梁的注写方式

框架扁梁是 16G101-1 图集中新增加的一种新类型梁，其平法识图制图规则见16G101-1 第 31 页。

框架扁梁的注写规则与框架梁相同，由于其扁的特性，使其 b 边尺寸大于与其相交的柱截面尺寸，因此对于扁梁的上部纵筋和下部纵筋，尚需注明未穿过柱截面的纵向受力钢筋根数。

2. 框架扁梁节点核心区

框架扁梁节点核心区代号为 KBH，其注写方式放到框架扁梁的构造详图中，结合节点核心区构造详图一起学习。

第二节 梁构件钢筋构造要求

本节内容为学习梁构件钢筋构造，内容为 16G101-1 第 84 页～98 页，请参照图集内容学习本节课程。

一、抗震楼层框架梁 KL 钢筋构造

（一）抗震楼层框架梁纵向钢筋构造（图 2-16）

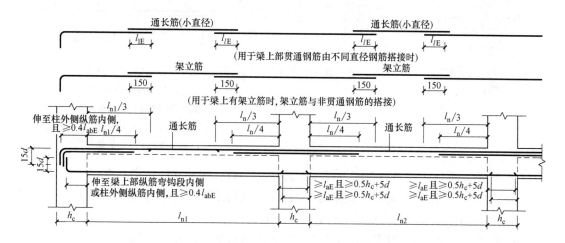

图 2-16　抗震楼层框架梁 KL 纵向钢筋构造

上图摘自 16G101-1 图集 84 页，请参照图集学习以下内容。

学习知识点：

1. 梁上部通长筋由大直径钢筋与小直径钢筋搭接构成时，大直径钢筋与小直径钢筋的搭接长度为 l_{lE}。

2. 梁上部钢筋由支座负筋与跨中架立筋搭接构成时，支座负筋与架立筋的搭接长度为 150mm。

3. 抗震框架梁端部上部钢筋（通长筋及支座负筋）在框架柱内锚固时，如框架柱宽度不够直锚时，则弯锚，要求框架梁上部钢筋伸入框架柱钢筋外侧纵筋内侧，且伸入长度大于等于 $0.4L_{abE}$；端部弯折长度为 $15d$。

4. 梁端部上部通长筋断开的连接位置及第一排支座负筋截断位置，自柱内侧边缘向跨内伸入三分之一本跨净跨长；第二排支座负筋截断位置，自柱内侧边缘向跨内伸入四分之一本跨净跨长。

5. 梁中间支座上部通长筋断开的左右连接位置及第一排支座负筋左右截断位置，自中间支座两侧边缘向跨内伸入三分之一左右相邻跨中较大跨的净跨长；（l_{n1} 和 l_{n2} 中较大值的三分之一）。第二排支座负筋截断位置，自中间支座两侧边缘向跨内伸入四分之一左右

相邻跨中较大跨的净跨长（l_{n1} 和 l_{n2} 中较大值的四分之一）。

6. 梁端部下部钢筋通长筋在框架柱内锚固时，如框架柱宽度不够直锚时，则弯锚，要求框架梁下部通长筋伸至梁上部纵筋弯钩段内侧或柱钢筋外侧纵筋内侧，且伸入长度大于等于 $0.4L_{abE}$；端部弯折长度为 $15d$。

7. 梁下部通长筋采用一跨一锚方式时，通长筋在中间支座内断开锚固，要求伸入中间支座内一个锚固长度，且要求过中间支座中心线加 $5d$。

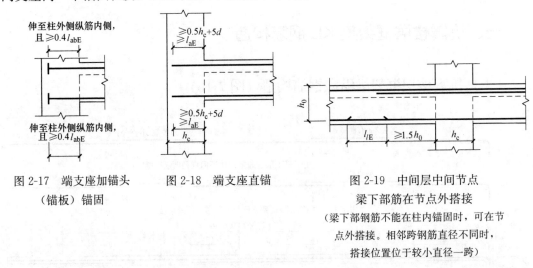

图 2-17　端支座加锚头　　　图 2-18　端支座直锚　　　图 2-19　中间层中间节点
　　　　（锚板）锚固　　　　　　　　　　　　　　　　　　　　　梁下部筋在节点外搭接

（梁下部钢筋不能在柱内锚固时，可在节点外搭接。相邻跨钢筋直径不同时，搭接位置位于较小直径一跨）

8. 上图 2-18 所示，抗震框架梁端部上部钢筋（通长筋及支座负筋）及下部钢筋在框架柱内锚固时，如框架柱宽度够直锚时，则直锚，要求框架梁上、下部钢筋伸入框架柱内一个锚固长度 l_{aE}，且伸入长度过柱中心线加 $5d$。

9. 上图 2-19 所示，中间层中间节点，梁下部通长筋不能在柱内锚固时，通长筋在距离中间支座外边缘大于等于 1.5 倍梁高 h_c 外搭接，搭接长度为 l_{lE}。相邻跨钢筋直径不同时，搭接位置位于较小直径一跨。

10. 上图 2-17 所示是混凝土结构设计规范 2010 版新增加的 T 头锚固方式，目前实践应用很少。

11. 梁上部通长筋与非贯通钢筋直径相同时，连接位置宜位于跨中三分之一净跨范围内，梁的下部钢筋连接位置宜位于支座三分之一净跨范围内，且同一连接区段钢筋接头面积百分率不大于 50%（一般图纸设计要求不大于 25%）。

12. 抗震等级为一级抗震的框架梁宜采用机械连接，二、三、四级抗震的框架梁可采用绑扎搭接或焊接。

13. 钢筋连接的要求见图集 16G101-1 的第 59 页，采用搭接方式时，搭接区内箍筋的构造要求见第 59 页。

14. 当梁的上下表面正好位于柱上下层截面发生变化位置时，梁上部纵筋和下部纵筋在柱内锚固长度算起的位置界定：参照 16G101-1 第 84 页注释中的第 7 条处理，这是 16G101-1 图集新增内容。

15. 梁的侧面构造钢筋要求见 16G101-1 第 90 页下部内容（图 2-20）：

（1）在该图中第 3 条，当梁侧面腰筋为构造腰筋 G 时，腰筋的搭接长度与锚固长度

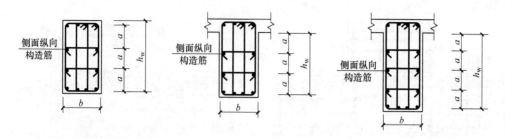

图 2-20　梁侧面纵向构造筋和拉筋

注：1. 当 $h_w \geq 450mm$ 时，在梁的两个侧面应沿高度配置纵向构造钢筋；纵向构造钢筋间距 $a \leq 200mm$。

2. 当梁侧面配有直径不小于构造纵筋的受扭筋时，受扭钢筋可以代替构造钢筋。

3. 梁侧面构造纵筋的搭接与锚固长度可取 $15d$。梁侧面受扭纵筋的搭接长度为 l_{lE} 或 l_l，其锚固长度为 l_{aE} 或 l_a，锚固方式同框架梁下部纵筋。

4. 当梁宽 $\leq 350mm$ 时，拉筋直径为 6mm；梁宽 $>350mm$ 时，拉筋直径为 8mm。拉筋间距为非加密区箍筋间距的 2 倍。当设有多排拉筋时，上下两排拉筋竖向错开设置。

为 $15d$。

当梁侧面腰筋为受扭腰筋 N 时，腰筋的搭接长度为 l_{lE}，锚固长度为 l_{aE}，锚固方式同框架梁下部纵筋，在梁端部，柱宽度够直锚时直锚，伸入一个锚固长度，且过柱中心线加 $5d$，不够直锚时伸至柱外侧钢筋内侧，弯折 $15d$。

梁构造腰筋或受扭腰筋可以采用各跨拉通方式，也可以采用一跨一锚断开方式。

（2）梁侧面腰筋的拉筋构造要求

当梁宽小于等于 350mm 时，拉筋的直径为 6mm；当梁宽大于 350mm 时，拉筋直径为 8mm。拉筋间距为非加密区箍筋间距的 2 倍，当设有多排腰筋时，拉筋也为多排，上下两排拉筋竖向错开设置。

16. 楼层框架梁 KL 中间支座纵向钢筋构造，请参照 16G101-1 第 87 页下部三个图示学习（图 2-21）。

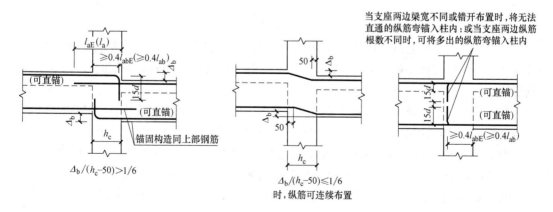

图 2-21　KL 中间支座纵向钢筋构造

图示 1 与图示 2 是说当上下标高高差与柱宽减 50mm 的比值大于 1/6 时，两侧梁钢筋断开，比值小于 1/6 时，绑扎时弯折通过。其钢筋排布图如图 2-22 所示：

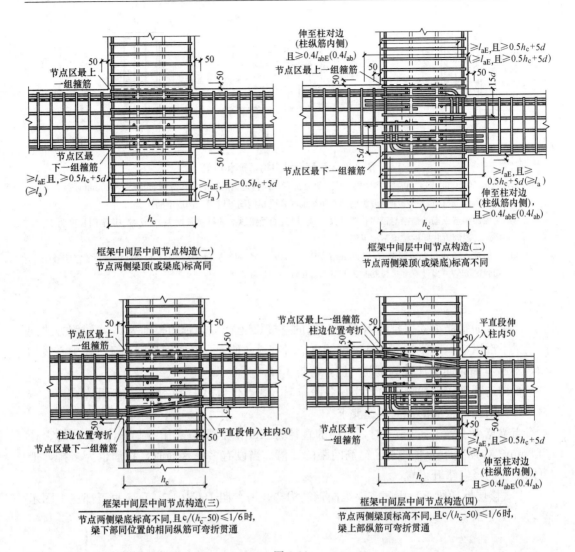

图 2-22

节点构造（一）是抗震楼层框架梁在中间支座两边没有高差的正常情况下钢筋构造。节点（二）是抗震楼层框架梁在中间支座两边的高差与柱宽减50mm的比值大于1/6时的钢筋构造。

节点构造（三）是上平下不平的情况，高差小时，钢筋翻样无需理会，绑扎时弯折一下通过即可；节点构造（四）是上下均不平，高差小时，绑扎时，弯折通过即可。

图2-23是抗震楼层框架梁中间支座两边梁宽不同或错开布置时，将无法直通的纵筋弯锚入柱内，或当支座两边纵筋根数不同时，将多出的纵筋弯锚入柱内。

图2-24来自12G901-1第2-16、第2-17和2-36页，主要表达梁的中间节点的两种变化情况。

第一种是中间节点两侧梁的高度变化，分为四种情况：（1）底部顶部都平；（2）底部顶部均不平；（3）顶平底不平；（4）底平顶不平。再翻样时要注意区分这四种情况，从而确定梁纵向钢筋的通断情况。

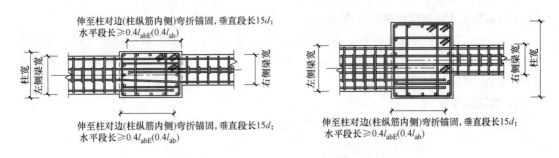

图 2-23 两侧框架梁宽不同且一侧梁边平齐时纵肋排布构造

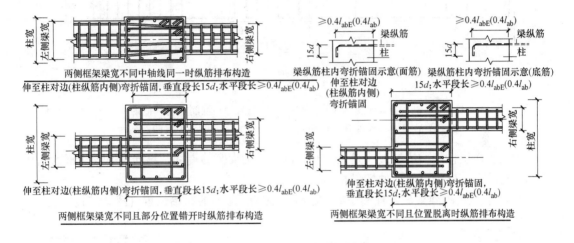

图 2-24

第二种情况是中间节点两侧梁的宽度变化，分为两种情况，一种是两侧同宽不同轴，一种是两侧同轴不同宽。宽度不同又分为一边平齐和两边均不平齐。

这两种情况变化比较复杂，有时会两种情况叠加，高度、宽度、轴线位置三个要素叠加的情况处理起来比较麻烦，在翻样时要注意分析，从而判断中间支座两侧梁的通断情况。这是梁翻样学习的难点和易错点。

（二）抗震楼层框架梁 KL 的箍筋构造要求（图 2-25）

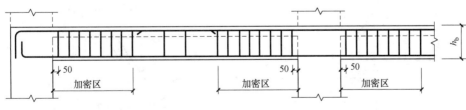

加密区：抗震等级为一级≥2.0h_b且≥500
抗震等级为二~四级：≥1.5h_b且≥500

图 2-25 抗震框架梁 KL、WKL 箍筋加密区范围
（弧形梁沿梁中心线展开，箍筋间距沿凸面线量度，h_b 为梁截面高度）

本知识点请参照 16G101-1 第 88 页上部两图学习。

1. 抗震楼层框架梁加密区范围

当梁的尽端支座为框架柱时，梁的箍筋加密区范围为：抗震等级一级抗震时，加密区大于等于2倍梁高，且大于等于500mm；抗震等级为二—四级抗震时，加密区大于等于1.5倍梁高，且大于等于500mm。

2. 箍筋起步距离

抗震楼层框架梁，第一道箍筋从自支座边50mm开始设置（图2-26）。

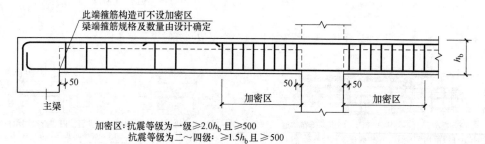

图2-26　抗震框架梁 KL、WKL（尽端为梁）箍筋加密区范围
（弧形梁沿梁中心线展开，箍筋间距沿凸面线量度，h_b 为梁截面高度）

当抗震楼层框架梁尽端支座是主梁时，以主梁为支座的端部，箍筋可不设加密区，其他部位与尽端支座为框架柱的情况相同。

3. 楼层抗震框架梁与方柱斜交或与圆柱斜交时，箍筋的起始位置（图2-27）。

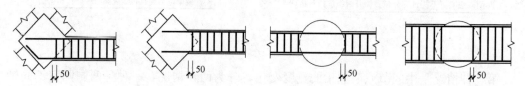

图2-27　梁与方柱斜交，或与圆柱相交时箍筋起始位置
（为便于施工，梁在柱内的箍筋在现场可用两个半套搭接或焊接）

4. 主次梁斜交时的箍筋构造（图2-28）

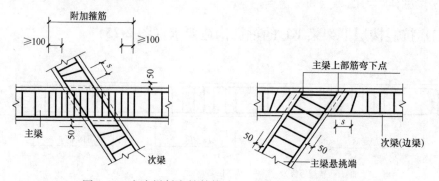

图2-28　主次梁斜交箍筋构造（s 为次梁中箍筋间距）

5. 附加箍筋和附加吊筋的构造（图2-29）

当设计没有注明与主梁相交的次梁上面有附加箍筋时，附加箍筋只设置在主梁上面，主梁的箍筋是贯通设置的，次梁的箍筋是断开的。

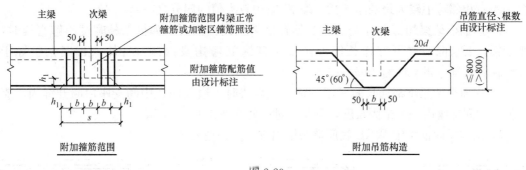

图 2-29

附加吊筋的角度有 45° 和 60° 两种，主梁梁高小于等于 800mm 时，附加吊筋弯折角度为 45°，主梁梁高大于 800mm 时，附加吊筋的弯折角度为 60°。

二、抗震屋面框架梁 WKL 钢筋构造

（一）抗震屋面框架梁 WKL 纵向钢筋构造（图 2-30）

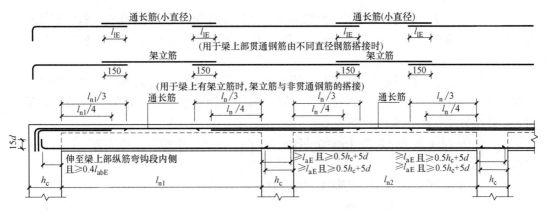

图 2-30　抗震屋面框架梁 WKL 纵向钢筋构造

请参照 16G101-1 图集 85 页学习本小节内容。

学习知识点：

1. 屋面框架梁上部通长筋由大直径钢筋与小直径钢筋搭接构成时，大直径钢筋与小直径钢筋的搭接长度为 L_{lE}。

2. 屋面框架梁上部钢筋由支座负筋与跨中架立筋搭接构件成时，支座负筋与架立筋的搭接长度为 150mm。

3. 屋面框架梁端部上部通长筋断开的连接位置及第一排支座负筋截断位置，自柱内侧边缘向跨内伸入三分之一本跨净跨长；第二排支座负筋截断位置，自柱内侧边缘向跨内伸入四分之一本跨净跨长。

4. 屋面框架梁中间支座上部通长筋断开的左右连接位置及第一排支座负筋左右截断位置，自中间支座两侧边缘向跨内伸入三分之一左右相邻跨中较大跨的净跨长；（l_{n1} 和 l_{n2} 中较大值的三分之一）。第二排支座负筋截断位置，自中间支座两侧边缘向跨内伸入四分

之一左右相邻跨中较大跨的净跨长（l_{n1} 和 l_{n2} 中较大值的四分之一）。

5. 屋面框架梁端部下部钢筋通长筋在框架柱内锚固时，如框架柱宽度不够直锚时，则弯锚，要求框架梁下部通长筋伸至梁上部纵筋弯钩段内侧，且伸入长度大于等于 $0.4l_{abE}$；端部弯折长度为 $15d$。

6. 屋面框架梁下部通长筋采用一跨一锚方式时，通长筋在中间支座内断开锚固，要求伸入中间支座内一个锚固长度，且要求过中间支座中心线加 $5d$。

7. 抗震屋面框架梁 WKL 底筋端头锚固方式及构造要求

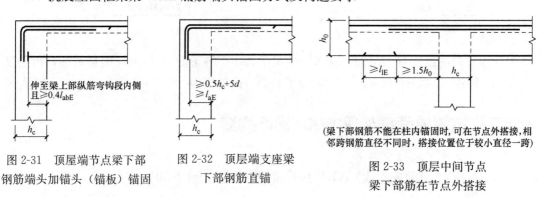

图 2-31　顶屋端节点梁下部
钢筋端头加锚头（锚板）锚固

图 2-32　顶层端支座梁
下部钢筋直锚

图 2-33　顶层中间节点
梁下部筋在节点外搭接

（1）图 2-32 所示，抗震屋面框架梁端部下部钢筋在框架柱内锚固时，如框架柱宽度够直锚时，则直锚，要求下部钢筋伸入框架柱内一个锚固长度 l_{aE}，且伸入长度过柱中心线加 $5d$。

（2）图 2-33 所示，顶层中间节点，梁下部通长筋不能在柱内锚固时，通长筋在距离中间支座外边缘大于等于 1.5 倍梁高 h_c 外搭接，搭接长度为 l_{lE}。相邻跨钢筋直径不同时，搭接位置位于较小直径一跨。

（3）上图 2-31 所示是混凝土结构设计规范 2010 版新增加的 T 头锚固方式，目前实践应用很少。

8. 抗震屋面框架梁 WKL 面筋端头锚固方式及构造要求

构造一：选自 16G101-1 图集第 67 页（图 2-34）

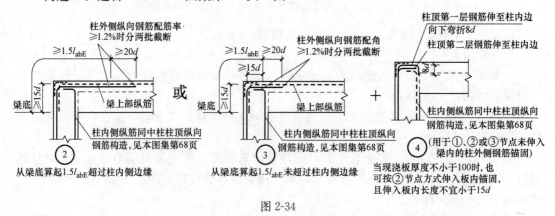

图 2-34

图 2-34 采用的是柱包梁方式的柱封顶方式，抗震屋面框架梁 WKL 顶部面筋伸至柱外侧纵筋内侧，弯折 $15d$，④方式未伸入梁内的柱外侧钢筋，弯折到柱内侧钢筋外侧向下

弯折 $8d$。

构造方式二：选自 16G101-1 图集第 67 页（图 2-35）

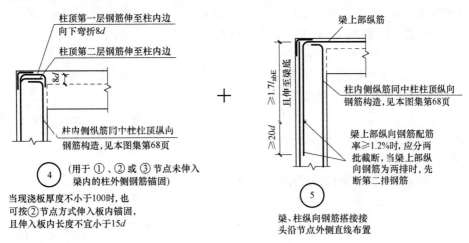

图 2-35

图 2-35 采用的是梁包柱方式，抗震屋面框架梁顶部面筋伸至柱外侧纵筋内侧，向下弯折 $1.7l_{abE}$，当梁上部纵向钢筋配筋率大于 1.2％时，应分两批截断，当梁上部纵向钢筋为两排时，先断第二排钢筋。

9. 梁上部通长筋与非贯通钢筋直径相同时，连接位置宜位于跨中三分之一净跨范围内，梁的下部钢筋连接位置宜位于支座三分之一净跨范围内，且同一连接区段钢筋接头面积百分率不宜大于 50％。（一般图纸设计要求不大于 25％）

10. 抗震等级为一级抗震的框架梁宜采用机械连接，二、三、四级抗震的框架梁可采用绑扎搭接或焊接。

11. 钢筋连接的要求见图集 11G101-1 的第 55 页，采用搭接方式时，搭接区内箍筋的构造要求见第 54 页。

12. 梁的侧面构造钢筋要求见图 2-36：

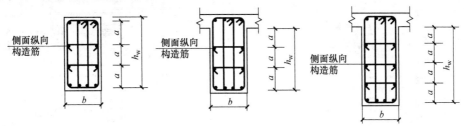

图 2-36　梁侧面纵向构造筋和拉筋

注：1. 当 $h_w \geqslant 450$mm 时，在梁的两个侧面应沿高度配置纵向构造钢筋；纵向构造钢筋间距 $a \leqslant 200$mm。

　　2. 当梁侧面配有直径不小于构造纵筋的受扭纵筋时，受扭钢筋可以代替构造纵筋。

　　3. 梁侧面构造纵筋的搭接与锚固长度可取 $15d$。梁侧面受扭纵筋的搭接长度为 l_{aE} 或 l_l，其锚固长度为 l_{aE} 或 l_a，锚固方式同框架梁下部纵筋。

　　4. 当梁宽 $\leqslant 350$mm 时，拉筋直径为 6mm；梁宽 > 350mm 时，拉筋直径为 8mm。拉筋间距为非加密区箍筋区距的 2 倍，当设有多排拉筋时，上下两排拉筋竖向错开设置。

在该图中第 3 条，当梁侧面腰筋为构造腰筋 G 时，腰筋的搭接长度与锚固长度为 $15d$。

当梁侧面腰筋为受扭腰筋 N 时，腰筋的搭接长度为 l_{lE}，锚固长度为 l_{aE}，锚固方式同框架梁下部纵筋，在梁端部，柱宽度够直锚时直锚，伸入一个锚固长度，且过柱中心线加 $5d$，不够直锚时伸至柱外侧钢筋内侧，弯折 $15d$。

梁构造腰筋或受扭腰筋可以采用各跨拉通方式，也可以采用一跨一锚断开方式。

13. 梁侧面腰筋的拉筋构造要求

当梁宽小于等于 350mm 时，拉筋的直径为 6mm；当梁宽大于 350mm 时，拉筋直径为 8mm。拉筋间距为非加密区箍筋间距的 2 倍，当设有多排腰筋时，拉筋也为多排，上下两排拉筋竖向错开设置。

14. 抗震屋面框架梁 WKL 中间支座纵向钢筋构造（图 2-37）

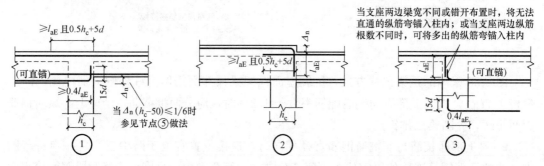

图 2-37　WKL 中间支座纵向钢筋构造（节点①～③）

本知识点来自 16G101-1 第 87 页上部，节点 1 为两侧梁底标高不同，节点 2 为两侧梁顶标高不同，节点 1 和节点 2 的钢筋排布构造见图 2-38：

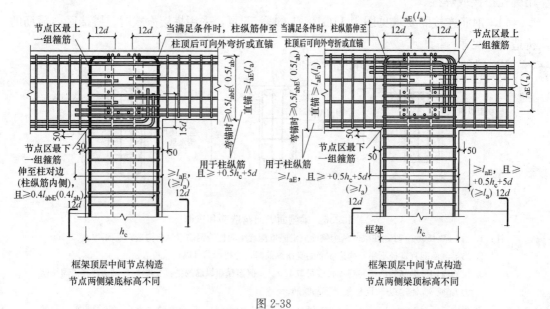

图 2-38

节点 3 为支座两侧梁宽度不同或两侧梁错开布置时的构造，其节点的钢筋排布构造见

图 2-39 五个图示:

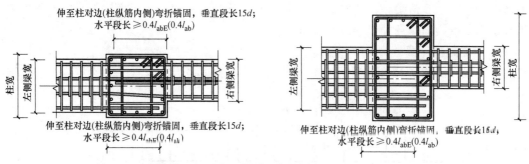

两侧框架梁宽不同且一侧梁边平齐时纵筋排布构造

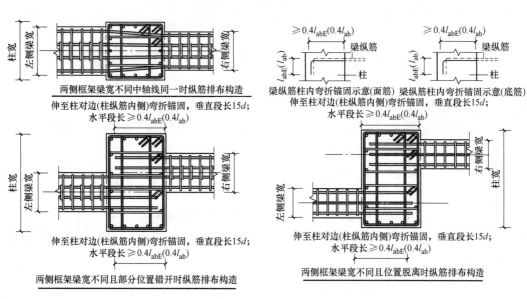

图 2-39

(二) 抗震屋面框架梁 WKL 的箍筋构造要求

1. 抗震屋面框架梁加密区范围 (图 2-40)

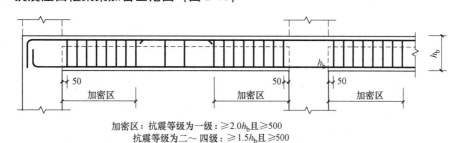

加密区: 抗震等级为一级: $\geqslant 2.0h_b$且$\geqslant 500$
抗震等级为二~四级: $\geqslant 1.5h_b$且$\geqslant 500$

抗震框架梁KL、WKL箍筋加密区范围

(弧形梁沿梁中心线展开,箍筋间距
沿凸面线量度,h_b为梁截面高度)

图 2-40

当梁的尽端支座为框架柱时，WKL梁的箍筋加密区范围为：抗震等级一级抗震时，加密区大于等于2倍梁高，且大于等于500mm；抗震等级为二—四级抗震时，加密区大于等于1.5倍梁高，且大于等于500mm。

2. 箍筋起步距离

抗震屋面框架梁WKL，第一道箍筋从自支座边50mm开始设置（图2-41）。

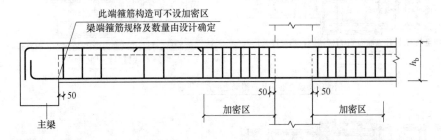

图 2-41

当抗震屋面框架梁尽端支座是主梁时，以主梁为支座的尽端，箍筋可不设加密区，其他部位与尽端支座为框架柱的情况相同。

3. 抗震屋面框架梁与方柱斜交或与圆柱斜交时，箍筋的起始位置（图2-42）。

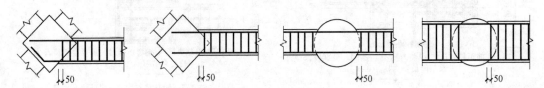

梁与方柱斜交，或与圆柱相交时箍筋起始位置

（为便于施工，梁在柱内的箍筋在现场可用两个半套箍搭接或焊接）

图 2-42

4. 主次梁斜交时的箍筋构造（图2-43）

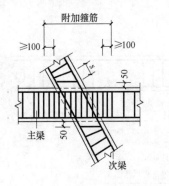

主次梁斜交箍筋构造

（s为次梁中箍筋间距）

图 2-43

5. 附加箍筋和附加吊筋的构造（图 2-44）

当设计没有注明与主梁相交的次梁上面有附加箍筋时，附加箍筋只设置在主梁上，主梁的箍筋是贯通设置的，次梁的箍筋是断开的。

附加吊筋的角度有 45°和 60°两种，主梁梁高小于等于 800mm 时，附加吊筋弯折角度为 45°，主梁梁高大于 800mm 时，附加吊筋的弯折角度为 60°。

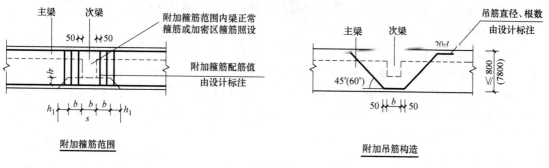

图 2-44

三、非框架梁 L 配筋构造

（一）非框架梁 L 纵向钢筋构造（图 2-45）

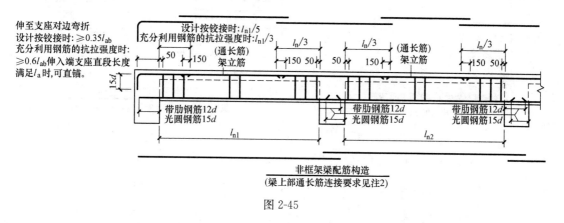

图 2-45

本小节请参照 16G101-1 第 89 页学习。

学习知识点：

1. 设计按铰接时，梁端支座负筋伸入跨内长度为五分之一净跨长，按充分利用钢筋的抗拉强度时，梁端支座负筋伸入跨内长度为三分之一净跨长。

2. 中间支座负筋伸入跨内长度为：自中间支座外边缘向跨内伸入三分之一相邻两跨较大跨的净跨长。

3. 架立筋与支座负筋的搭接长度为 150mm。

4. 非框架梁 L 箍筋加密区要求

当端支座不是主梁，而是柱、剪力墙时，梁端部应设箍筋加密区，设计应确定加密区的长度，设计未指定时，取该工程中框架梁的箍筋加密区。

5. 非框架梁 L 纵筋连接位置要求

梁面筋连接位置位于跨中三分之一范围内，梁底筋按各跨拉通施工时，连接位置位于支座外四分之一净跨范围内，且在同一连接区段范围内，钢筋接头面积百分率不宜大于50%。梁底筋按一跨一锚方式施工时，梁底筋伸入中间支座的长度为 $12d$。

6. 钢筋连接及搭接方式，搭接区内箍筋直径及间距要求见 16G101-1 中的第 59 页。

7. 非框架梁 L 的底筋锚固要求

当梁的腰筋为构造腰筋时，梁底筋锚入支座的长度为 $12d$，当梁的底筋为光圆钢筋时，梁底筋锚入支座的长度为 $15d$；当梁的腰筋为受扭腰筋时，梁底筋锚入支座的长度为 la。在端支座直锚长度不够时，可采用弯锚，弯锚时，自支座边，纵筋伸至支座对边弯折，带肋钢筋 $\geqslant 7.5d$，光圆钢筋 $\geqslant 9d$，端部弯折 135°，弯钩平直段长度为 $5d$（见 16G101-1 第 89 页）。

8. 非框架梁 L 的面筋锚固要求

梁面筋端部伸入支座，能直锚时，可直锚。不能直锚时，伸入支座内平直段长度为大于等于 $0.35l_{ab}$ 或 $0.6l_{ab}$，伸至主梁外侧纵筋内侧后弯折 $15d$。图纸中标注为 L 的梁默认为端支座按铰接设计，标注为 L_g 的梁默认为端支座按充分利用钢筋抗拉强度设计。

9. 受扭非框架梁纵筋构造（图 2-46）

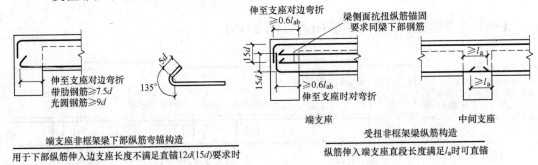

图 2-46

10. 非框架梁 L 的侧面构造钢筋要求（图 2-47）

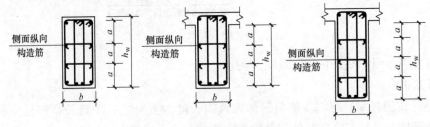

梁侧面纵向构造筋和拉筋

注 1. 当 $h_a \geqslant 450mm$ 时，在梁的两个侧面应沿高度配置纵向构造钢筋：纵向构造钢筋间距 $a \leqslant 200mm$。
2. 当梁侧面配有直径不小于构造纵筋的受扭纵筋时，受扭钢筋可以代替构造钢筋。
3. 梁侧面构造纵筋的搭接与锚固长度可取 $15d$。梁侧面受扭纵筋的搭接长度为 l_{lE} 或 l_p 其锚固长度为 l_{aE} 或 l_a，锚固方式同框架梁下部纵筋。
4. 当梁宽 $\leqslant 350mm$ 时，拉筋直径为6mm；梁宽 $>350mm$ 时，拉筋直径为8mm，拉筋间距为非加密布区箍筋间距的2倍。当设有多排位筋时，上下两排拉筋竖向错开设置。

图 2-47

在该图中第 3 条，当梁侧面腰筋为构造腰筋 G 时，腰筋的搭接长度与锚固长度为 $15d$。

当梁侧面腰筋为受扭腰筋 N 时，腰筋的搭接长度为 l_{lE}，锚固长度为 l_{aE}，锚固方式同框架梁下部纵筋，在梁端部，柱宽度够直锚时直锚，伸入一个锚固长度，且过柱中心线加 $5d$，不够直锚时伸至柱外侧钢筋内侧，弯折 $15d$。

梁构造腰筋或受扭腰筋可以采用各跨拉通方式，也可以采用一跨一锚断开方式。

11. 梁与方柱斜交或与圆柱相交时，箍筋起始位置（图 2-48）。

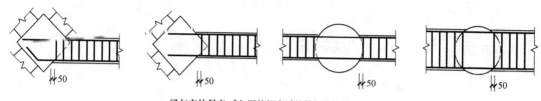

梁与方柱斜交，或与圆柱相交时箍筋起始位置

（为便于施工，梁在柱内的箍筋在现场可用两个半套箍搭接或焊接）

图 2-48

（二）非框架梁 L 中间支座纵向钢筋构造（图 2-49）

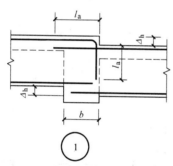

支座两边纵筋互锚

梁下部纵向筋锚固要求见本图集第89页

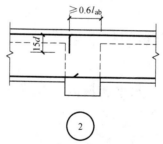

当支座两边梁宽不同或错开布置时，将无法直通的纵筋弯锚入梁内。或当支座两边纵筋根数不同时，可将多出的纵筋弯锚入梁内梁下部纵向筋锚固要求见本图集第89页

非框架梁L中间支座纵向钢筋构造(节点①~②)

图 2-49

非框架梁的中间节点变化分为两种情况，第一种是中间节点两侧梁的高度发生变化，包括标高变化和 h 边高度变化；第二种是中间节点两侧梁的宽度发生变化，包括轴线变化和 b 边尺寸发生变化。在翻样时要注意检查这两种变化或叠加变化。这是非框架梁翻样时容易发生错误的地方。

四、折梁钢筋的构造要求

本小节内容来自 16G101-1 第 91 页下部。

（一）水平折梁的构造要求（图 2-50）

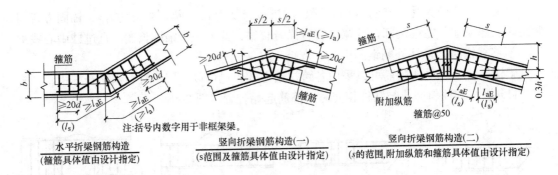

图 2-50

（二）竖向折梁钢筋构造

竖向折梁弯折角度大于 160°时，底筋和面筋可连续通过弯折点，不需要断开。当弯折角度小于 160°时，需要按上图所示面筋弯折后连续通过，底筋按构造一或二进行处理。弯折角度 160°来自 12G901-1 第 2-38 页。

五、框架梁加腋钢筋构造

（一）框架梁水平加腋钢筋构造（图 2-51）

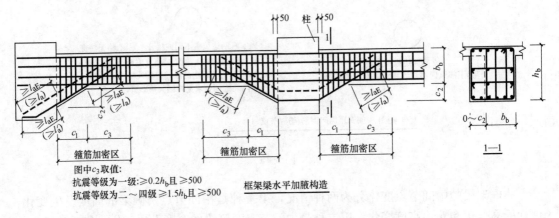

图中 c_3 取值：
抗震等级为一级：$\geq 0.2h_b$ 且 ≥ 500
抗震等级为二～四级：$\geq 1.5h_b$ 且 ≥ 500

框架梁水平加腋构造

图 2-51

当梁结构平法施工图中，水平加腋部位的配筋设计未给出时，其梁腋上下部斜纵筋（仅设置第一排）直径分别同梁内上下纵筋，水平间距不宜大于 200mm；水平加腋部位侧面纵向构造钢筋的设置及构造要求同梁内侧面纵向构造筋。

翻样时应注意箍筋加密区包含两部分，一部分是加腋区内箍筋加密，一部分是从加腋区结束位置算起按抗震等级取值。

（二）框架梁竖向加腋钢筋构造（图2-52）

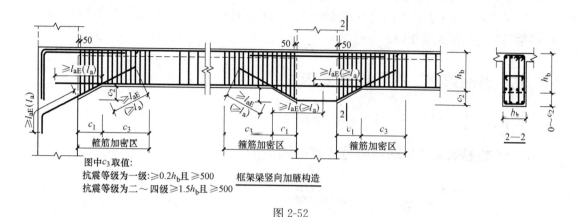

图中c_3取值：
抗震等级为一级：$\geq 0.2h_b$且≥ 500
抗震等级为二～四级$\geq 1.5h_b$且≥ 500
框架梁竖向加腋构造

图2-52

注意：

1. 竖向加腋的箍筋加密区要求同水平加腋箍筋的加密区要求。

2. 加腋区的箍筋按缩尺箍筋配置。

六、框支梁 KZL 钢筋构造要求（图2-53）

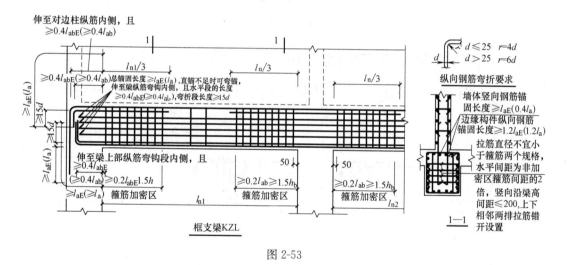

框支梁KZL

图2-53

本小节的知识点请参照16G101-1第96页学习。

1. 框支梁纵向钢筋宜采用机械连接接头，同一截面内，接头钢筋截面面积不应超过全部纵筋截面面积的50%，接头位置应避开上部墙体开洞部位、梁上托柱部位及受力较大部位。

2. 框支梁侧面纵筋直锚时，锚入部位长度应过中心线加$5d$。不能直锚时伸至梁纵筋弯钩内侧，伸入制作平直段长度$\geq 0.4l_{abe}$，弯折段长度$\geq 15d$。

3. 对框支梁上部的墙体开洞部位，框支梁的箍筋应加密配置，加密区范围可取墙边两侧各1.5倍转换梁高度。见16G101-1第97页内容。

4. 框支梁的面筋端支座锚固长度比较特殊，第一排纵筋在端支座锚固要求弯折到梁底，且下伸一个 l_{abe}；第二排纵筋伸至转换柱纵筋内侧弯折 $15d$。

5. 在 16G101-1 中框支柱改 KZZ 修改为转换柱 ZHZ，增加了托柱转换梁 TZL。托柱转换梁的构造与框支梁相同。

七、悬挑梁 XL 钢筋构造要求

本小节内容请参照 16G101-1 第 92 页学习。

（一）纯悬挑梁 XL 钢筋构造要求（图 2-54）

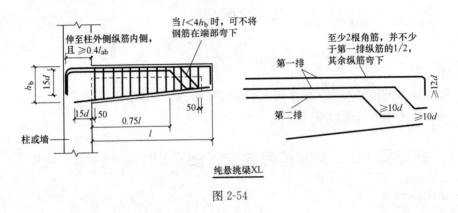

纯悬挑梁 XL

图 2-54

（二）各种梁端部悬挑部位钢筋构造

1. A 节点构造用于各种梁悬挑端根部与梁的标高无变化时的钢筋构造（图 2-55）

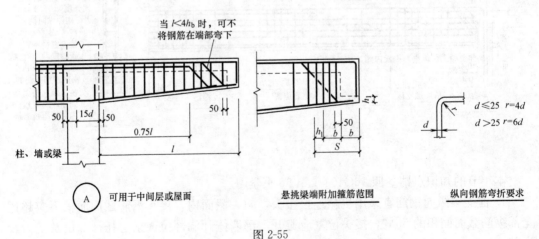

图 2-55

2. B 节点与 C 节点用于悬挑梁根部顶标高低于与梁顶标高时的构造（图 2-56）

3. D 节点和 E 节点用于悬挑梁根部顶标高高于梁顶标高时的构造（图 2-57）

4. F 节点和 G 节点用于屋面悬挑梁，悬挑根部顶标高与屋面梁顶标高有高差时的构造（图 2-58）

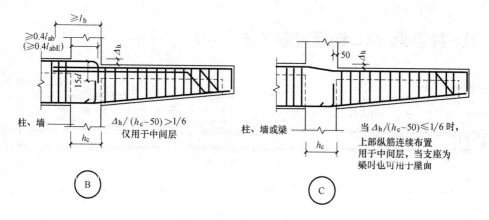

图 2-56

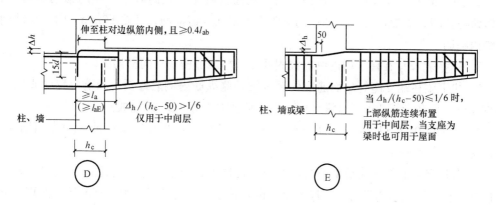

图 2-57

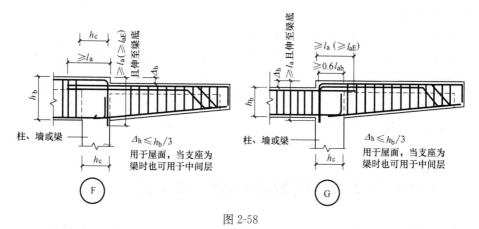

图 2-58

注：1. 不考虑地震作用时，当纯悬挑梁或 D 节点悬挑端的纵向钢筋满足直锚长度且满足过中心线加 $5d$ 时，可不必向下弯折。

　　2. 当设计明确悬挑梁考虑竖向地震作用时，悬挑梁中的非抗震锚固长度应改为抗震锚固长度。

　　3. 有三排面筋时，第三排面筋长度由设计注明。

八、井字梁 JZL 钢筋构造（图 2-59）

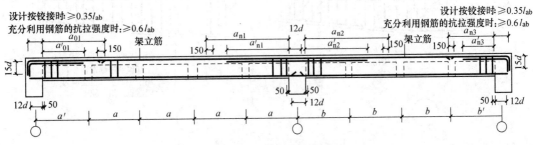

图 2-59 井字梁 JZL 配筋构造

1. 井字梁 JZL 在设计无具体说明时，均短跨在上，长跨在下，短跨箍筋贯通设置，在短跨与长跨相交处，在长跨两侧的短跨上各附加 3 道箍筋，间距 50mm，附加箍筋同短跨跨内箍筋。

2. 井字梁 JZL 在柱子内的纵筋锚固及端部箍筋加密要求同框架梁。

3. 井字梁在端支座处，面筋应伸至主梁外侧纵筋内侧后弯折，当能直锚时直锚，不能直锚时，面筋弯折 $15d$，且满足伸入支座长度大于等于 $0.35l_{ab}$ 或 $0.6l_{ab}$。

4. 井字梁在端支座处，底筋应伸入支座 $12d$ 锚固，当井字梁底筋采用光圆钢筋时，伸入支座长度为 $15d$。

5. 当井字梁上部有通长钢筋时，面筋连接位置宜位于跨中三分之一范围内，梁底筋连接位置宜位于支座边四分之一净跨范围内，且在同一连接区段内，钢筋接头面积百分率不大于 50%。

6. 钢筋连接及采用搭接接头时，钢筋连接要求及搭接区内箍筋直径及间距要求见 11G101-1 第 55 页和 54 页。

7. 井字梁侧面腰筋见 11G101-1 图集的第 87 页。

8. 井字梁第一排支座负筋及第二排支座负筋向跨内伸出长度由设计人员注明。

9. 井字梁面筋负筋与架立筋的搭接长度为 150mm。

10. 井字梁底筋采用一跨一锚方式时，在中间支座内的锚固长度为 $12d$。

11. 井字梁与井字梁相交不算一跨，井字梁的支座为框架梁，两相邻框架梁之间算一跨。

九、不伸入支座的量下部纵向钢筋断点位置

本小节内容请参照 16G101-1 第 30 页左侧下部第（3）条和 90 页上部内容学习（图 2-60）。

当梁的下部纵筋不全伸入支座时，将梁支座下部纵筋减少数量写在括号内。

【例】 梁下部纵筋注写为 6C25 2（-2）/4，则表示上排纵筋为 2C25，且不伸入支座；下排纵筋为 4C25，全部伸入支座。

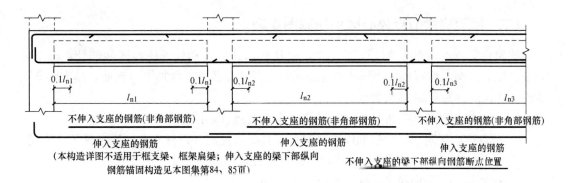

图 2-60

【例】　梁下部纵筋注写为 2C25＋3C22（－3）/5C25，表示上排纵筋为 2C25 和 3C33，其中 3C22 不伸入支座；下排纵筋为 5C25 全部伸入支座。

不伸入支座的钢筋长度为所在跨的 $0.8l_n$（l_n 为净跨长度）。钢筋排布时，每端缩减 $0.1l_n$。其他伸入支座的钢筋仍按照梁类型钢筋构造配置。

十、框架扁梁钢筋构造

普通梁的高宽比 h/b 一般取 $2.0 \sim 3.5$，框架扁梁（或称宽扁梁、扁平梁、扁梁）是指梁宽大于梁高的梁，一般是因建筑净空的限制和要求而配置。从结构受力角度分析并不合理，工程实际虽不常见也偶然能遇到。

框架扁梁（KBL）的外形特点是扁梁的宽度通常超过柱横截面宽度。柱是梁的支座，柱是本体构件，梁是关联构件，梁柱节点"主窄次宽、主小次大"，这就造成扁梁的部分纵向钢筋在柱截面之外，与普通框架梁柱节点构造有本质的区别。必须采取补强措施和特殊处理方能满足节点核心区的承载力。16G101-1 对框架扁梁的梁柱节点有专门的代号 KBL。

请参照 16G101-1 第 31 页 32 页学习以下知识。

（一）框架扁梁的平法制图规则

框架扁梁的注写规则同框架梁，对于上部纵筋和下部纵筋，尚需注明未穿过柱截面的纵向受力钢筋根数。如图 2-61 所示：

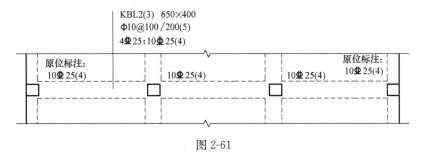

图 2-61

（二）框架扁梁节点核心区平法制图规则

框架扁梁节点核心区的代号为 KBL，包括柱内核心区和柱外核心区两部分。框架扁梁节点核心区钢筋注写包括柱外核心区竖向拉筋及节点核心区附加纵向钢筋。端支座节点核心区还需要注写附加 U 形箍筋。

1. 节点核心区箍筋为框架柱箍筋，贯通梁柱节点核心区布置。

2. 节点核心区附加纵向钢筋以大写字母 F 打头，注写其设置方向（X 向或 Y 向）、层数、每层的钢筋根数、钢筋级别、直径、未穿过柱截面的纵向受力钢筋根数。

3. 柱外核心区竖向拉筋，注写其钢筋级别与直径。

4. 端支座柱外核心区注写附加 U 形箍筋的级别、直径和根数。

【例】 KBL A10 F X&Y 2×7C14（4），表示框架扁梁中间支座节点核心区：柱外核心区竖向拉筋配筋为 HPB300 10mm；节点核心区沿梁 X 向 Y 向配置两层 7 根三级 14mm 附加纵向钢筋，其中每层有 4 根纵向受力钢筋未穿过柱截面，柱两侧各 2 根。

【例】 KBH2 A10 4A10 F X 2×7C14（4）表示框架扁梁端支座节点核心区，柱外核心区竖向拉筋 A10；附加 U 形箍筋共 4 道，柱两侧各两道；沿框架扁梁 X 向配置两层 7 根三级 14mm 附加纵向钢筋，有 4 根纵向受力钢筋未穿过柱截面，柱两侧各 2 根。（图 2-62）

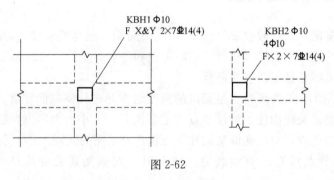

图 2-62

（三）框架扁梁中间节点核心区构造要求

请参照 16G101-1 第 93 页学习本小节。

1. 中间节点核心区竖向拉筋布置在柱外节点核心区域，两向宽扁梁的每个纵筋相交节点均布置竖向拉筋。竖向拉筋末端弯折 135°弯钩，弯钩平直段长度为 $10d$。

2. 中间节点核心区附加纵向钢筋长度为核心区宽度 b_y 或 $b_x + 2l_{aE}$

（四）框架扁梁端节点核心区构造要求

请参照 16G101-1 第 94 页学习本小节。

1. 穿过柱截面的扁梁纵向受力钢筋在端支座的锚固构造同框架梁。

2. 未穿过柱截面的扁梁上部和下部纵向受力钢筋在端支座无法锚入柱，可锚入框架边梁内，伸至扁梁对边弯折 $15d$。

3. 附加纵向受力钢筋在端部锚固构造同扁梁的上部和下部纵向受力钢筋。

请参照 16G101-1 第 95 页学习本小节。

1. 当柱截面宽度 hc-边梁截面宽度 $b_s \geqslant 100mm$ 时，需设置 U 形箍筋及竖向拉筋。

2. 边梁的箍筋起始位置自距离柱边缘 50mm 起步布置。

3. U 形箍筋高度 h_u＝扁梁高度－上下保护层厚度，U 形箍筋长度 b_u＝0.5（扁梁宽度 b－柱宽度 b_c）＋l_{aE}。

4. 附加纵向受力钢筋在端部锚固构造同扁梁的上部和下部纵向受力钢筋。

第三节 梁构件钢筋翻样实例

一、梁类构件需计算的钢筋种类

梁类构件需计算的钢筋种类有以下几种（表 2-2）：

表 2-2

序号	名称	部位	通俗名称	有无
1	上部通长筋	梁上部通长筋第 1 排	上铁通长筋/面筋通长筋	必有
2	上部支座负筋	梁上部第 1、2 排支座负筋	上铁负筋/支座负筋	可有
3	上部架立筋	梁上部支座负筋之间	上铁架立筋	可有
4	梁侧面钢筋	梁中部两侧	腰筋	可有
5	下部通长筋	梁下部第 1、2、3 排	下铁/底筋	必有
6	箍筋	沿跨内布置	环子	必有
7	拉筋	沿腰筋布置	拉钩	可有
8	吊筋	主次梁相交处，主梁内	元宝筋	可有
9	附加箍筋	梁相交处	吊箍	可有
注：	必有：必须有；可有：有的梁有，有的梁没有，由设计人员根据计算确定。 以上构件不包括基础梁、剪力墙梁。			

二、梁类构件钢筋手算步骤

（一）阅读梁标注

1. 阅读集中标注。
2. 阅读原位标注。
3. 查找支座尺寸、支座配筋。
4. 查找梁轴向尺寸，计算每跨净跨长。

（二）分析梁钢筋构造

1. 计算钢筋锚固长度。

2. 确定钢筋连接方式。

3. 计算钢筋搭接长度。

4. 判断支座处钢筋直锚/弯锚。

5. 确定构件表面到钢筋端部扣减尺寸。

6. 判定上/下铁连接位置。

7. 与其他相关梁、柱钢筋的位置关系。比如：何梁在上，何梁在下。

8. 分析梁高差变化、宽度变化、高度变化使用的节点构造。

（三）画出梁钢筋排布图

根据对梁钢筋构造分析，画出该条梁全部钢筋的排布图。

在翻样学习的初期，计算单条梁时，需要画出每条梁的钢筋排布图，特别是多跨复杂梁和使用特殊节点的梁。画钢筋排布图有助于对梁钢筋的构成、构造要求、排布方式的理解，从而能够准确计算钢筋的数量、尺寸、形状。等翻样熟练后，能够在脑海中形成虚拟排布图后，可省略该步骤，从而提高钢筋计算速度和效率。

（四）计算钢筋尺寸、数量

1. 通过梁的标注尺寸和钢筋排布图，根据每种钢筋的计算公式，套入数据，计算尺寸和数量。一般按照上铁第 1 排—上铁第 2 排—腰筋—底筋第 1 排—底筋第 2 排—箍筋—拉筋—腰筋—附加箍筋的顺序计算。

2. 将超出原材长度的钢筋，根据钢筋连接位置要求，进行分解。既满足连接位置要求，又不会产生废料尺寸，还有利于钢筋下料和绑扎方便快捷。（这是翻样水平高低的直接体现）

（五）填写钢筋下料表

1. 将构件名称、编号、钢筋的级别、直径、钢筋大样图、尺寸、根数、件数填入钢筋下料表相应栏内。

2. 根据每条钢筋的尺寸和角度扣减值计算每条钢筋的下料长度。根据下料长度和钢筋比重（米重）计算该钢筋的重量，填入钢筋下料表内。

三、梁构件手算实例

由简入繁的举两个抗震楼层框架梁 KL 及悬挑梁 XL 的手算实例。

（一）抗震楼层框架梁 KL 手算实例一

例题：KL208a

通过阅读结构设计总说明，已知如下条件：

1. 结构设计抗震等级：三级

2. 梁类构件混凝土强度等级：C30

3. 框架柱构件混凝土强度等级：C30

4. 梁纵筋直径大于等于 25mm 时采用机械连接，其他采用绑扎搭接

5. 梁保护层厚度：25mm；柱保护层厚度：30mm

在图纸中，KL208a 的标注如图 2-63 所示：

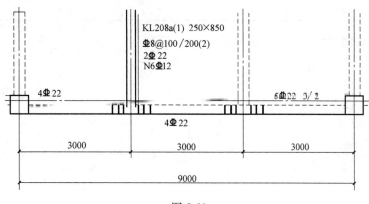

图 2-63

翻样步骤一：阅读梁标注

1. 集中标注（表 2-3）

表 2-3

KL208a 集中标注阅读	
跨数	一跨
截面尺寸	梁宽 250mm×梁高 850mm
箍筋配筋	HRB400 级，直径 8mm，两肢箍
加密区箍筋间距	100mm
箍筋非加密区间距	200mm
箍筋肢数	2 肢箍
上铁通长筋	2 根直径 22mm 三级钢
腰筋配筋	6 根三级 12mm 受扭腰筋

2. 原位标注（表 2-4）

表 2-4

KL208a 原位标注阅读	
左支座上铁	4 根三级 22mm 钢筋，其中 2 根通常筋，2 根支座负筋
右支座上铁	5 根三级 22mm 钢筋，其中一排 3 根，二排 2 根。一排 3 根中有 2 根通长筋，1 根支座负筋；二排 2 根都是支座负筋
下铁通长筋	4 根三级 22mm 钢筋

3. 查找支座尺寸、支座配筋

在与本层梁对应的柱平法施工图中，可以找到作为 KL208a 左右支座的框柱为：KZ3 与 KZ4，在柱表中可以查询到 KZ3 和 KZ4 的尺寸和配筋（表 2-5）。

71

表 2-5

柱号	截面尺寸($b \times h$)mm	角筋	b 边中部筋	h 边中部筋	箍筋
KZ3	500×500	4C25	2C20	2C20	C8@100
KZ4	500×500	4C25	2C20	2C20	C8@100

4. 查找梁轴向尺寸，计算每跨净跨长（图 2-64）

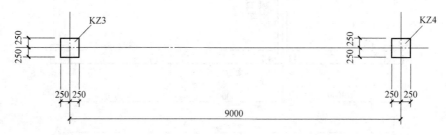

图 2-64

在该层的柱平法施工图中，查找 KL208a 左右支座 KZ3 和 KZ4 轴线到轴线尺寸为 9000，支座居轴线左右对称布置，因此梁的净跨长度为 9000－250－250＝8500mm。

翻样步骤二：分析梁钢筋构造

1. 梁上下铁在端支座的锚固方式

从结构设计总说明中得到的已知信息：抗震等级三级、柱混凝土标号 C30。在本条梁中钢筋等级为三级钢，查询 11G101-1 第 53 页钢筋锚固长度表，得到锚固长度为 $37d$，d 为钢筋直径。这里采用柱的混凝土强度等级是因为梁端部钢筋是在柱内锚固，因此需要使用柱的混凝土强度等级计算锚固长度。

上铁、下铁的钢筋直径都是 22mm，则上下铁的锚固长度为 814mm。而端部支座（KZ3、KZ4）的 b 边尺寸为 500mm。不能满足上下铁在端部支座进行直锚，因此采用弯锚形式。如下图所示。腰筋直径为 12mm，锚固长度为＝37×12＝444mm。接近支座的边长，能否直锚需要考虑端部保护层的厚度后确定。

2. 梁上下铁端部保护层厚度（图 2-65）

梁端部上下铁第一排钢筋弯锚时，钢筋伸至柱外边纵筋内侧，因此保护层厚度不能直接取用柱的保护层厚度 30mm。保护层需要增加柱箍筋直径 8mm 和柱纵筋直径 25mm。

梁上铁第一排端部保护层厚度＝30＋8＋25＝63mm

梁下铁第一排端部保护层厚度＝63＋上铁钢筋第一排钢筋直径＝63＋22＝85mm

梁端部上下铁第二排钢筋弯锚时，上下铁第二排钢筋端部与第一排钢筋之间间距为大于等于纵筋直径 d，且大于等于 25mm。（见 11G101-1 第 56 页：梁上部/下部纵筋间距要求）而上图中要求：下铁第一排与上铁第二排直径净距大于等于 25mm，由此得出：

梁上铁第二排端部保护层厚度＝85＋25＝110mm

梁下铁第二排端部保护层厚度＝110＋上铁第二排钢筋直径＝110＋22＝132mm

以上为我们根据 12G901-1 图集要求计算得出的梁上下铁端部需要扣除的保护层厚度。如果我们翻样时，真的将梁上下铁端部第一二排分别扣除 4 个保护层就太死板了。实际钢筋绑扎时，上下铁第一排弯折平直段放在一个竖向平面内交错绑扎，扣减保护层为 70～100mm。上下铁第二排弯折平直段放在一个竖向平面内交错绑扎，与第一排之间净

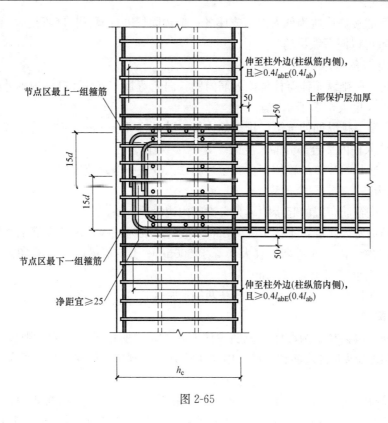

图 2-65

距为 50mm。

3. 上铁通长筋构造

（1）端部钢筋伸至柱外侧纵筋内侧，向下弯折 15d，且自柱内侧外边缘伸入柱内平直部分的长度大于等于 $0.4l_{abE}$。

（2）上铁通长筋连接位置位于跨中三分之一净跨范围内。

4. 上铁第一排支座负筋构造

（1）端部钢筋伸至柱外侧纵筋内侧，向下弯折 15d，且自柱内侧外边缘伸入柱内平直部分的长度大于等于 $0.4l_{abE}$。

（2）上铁第一排支座负筋向跨内伸出长度为：自柱内侧外边缘向跨内伸出三分之一净跨长。

5. 上铁第二排支座负筋构造

（1）端部钢筋伸至第一排纵筋内侧，让开净距 50mm，向下弯折 15d，且自柱内侧外边缘伸入柱内平直部分的长度大于等于 $0.4l_{abE}$。

（2）上铁第二排支座负筋向跨内伸出长度为：自柱内侧外边缘向跨内伸出四分之一净跨长。

6. 腰筋构造

本例中的梁腰筋为受扭腰筋，N 开头，其在端支座自柱内侧外边缘向柱内锚入一个锚固长度，因为腰筋端部可以伸至柱箍筋位置，扣除柱的保护层 30mm 即可，柱边长为 500mm，留给腰筋锚固的余地为 470mm，而腰筋直锚需要的长度为 444mm。因此腰筋可以直锚。

本例中梁的腰筋构造为伸入左右支座各一个锚固长度。原材长度不足时，搭接长度为 l_{lE}。搭接位置可以同下铁纵筋。

7. 下铁通长筋构造

（1）下铁第一排纵筋伸至柱外侧纵筋内侧，向上弯折 $15d$，且自柱内侧外边缘伸入柱内平直部分的长度大于等于 $0.4l_{abE}$。

（2）下铁第二排纵筋伸至第一排纵筋内侧，让开净距 50mm，向上弯折 $15d$，且自柱内侧外边缘伸入柱内平直部分的长度大于等于 $0.4l_{abE}$。

（3）下铁通长筋连接位置位于自支座边起，三分之一净跨范围内。

8. 箍筋构造

（1）第一支箍筋布置的起步距离为自支座内边缘 50mm。

（2）箍筋加密区长度：本例中的 KL208a 抗震等级为三级，因此箍筋加密区为自柱内侧外边缘向跨内延伸 1.5 梁高，且大于等于 500mm。1.5 倍梁高＝$1.5 \times 850 = 1275$mm，在此长度范围内箍筋间距为 100mm。

（3）箍筋非加密区长度：净跨长度减两端加密区长度。

9. 拉筋构造

（1）拉筋一般会在结构设计总说明中注明，如总说明中没有注明，则按照 11G101-1 第 87 页"梁侧面纵向构造筋和拉筋"中注 4 计算。本例中 KL208a 的梁宽为 250mm，则拉筋直径为 6mm。

（2）当设有多排拉筋时，上下排拉筋竖向错开设置。间距为箍筋非加密区间距的 2 倍。本例中 KL208a 的腰筋为 6 根，分 3 排对称布置。拉筋间距为箍筋非加密区间距 200mm 的 2 倍，即 400mm。

翻样步骤三：画出梁钢筋排布图

依据前两个步骤，可以画出 KL208a 的钢筋排布图如图 2-66 所示：

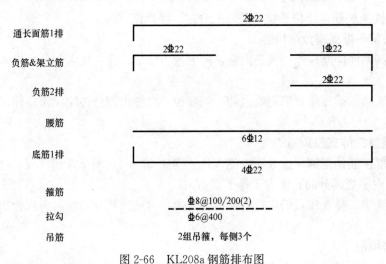

图 2-66　KL208a 钢筋排布图

步骤四：计算每根钢筋的尺寸、数量

1. 上铁通长筋计算（2 根）

（1）上铁端部弯钩长度 $15d$：$15 \times 22 = 330$mm

（2）上铁平直段长度：

＝梁净跨长度＋左支座宽＋右支座宽－左侧保护层－右侧保护层

＝8500＋500＋500－70－70＝9360mm

（3）搭接长度＝搭接修正系数×锚固长度＝$1.4×37d≈1140$mm

（4）通长筋分解

此通长筋用9m原材长度不足，需要使用接头。接头位于跨中三分之一范围内，净跨8500mm，净跨三分之一为：2833mm。取6000mm的下料模数时，平直段长度＝6000－弯折平直段长度＋2d（90°弯曲调整值）＝6000－330＋2×22＝5714mm。

检查　下这长度接头是合还在三分之一范围内：

8500－[5714－（500－70）]＝3216mm≥2833　接头位置在三分之一范围内，可以使用该尺寸。

与其搭接的另一段平直段长度＝9360－5714＋搭接长度＝4786mm

此通长筋的配筋方案为：5710＋4790　搭接1140mm

通长面筋1排　　330　　　2Φ22　　　搭接1140mm：5710+4790

9360　　　330

2. 上铁第一排支座负筋计算

（1）左端支座负筋第一排长度（2根）

弯折长度$15d＝15×22＝330$mm

平直段长度：净跨长度÷3＋左支座宽－端头保护层＝8500÷3＋500－70≈3265mm

（2）右端支座负筋第一排长度（1根，长度同左端）

3. 上铁第二排支座负筋计算（2根）

弯折长度$15d＝15×22＝330$mm

平直段长度：净跨长度÷4＋右端支座宽－端头保护层＝8500÷4＋500－70－50＝2555mm

4. 腰筋计算（6根）

（1）腰筋长度＝净跨长度＋左端锚固长度＋右端锚固长度

＝8500＋37×12＋37×12＝9388≈9390mm

（2）搭接长度：1.4×37×12＝621.6≈622mm

（3）通长筋分解：腰筋尺寸超出9m原材长度，需要断开，一段采用9000mm，另一段采用9390－9000＋搭接长度＝390＋622＝1012≈1020mm

5. 下铁第一排通长筋计算

（1）下铁端部弯钩长度$15d$：15×22＝330mm

（2）下铁平直段长度：

＝梁净跨长度＋左支座宽＋右支座宽－左侧保护层－右侧保护层

＝8500＋500＋500－70－70＝9360mm

（3）搭接长度＝搭接修正系数×锚固长度＝$1.4×37d≈1140$mm

（4）通长筋分解

此通长筋用9m原材长度不足，需要使用接头。接头位于支座边至跨内三分之一范围内，净跨 8500mm，净跨三分之一为：2833mm。

第 1 根用 9000 原材，平直段长度＝9000－弯折段长度＋2d＝9000－330＋2×22＝8714mm

第 2 根平直段长度＝9360-8714＋搭接长度 1140＝1786≈1790mm

6. 箍筋计算

（1）箍筋尺寸

梁的截面尺寸为 250mm×850mm，梁的保护层厚度为 25mm，则梁箍筋的宽度为 250－25×2＝200mm。梁箍筋的高度为 850mm，梁下部保护层厚度为 25mm，上部保护层厚度为梁上部保护层＋与主梁相交的次梁纵筋直径＝25mm＋20mm＝45mm（从图纸得知与其相交的次梁上铁直径为 20mm）。因此梁箍筋的高度为 850－45－25＝780mm，梁箍筋尺寸为：200mm×780mm。

为什么要减掉次梁的纵筋直径，依据为图集 12G901-1 第 2—41 页主次梁节点构造（一），主次梁相交时，次梁纵筋压在主梁纵筋之上，为保证次梁的保护层，所以加大主梁的保护层；如果经设计同意，采用该页的主次梁节点构造（二）时，则主梁的保护层不变，次梁的保护层加大。如图 2-67 所示：

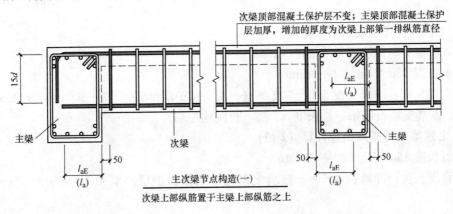

主次梁节点构造(一)

次梁上部纵筋置于主梁上部纵筋之上

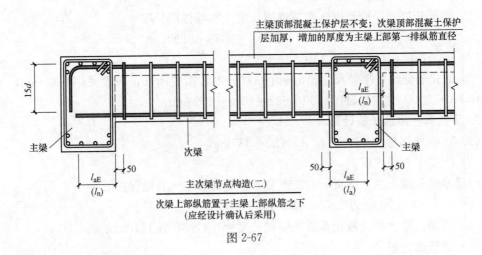

主次梁节点构造(二)

次梁上部纵筋置于主梁上部纵筋之下
（应经设计确认后采用）

图 2-67

（2）加密区箍筋数量

KL208a 的抗震等级为三级，所以其箍筋加密区长度为 1.5 倍梁高＝1.5×850＝1275mm。箍筋起步距离为距支座边 50mm，箍筋加密区间距为 100mm。则加密区箍筋支数为：

$$[(1275-50)\div100+1]\times2=28 \text{ 个}$$

（3）非加密区箍筋数量

非加密区箍筋数量＝（净跨长度－加密区长度－50×2）÷非加密区箍筋间距－1
＝（8500－1275×2－100）÷200－1＝28

KL208a 的箍筋数量为 56 个。

7. 拉筋计算

（1）拉筋的直径

拉筋的直径是根据梁的宽度确定的，梁宽小于等于 350mm 时，拉筋直径为 6mm；梁宽大于 350mm 时，拉筋直径为 8mm。（见 11G101-1 第 87 页）

KL208a 的梁宽为 250mm 小于 350mm。因此 KL208a 的拉筋直径为 6mm。

（2）拉筋的宽度

梁的截面尺寸为 250×850mm，梁的保护层厚度为 25mm，则梁拉筋的宽度为 250－25×2+2d＝250－50+2×6＝212≈210mm。

（3）拉筋的数量

拉筋的间距为非箍筋加密区间距的 2 倍，KL208a 的非加密区间距为 200mm，因此拉筋的间距为 400mm。

拉筋起步距离为距支座边 50mm。

拉筋的数量＝（净跨长－50×2）÷拉筋间距×腰筋排数＝（8500－100）÷400×3＝63 个

8. 吊箍计算

与 KL208a 相交的次梁共两条，在每条次梁的两侧主梁上，每侧设置 3 道附加箍筋，即每组吊箍 6 道箍筋。两组吊箍共 12 道箍筋。

吊箍的尺寸、规格、肢数同跨内箍筋，因此可将吊箍数量合并到箍筋内。

而在实际现场绑扎时，一般不会将 12 道附加吊箍全部绑扎上，一般按照箍筋间距增加，100 间距的，一组吊筋加 1 道；150 间距的，一组增加 2 道；200 间距的，一组增加 3 道；KL208a 的箍筋间距为 200，所以两组吊箍共增加 6 道箍筋。

步骤五：填写钢筋下料表

1. 在填写钢筋下料表时，要扣除各种角度的弯曲调整值，计算出下料长度。

2. 要根据下料长度与钢筋的比重，计算出钢筋的重量。

KL208a 的钢筋配料表如表 2-6 所示：

钢筋配料表　　　　　　　　　　　　　　　　　　　　表 2-6

项目名称：示例项目 1　　　　　　　　　构件：1 层－1 段梁

构件名称	大样	序号	级别直径	下料(mm)	根数	件数	总根数	重量(kg)	备注
KL208a(1)	330 ⌐9360⌐ 330	1	Φ 22	11070	2 ×1		2	65.98	搭接 1140mm:5710＋4790

续表

构件名称	大样	序号	级别	直径	下料(mm)	根数		件数	总根数	重量(kg)	备注
	330 ⌐ 3265 ¬	2	Φ	22	3550	2	×	1	2	21.16	第1跨左负筋1排
	3265 ¬ 330	3	Φ	22	3550	1	×	1	1	10.58	第1跨右负筋1排
	2555 ¬ 330	4	Φ	22	2840	2	×	1	2	16.93	第1跨右负筋2排
KL208a(1)	9390	5	Φ	12	10010	6	×	1	6	53.33	搭接620mm;9000+1010,1跨腰筋
	330 ⌐ 9360 ¬ 330	6	Φ	22	11070	4	×	1	4	131.95	搭接1140mm;7710+2790,第1跨底筋1排
	780 □ 200	7	Φ	8	2090	62	×	1	62	51.18	@8100/200,1跨61
	210	8	Φ	6	330	63	×	1	63	4.62	C400@,1跨63

（二）抗震楼层框架梁 KL 手算实例二

例题：KL216

通过阅读结构设计总说明，已知如下条件：

1. 结构设计抗震等级：三级

2. 梁类构件混凝土强度等级：C30

3. 框架柱构件混凝土强度等级：C30

4. 梁纵筋直径大于等于 25mm 时采用机械连接，其他采用绑扎搭接

5. 梁保护层厚度：25mm；柱保护层厚度：30mm

图纸中 KL216 的标注如图 2-68 所示：

图 2-68

翻样步骤一：阅读梁标注

1. 集中标注（表 2-7）

表 2-7

KL216集中标注阅读	
跨数	5 跨
截面尺寸	梁宽 350mm × 梁高 800mm

KL216 集中标注阅读	
箍筋配筋	HRB400 级,直径 8mm
加密区箍筋间距	100mm
箍筋非加密区间距	200mm
箍筋肢数	4 肢箍
上铁通长筋	2 根直径 25mm 三级钢
上铁架立筋	2 根直径 12mm 三级钢
腰筋配筋	0 根二级 14mm 构造腰筋

2. 原位标注 (表 2-8)

表 2-8

KL216 原位标注阅读	
第 1 跨原位标注	
左支座上铁	3 根三级 22mm 钢筋,其中 2 根通长筋,1 根支座负筋
右支座上铁	5 根三级 25mm 钢筋,其中一排 3 根,二排 2 根。一排 3 根中有 2 根通长筋,1 根支座负筋;二排 2 根都是支座负筋
第 1 跨截面尺寸	250mm×1200mm
下铁通长筋	5 根三级 25mm 钢筋,从下部数第 1 排 3 根,第 2 排 2 根
腰筋	10 根三级 12mm 受扭腰筋
第 2 跨原位标注	
左支座上铁	8 根三级 25mm 钢筋,第 1 排 5 根,第 2 排 3 根。第 1 排中有 2 根通长筋,3 根支座负筋;第 2 排 3 根都是支座负筋
右支座上铁	右支座上铁标注空缺,标示与第 3 跨左支座上铁对称;共 8 根钢筋,第 1 排 5 根三级 25mm,2 根通长筋,3 根支座负筋;第 2 排 3 根三级 22mm,3 根都是支座负筋
下铁原位标注	下铁 6 根三级 25mm 钢筋,分两排,下数第 1 排 4 根,下数第 2 排 2 根
第 3 跨原位标注	
左右支座上铁	左右支座上铁相同,各 8 根钢筋,第 1 排 5 根三级 25mm,2 根通长筋,3 根支座负筋;第 2 排 3 根三级 22mm,3 根都是支座负筋
下铁原位标注	下铁 6 根三级 25mm 钢筋,分两排,下数第 1 排 4 根,下数第 2 排 2 根
第 4 跨原位标注	
左支座上铁	8 根钢筋,第 1 排 5 根三级 25mm,2 根通长筋,3 根支座负筋;第 2 排 3 根三级 22mm,3 根都是支座负筋
右支座上铁	与第 5 跨左支座对称布置;8 根 25mm 钢筋,分两排,第 1 排 5 根,其中 2 根通长筋,3 根支座负筋;第 2 排 3 根钢筋,都是支座负筋
下铁原位标注	下铁 6 根三级 25mm 钢筋,分两排,下数第 1 排 4 根,下数第 2 排 2 根
第 5 跨原位标注	
左支座上铁	8 根 25mm 钢筋,分两排,第 1 排 5 根,其中 2 根通长筋,3 根支座负筋;第 2 排 3 根钢筋,都是支座负筋
右支座上铁	共 5 根钢筋,3 根三级 25mm,2 根三级 22mm,都在第 1 排
下铁原位标注	7 根三级 25mm,共两排,下数第 1 排 5 根,下数第 2 排 2 根

3. 查找支座尺寸、支座配筋

在与本层梁对应的柱平法施工图中，可以找到作为 KL216 各跨支座的框柱从左向右分别是：KZ22、KZ6、KZ16、KZ16、KZ17、KZ13，在柱表中可以查询到 6 棵框柱的尺寸和配筋：

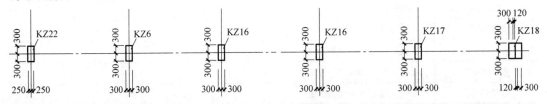

柱号	截面尺寸($b \times h$)mm	角筋	b 边中部筋	h 边中部筋	箍筋
KZ22	500×500	4C25	2C25	2C25	C8@100
KZ6	600×600	4C25	6C25	3C25	C10@100
KZ16	600×600	4C25	2C25	2C25	C8@100/200
KZ16	600×600	4C25	2C25	2C25	C8@100/200
KZ17	600×600	4C25	2C25	2C25	C8@100/200
KZ13	500×600	4C25	2C20	2C20	C8@100/200

4. 查找梁轴向尺寸，计算每跨净跨长

第 1 跨轴线尺寸是 9000mm，净跨长＝9000－250－300＝8450mm；

第 2 跨轴线尺寸是 9000mm，净跨长＝9000－300－300＝8400mm；

第 3 跨轴线尺寸是 9000mm，净跨长＝9000－300－300＝8400mm；

第 4 跨轴线尺寸是 9000mm，净跨长＝9000－300－300＝8400mm；

第 5 跨轴线尺寸是 8830mm，净跨长＝8830－300－380＝8320mm。

翻样步骤二：分析梁钢筋构造

1. 梁端部钢筋锚固方式

从结构设计总说明中得到的已知信息：抗震等级三级、柱混凝土强度等级 C30。在本条梁中钢筋等级为三级钢，查询 11G101-1 第 53 页钢筋锚固长度表，得到锚固长度为 $37d$，d 为钢筋直径。这里采用柱的混凝土强度等级是因为梁端部钢筋是在柱内锚固，因此需要使用柱的混凝土强度等级计算锚固长度。

上铁、下铁的钢筋直径都是 25mm，则上下铁的锚固长度为 925mm。而端部支座（KZ22、KZ13）的 b 边尺寸为 500mm。不能满足上下铁在端部支座进行直锚，因此采用弯锚形式。

2. 梁端部保护层厚度

上、下铁第 1 排钢筋端部保护层为 70mm；第 2 排钢筋端部保护层为 120mm。（详见例题一）

3. 上铁通长筋构造

（1）端部钢筋伸至柱外侧纵筋内侧，向下弯折 15d，且自柱内侧外边缘伸入柱内平直部分的长度大于等于 $0.4l_{abE}$。

（2）上铁通长筋连接位置位于跨中三分之一净跨范围内。

4. 第 1 跨与第 5 跨上铁第一排支座负筋构造

（1）端部钢筋伸至柱外侧纵筋内侧，向下弯折 $15d$，且自柱内侧外边缘伸入柱内平直部分的长度大于等于 $0.4l_{abE}$。

（2）上铁第一排支座负筋向跨内伸出长度为：自柱内侧外边缘向跨内伸出三分之一净跨长。

5. 第 1 跨与第 5 跨上铁第二排支座负筋构造

（1）端部钢筋伸至第一排纵筋内侧，让开净距 50mm，向下弯折 $15d$，且自柱内侧外边缘伸入柱内平直部分的长度大于等于 $0.4l_{abE}$。

（2）上铁第二排支座负筋向跨内伸出长度为：自柱内侧外边缘向跨内伸出四分之一净跨长。

6. 第 2、3、4 跨上铁第一排支座负筋构造

上铁第一排支座负筋向跨内伸出长度为：自柱外边缘分别向支座左右跨内伸出左右两跨较大跨净长的三分之一。

7. 第 2、3、4 跨上铁第二排支座负筋构造

上铁第二排支座负筋向跨内伸出长度为：自柱外边缘分别向支座左右跨内伸出左右两跨较大跨净长的四分之一。

8. 腰筋的构造

第 1 跨腰筋为受扭腰筋，伸入左右支座 1 个锚固长度；第 2、3、4、5 跨为构造腰筋，伸入左右支座 $15d$。

9. 下铁通长筋构造

（1）下铁第一排纵筋伸至柱外侧纵筋内侧，向上弯折 $15d$，且自柱内侧外边缘伸入柱内平直部分的长度大于等于 $0.4l_{abE}$。

（2）下铁第二排纵筋伸至第一排纵筋内侧，让开净距 50mm，向上弯折 $15d$，且自柱内侧外边缘伸入柱内平直部分的长度大于等于 $0.4l_{abE}$。

（3）下铁通长筋连接位置位于自支座边起，三分之一净跨范围内。

（4）第 1 跨底筋构造：第 1 跨梁高为 1200mm，第 2～5 跨梁高为 800mm。第 1 跨底筋无法与其他跨贯通，需要在第 1 跨断开锚固，其他跨底筋可以贯通设置。第 1 跨底筋左右支座不能满足直锚，需要弯锚，其他跨贯通底筋可以插入第 1 跨内，可以直锚。

10. 箍筋构造

（1）第一支箍筋布置的起步距离为自支座内边缘 50mm。

（2）箍筋加密区长度：本例中的 KL216 抗震等级为三级，因此箍筋加密区为自柱内侧外边缘向跨内延伸 1.5 梁高，且大于等于 500mm。第 1 跨 1.5 倍梁高＝1.5×1200＝1800mm，第 2、3、4、5 跨 1.5 倍梁高＝1.5×800＝1200mm，在此长度范围内箍筋间距为 100mm。

（3）箍筋非加密区长度：净跨长度减两端加密区长度。

11. 拉筋构造

（1）拉筋一般会在结构设计总说明中注明，如总说明中没有注明，则按照 11G101-1 第 87 页"梁侧面纵向构造筋和拉筋"中注 4 计算。本例中 KL216 的梁宽为 250mm 和 350mm，则拉筋直径为 6mm。

（2）当设有多排拉筋时，上下排拉筋竖向错开设置。间距为箍筋非加密区间距的 2 倍。本例中 KL216 的腰筋为 6（10）根，分 3（5）排对称布置（括号内为第 1 跨数据）。拉筋间距为箍筋非加密区间距 200mm 的 2 倍，即 400mm。

12. 吊筋构造

（1）吊筋上部平直段长度 20d

（2）吊筋角度：梁高大于 800mm 时，吊筋弯折角度为 60°

（3）吊筋高度：梁高-上下保护层-上下箍筋直径-上下铁一排钢筋直径

（4）吊筋底部宽度：次梁宽度＋50＋50

翻样步骤三：画出梁的钢筋排布图

依据翻样步骤一、二，可以画出 KL216 钢筋排布图如图 2-69 所示：

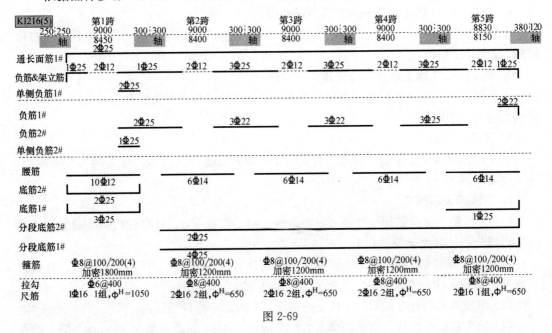

图 2-69

翻样步骤四：计算每根钢筋的尺寸和数量（请对照本例后附排布图学习）

1. 上铁通长筋计算（2 根）

（1）上铁端部弯钩长度 15d＝15×25＝375mm

（2）上铁平直段长度＝梁总长度－左侧保护层－右侧保护层＝9000×4＋8830＋250＋120－70－70＝45060mm

（3）通长筋分解

此上铁通长筋共 5 跨，需要用 9m 原材进行连接，每跨的上铁通长筋的连接位置在跨中三分之一范围内（图 2-70）。

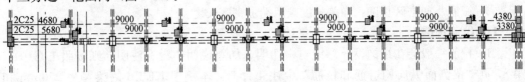

图 2-70

由此得出如下配筋方案：

上铁通长筋 1：套丝：5680＋9000＋9000＋9000＋9000＋3380（反丝）

上铁通长筋 2：套丝：4680＋9000＋9000＋9000＋9000＋4380（反丝）

2. 上铁第一排支座负筋及架立筋计算

（1）第 1 跨左支座负筋（1 根）：

弯折段长度 $15d＝15×25＝375mm$；平直段尺寸＝第 1 跨净跨长/3＋左支座宽－左支座保护层＝$8450÷3＋500－70≈3245$

（2）第 1～2 跨中间支座负筋（1 根）

长度＝Max(第 1 跨与第 2 跨净长较大值)÷3×2＋第 1～2 跨中间支座宽＝$8450÷3×2＋600≈6235mm$

（3）第 2 跨右侧支座单边支座负筋（2 根）

长度＝第 2 跨净跨长三分之一＋在右侧支座内的锚固长度 $L_{ae}＝8400÷3＋37×25≈3740mm$

注释：

① 第 1 跨右侧支座配筋 5C25/3C25，第 2 跨左侧支座配筋 3C25/2C25，左右不对称，第 2 跨第 1 排支座负筋比第 1 跨第 1 排多出 2 根 C25 的支座负筋，第 2 排多出 1 根 C25 支座负筋，由此产生第 2 跨左侧支座存在单边负筋的情况。

② 单边支座负筋在中间支座内锚固时，虽然支座宽度 600mm 不满足直锚，但其能穿过支座伸入第 1 跨内，所以按照直锚计算，以后内容中涉及此类情况的都按直锚算。

（4）第 1 跨架立筋（2 根）

长度＝第 1 跨净跨长/3＋左右与支座负筋各搭接 150mm＝$8450÷3＋150＋150≈3115mm$

注意：长度尺寸最小精确到取整 5mm。

（5）第 2～3 跨中间支座负筋（3 根）

长度＝Max(第 2 跨与第 3 跨净长较大值)÷3×2＋第 2～3 跨中间支座宽＝$8400÷3×2＋600＝6200mm$

（6）第 2 跨架立筋长度（2 根）

架立筋长度＝第 2 跨净长－左支座负筋跨内伸出长度－右支座负筋跨内伸出长度＋与左右支座负筋搭接长度各 150mm

$$＝8400－(8450÷3)－(8400÷3)＋150×2＝3083≈3085mm$$

（7）第 3～4 跨中间支座负筋（3 根）

长度＝Max(第 3 跨与第 4 跨净长较大值)÷3×2＋第 3～4 跨中间支座宽＝$8400÷3×2＋600＝6200mm$

（8）第 3 跨架立筋（2 根）

架立筋长度＝第 3 跨净长－左支座负筋跨内伸出长度－右支座负筋跨内伸出长度＋与左右支座负筋搭接长度各 150mm

$$＝8400－(8400÷3)－(8400÷3)＋150×2＝3100mm$$

（9）第 4～5 跨中间支座负筋（3 根）

长度＝Max(第 4 跨与第 5 跨净长较大值)÷3×2＋第 4～5 跨中间支座宽＝$8400÷3×$

$2+600=6200mm$

（10）第 4 跨架立筋（2 根）

架立筋长度＝第 4 跨净长－左支座负筋跨内伸出长度－右支座负筋跨内伸出长度＋与左右支座负筋搭接长度各 150mm

$$=8400-(8400÷3)-(8400÷3)+150×2=3100mm$$

（11）第 5 跨右侧支座负筋（1 根 C25＋2 根 C22）

弯折长度 $15d=15×25=375mm$（1 根 C25）

弯折长度 $15d=15×22=330mm$（2 根 C22）

平直段长度＝第 5 跨净跨长三分之一＋第 5 跨右侧支座宽－右侧保护层厚度＝$8150÷3+500-70=3146.7≈3145mm$

（12）第 5 跨架立筋（2 根）

架立筋长度＝第 5 跨净跨长－左侧支座负筋伸入第 5 跨长度－右侧支座伸入第 5 跨长度＋与左右支座负筋各搭接 150mm

$$=8150-2800-2717+150×2=2933≈2935mm$$

3. 上铁第二排支座负筋长度计算

说明：第 1 跨左侧支座与第 5 跨右侧支座无第 2 排支座负筋。

（1）第 1~2 跨中间支座 2 排负筋长度（2 根 C25）

长度＝Max（第 1 跨净跨长，第 2 跨净跨长）$÷4×2+$第 1~2 跨中间支座宽＝$8450÷4×2+600=4825mm$

（2）第 1 跨右侧支座 2 排单边负筋长度（1 根 C25）

长度＝第 1 跨净跨长$÷4+L_{ae}=8450÷4+37×25=3037.5≈3040mm(L_{ae}=37d)$

（3）第 2~3 跨中间支座 2 排负筋长度（3 根 C22）

长度＝Max（第 2 跨净跨长，第 3 跨净跨长）$÷4×2+$第 2~3 跨中间支座宽＝$8400÷4×2+600=4800mm$

（4）第 3~4 跨中间支座 2 排负筋长度（3 根 C22）

长度＝Max（第 3 跨净跨长，第 4 跨净跨长）$÷4×2+$第 3~4 跨中间支座宽＝$8400÷4×2+600=4800mm$

（5）第 4~5 跨中间支座 2 排负筋长度（3 根 C25）

长度＝Max（第 4 跨净跨长，第 5 跨净跨长）$÷4×2+$第 3~4 跨中间支座宽＝$8400÷4×2+600=4800mm$

4. 腰筋长度计算

（1）第 1 跨腰筋长度（10 根 C12）

第 1 跨腰筋长度＝$L_{ae}+$第 1 跨净跨长$+L_{ae}=37×12+8450+37×12=9338≈9340mm$（受扭腰筋）

尺寸超出 9m 原材长度，需要搭接一个搭接长度（L_{le}），此梁的纵筋搭接面积接头百分率为 25%（总说明中注明），搭接系数为 1.2。因此搭接长度＝$1.2×37×12=532≈530mm$。

因此第 1 跨腰筋长度＝9000mm＋870mm（搭接 530mm）。

（2）第 2 跨腰筋长度（6 根 C14）

第 2 跨腰筋长度＝15d＋第 2 跨净跨长＋15d＝15×14＋8400＋15×14＝8820mm

（3）第 3 跨腰筋长度

第 3 跨腰筋长度＝15d＋第 3 跨净跨长＋15d＝15×14＋8400＋15×14＝8820mm

（4）第 4 跨腰筋长度

第 4 跨腰筋长度＝15d＋第 4 跨净跨长＋15d＝15×14＋8400＋15×14＝8820mm

（5）第 5 跨腰筋长度

第 5 跨腰筋长度＝15d＋第 5 跨净跨长＋15d＝15×14＋8150＋15×14＝8570mm

5. 底筋长度计算

（1）第 1 跨底肋 1 排长度计算（3C25）

平直段长度＝第 1 跨净跨长度＋左支座宽度－保护层厚度＋右支座宽度－保护层厚度＝8450＋500－70＋600－70＝9410mm（保护层厚度按每边 70mm）

左右端部弯折 15d＝15×25＝375mm

（2）第 1 跨底筋 2 排长度计算（2C25）

平直段长度＝第 1 跨净跨长度＋左支座宽度－保护层厚度＋右支座宽度－保护层厚度＝8450＋500－70－50＋600－70－50＝9410mm（第 2 排底筋保护层厚度在第 1 排底筋 70mm 基础上再缩减 50mm）

左右端部弯折 15d＝15×25＝375mm

（3）第 2～5 跨底筋 1 排长度计算（4C25）

平直段长度＝底筋 1 排在第 1～2 跨中间支座锚固长度＋第 2 跨净跨长＋第 2～3 跨中间支座宽＋第 3 跨净跨长＋第 3～4 跨中间支座宽＋第 4 跨净跨长＋第 4～5 跨中间支座宽＋第 5 跨净跨长＋第 5 跨右侧支座宽－底筋 1 排在第 5 跨右侧支座保护层厚度＝37×25＋8400＋600＋8400＋600＋8400＋600＋8150＋500－70＝36505mm（左侧直锚到第 1 跨，右侧端部保护层厚度按 70mm）

右侧端部弯折 15d＝15×25＝375mm

（4）第 2～5 跨底筋 2 排长度计算（2C25）

平直段长度＝底筋 2 排在第 1～2 跨中间支座锚固长度＋第 2 跨净跨长＋第 2～3 跨中间支座宽＋第 3 跨净跨长＋第 3～4 跨中间支座宽＋第 4 跨净跨长＋第 4～5 跨中间支座宽＋第 5 跨净跨长＋第 5 跨右侧支座宽－底筋 2 排在第 5 跨右侧支座保护层厚度＝37×25＋8400＋600＋8400＋600＋8400＋600＋8150＋500－70－50＝36455mm（左侧直锚到第 1 跨，右侧端部第 2 排底筋保护层厚度在第 1 排底筋 70mm 基础上再缩减 50mm）

（5）底筋第 1 排与第 2 排通长筋分解

底筋连接区段图集要求在支座三分之一范围内（现场通长按支座四分之一范围内），本例采用机械连接的直螺纹套筒连接，给出如下配筋方案：

第 2～5 跨底筋 1 排通长筋配筋方案：

套筒：9000＋9000＋9000＋8000＋反丝 1500

套筒：8000＋9000＋9000＋9000＋反丝 1500

第 2～5 跨底筋 2 排通长筋配筋方案：

套筒：9000＋9000＋9000＋7000＋反丝 2460

套筒：8000＋9000＋9000＋9000＋反丝 1460

6. 箍筋尺寸与数量计算

（1）第1跨箍筋尺寸

本例 KL216 箍筋为 4 肢箍，第1跨截面尺寸为 250×1200，梁保护层厚度 25mm，上下保护层厚度需要考虑次梁与主梁上铁的排布，采用次梁上铁压在主梁上铁一排上侧，为保证次梁保护层厚度达到 25mm，需要增加主梁保护层，增加数值为次梁的上铁一排钢筋直径（该次梁上铁一排直径为 22mm）。

外箍尺寸＝（梁宽－左右保护层厚度）×（梁高－次梁上铁一排直径－上下保护层厚度）＝（250－25－25）×（1200－22－25－25）＝200×1130mm

内箍宽度尺寸按面筋四根均分＝（200－8×2－4×25）÷3＋25×2＋8×2＝94≈100mm。

因此内箍尺寸为：100mm×1130mm

（2）第1跨箍筋数量

第1跨箍筋数量＝第1跨左侧箍筋加密区数量＋跨中非加密区箍筋数量＋右侧箍筋加密区数量＋第1跨附加箍筋数量＋第1跨吊筋附加箍筋数量

① 第1跨左侧箍筋加密区数量＝第1跨右侧箍筋加密区数量＝（箍筋加密区长度－50）÷箍筋加密间距＋1＝（1.5×1200－50）÷100＋1＝19 个

其中箍筋加密区长度＝1.5 倍梁高（见本例题钢筋构造分析部分）

② 跨中非加密区箍筋数量＝（净跨长－左侧箍筋加密区长度－右侧箍筋加密区长度）÷箍筋加密间距－1＝（8450－1800×2）÷200－1＝23 个

③ 附加箍筋数量＝6 个（一处与次梁相交，只设置附加箍筋，未设置附加吊筋，在主梁上次梁两边，每边 3 个）

④ 附加吊筋箍筋数量＝6 个（一处与次梁相交，设置吊筋与箍筋，在主梁上次梁两侧，每侧 3 个）

由此第1跨箍筋数量＝19＋23＋19＋6＋6＝73 个

（3）第2～5跨箍筋尺寸

第2～5 跨梁截面尺寸为 350mm×800mm，外箍宽度＝350－25－25＝300mm；内箍宽度＝（300－8－8－4×25）÷3＋8＋8＋25＋25＝130mm；

箍筋高度＝800－25－25－22＝728≈730mm。

（4）第2、3、4跨箍筋数量

第2、3、4 跨净长为 8400mm，加密区长度＝1.5×800＝1200mm，非加密区长度＝8400－1200－1200＝6000mm。每跨有两组吊筋，每组吊筋有 6 个附加箍筋。

每跨的箍筋数量＝[（1200－50）÷100＋1]×2＋（6000÷200－1）＋6×2＝26＋29＋12＝67 个

（5）第5跨箍筋数量

第5 跨净长为 8150mm，加密区长度＝1200mm，非加密区长度＝8150－1200－1200＝5750mm。每跨有两组吊筋，每组吊筋有 6 个附加箍筋。

第5 跨箍筋数量＝[（1200－50）÷100＋1]×2＋（5750÷200－1）＋6×2＝26＋27＋12＝65 个

拉钩尺寸与数量计算

① 拉钩尺寸

第 1 跨拉钩平直段长度＝第 1 跨外箍宽度＝200mm；第 2～5 跨拉钩平直段长度＝第 2～5 跨外箍宽度＝300mm。

② 拉钩数量

拉钩间距为梁非加密区箍筋间距两倍，梁非加密区箍筋间距为 200mm，所以拉钩间距为 400mm，拉筋的起步间距为 50mm。

第 1 跨拉筋数量＝[(8450−50−50)÷400+1]×5＝22×5＝110 个

第 2～4 跨拉筋数量＝[(8400−50−50)÷400+1]×3＝63 个

第 5 跨拉筋数量＝[(8150−50−50)÷400+1]×3＝60 个

吊筋尺寸与数量计算

① 第 1 跨吊筋尺寸

第 1 跨吊筋上部平直段长度＝20d＝20×16＝320mm

第 1 跨吊筋高度＝1200−25−25−22−8−8−25−25＝1062≈1060mm

第 1 跨吊筋角度 60 度（梁高 1200mm＞800mm）

第 1 跨吊筋底部宽度＝次梁宽＋50＋50＝250＋50＋50＝350mm

② 吊筋数量

第 1 跨吊筋 1 组，每组吊筋内外侧各 1 根，共 2 根。

③ 第 2～5 跨每跨尺寸

第 2～5 跨吊筋上部平直段长度＝20d＝20×16＝320mm

第 2～5 跨吊筋高度＝800−25−25−22−8−8−25−25＝662≈660mm

第 2～5 跨吊筋角度 45 度（梁高小于等于 800mm）

第 2～5 跨吊筋底部宽度＝次梁宽＋50＋50＝250＋50＋50＝350mm

④ 第 2～5 跨每跨吊筋数量

每跨设 2 组吊筋，每组吊筋为 2 根 C16 钢筋，每跨吊筋根数为 4 根。

由步骤四得到如下排布、数量、尺寸排布图（图 2-71）

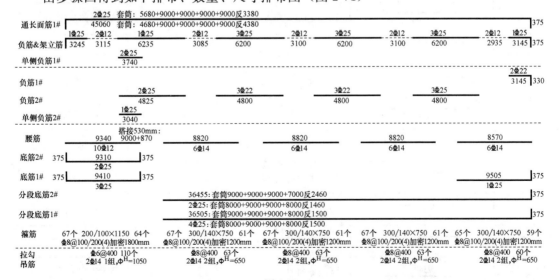

图 2-71

翻样步骤五：填写钢筋下料表（表2-9）

钢筋配料表 表 2-9

项目名称：实例图纸　　　　　　　　构件：一层框梁

构件名称	大样	序号	直径	级别	下料(mm)	根数	件数	总根数	重量(kg)	备 注
KL216(5)	375 ⌐ 45060 ⌐ 375	1	Φ	25	45710	1	×1	1		套筒：5680＋9000＋9000＋9000＋9000 反 3380
	375 ⌐ 45060 ⌐ 375	2	Φ	25	45710	1	×1	1		套筒：4680＋9000＋9000＋9000＋9000 反 4380
	375 ⌐ 3245	3	Φ	25	3570	1	×1	1		第1跨左负筋1排
	6235	4	Φ	25	6230	1	×1	1		1-2跨负筋1排
	3740	5	Φ	25	3740	2	×1	2		第1跨右1排,入925
	4825	6	Φ	25	4820	2	×1	2		1-2跨负筋2排
	3040	7	Φ	25	3040	1	×1	1		第1跨右2排,入925
	6200	8	Φ	25	6200	3	×1	3		2-3跨负筋1排
	4800	9	Φ	22	4800	3	×1	3		2-3跨负筋2排
	6200	10	Φ	25	6200	3	×1	3		3-4跨负筋1排
	4800	11	Φ	22	4800	3	×1	3		3-4跨负筋2排
	6200	12	Φ	25	6200	3	×1	3		4-5跨负筋1排
	4800	13	Φ	25	4800	3	×1	3		4-5跨负筋2排
	3145 ⌐ 375	14	Φ	25	3470	1	×1	1		第5跨右负筋1排
	3145 ⌐ 330	15	Φ	22	3430	2	×1	2		第5跨右负筋1排
	3115	16	Φ	12	3110	2	×1	2		第1跨架立筋
	3085	17	Φ	12	3080	2	×1	2		第2跨架立筋
	3100	18	Φ	12	3100	2	×1	2		第3跨架立筋
	3100	19	Φ	12	3110	2	×1	2		第4跨架立筋
	2935	20	Φ	12	2930	2	×1	2		第5跨架立筋
	9340	21	Φ	12	9340	10	×1	10		搭接 530mm;9000＋870,第1跨腰筋

续表

构件名称	大样	序号	直径	级别	下料(mm)	根数		件数	总根数	重量(kg)	备注
	8820	22	Φ	14	8820	6	×	1	6		第2跨腰筋
	8820	23	Φ	14	8820	6	×	1	6		第3跨腰筋
	8820	24	Φ	14	8820	6	×	1	6		第4跨腰筋
	0570	25	Φ	14	8570	6	×	1	6		第5跨腰筋
	375⌐9310⌐375	26	Φ	25	9960	2	×	1	2		第1跨底筋2排
	375⌐9410⌐375	27	Φ	25	10060	3	×	1	3		第1跨底筋1排
	36455⌐375	28	Φ	25	36780	1	×	1	1		套筒:9000+9000+9000+7000 反 2460 第2跨底筋2排
	36455⌐375	29	Φ	25	36780	1	×	1	1		套筒:8000+9000+9000+9000 反 1460 第2跨底筋2排
	36505⌐375	30	Φ	25	36830	2	×	1	2		套筒:9000+9000+9000+8000 反 1500 第2跨底筋1排
	36505⌐375	31	Φ	25	36830	2	×	1	2		套筒:8000+9000+9000+9000 反 1500 第2跨底筋1排
	9505⌐375	32	Φ	25	9830	1	×	1	1		第5跨底筋1排
	1150 / 200	33	Φ	8	2830	67	×	1	67		C8@100/200, 1 跨 19+23+19♯6
	1150 / 100	34	Φ	8	2630	67	×	1	67		内径
	750 / 300	35	Φ	8	2230	242	×	1	242		C8@100/200, 2 跨 13+29+13♯6, 3 跨 13+29+13♯6, 4 跨 13+29+13♯5, 5 跨 13+27+13♯5
	750 / 140	36	Φ	8	1910	242	×	1	242		内径
	210	37	Φ	6	390	105	×	1	105		@400,1 跨 105
	315	38	Φ	8	500	249	×	1	249		@400,2 跨 63,3 跨 63, 4 跨 63,5 跨 60

续表

构件名称	大样	序号	级别	直径	下料(mm)	根数	件数	总根数	重量(kg)	备注
	1050 60° 350 1213 320	39	Φ	8	3380	4	× 1	4		1跨1组
	650 45° 350 919 320	40	Φ	16	2800	16	× 1	16		2跨2组,3跨2组,4跨2组,5跨2组

(三) 悬挑梁 XL 手算实例

例题：KL216

通过阅读结构设计总说明，已知如下条件：

1. 结构设计抗震等级：三级

2. 梁类构件混凝土标号：C30

3. 框架柱构件混凝土标号：C30

4. 梁纵筋直径大于等于 25mm 时采用机械连接，其他采用绑扎搭接

5. 梁保护层厚度：25mm；柱保护层厚度：30mm

翻样步骤一：阅读梁标注

1. XL 的集中标注 (表 2-10)

表 2-10

悬挑梁 XL1 的集中标注		
截面尺寸	400×600/400	梁宽 400mm，梁高：根部 600mm；端部 400mm
箍筋配筋	C10@100(4)	三级钢，直径 10mm，箍筋间距 100，4 肢箍
上铁配筋	9C25 7/2	分两排，一排 7 根三级 25mm；二排 2 根三级 25mm
下铁配筋	4C14	4 根三级 14mm
腰筋配筋	4C20	4 根三级 20mm

2. 查找支座尺寸和 XL1 轴线尺寸

(1) 支座边柱的尺寸为 600mm×600mm

(2) 支座边柱纵向钢筋为 C25；箍筋直径为 C10@100/200

(3) 悬挑梁轴向净挑长为 2800mm

(4) 端部次梁宽为 200mm

翻样步骤二：分析梁钢筋构造 (图 2-72)

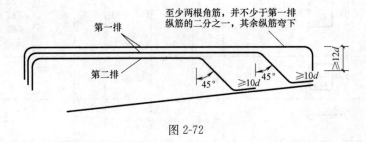

图 2-72

1. 上铁一排直通钢筋构造

上铁一排共 7 根钢筋，不少于 7 根的一半直通到端部，其中包括 2 根角筋及 2 根中部

筋，其余 3 根弯下。端部弯折 $12d$。

2. 上铁一排弯下钢筋构造

上铁 3 根弯下钢筋弯折角度 45°，距离次梁内侧边缘 50mm 处，弯折大于等于 $10d$，伸至挑梁端部。

3. 上铁二排弯下钢筋构造

挑梁二排钢筋在距支座边缘 0.75 净挑长处弯下，弯折角度 45°，弯折到底筋后再弯折大于等于 $10d$。

4. 上铁钢筋在端部支座的锚固方式

上铁锚固长度为 $37d = 37 \times 25 = 925$mm（三级抗震，C30 混凝土，三级钢，钢筋直径小于等于 25mm，查表得到 $37d$），端部支座宽 600mm，不够直锚，使用弯锚方式，伸至柱外侧纵筋内侧，向下弯折 $15d = 15 \times 25 = 375$mm。左侧端部所扣保护层为 $30 + 10 + 25 = 65$mm，取 70mm 作为保护层。

5. 腰筋钢筋构造

腰筋为构造腰筋，端部伸至挑梁端部，扣除保护层，左端插入柱内 $15d$。

6. 底筋钢筋构造

底筋伸至挑梁端部，左边插入支座 $15d$。

7. 箍筋钢筋构造

箍筋起步 50mm，沿挑梁布置到挑梁端部。

8. 拉筋钢筋构造

拉筋间距为箍筋间距两倍，分两排，错开布置，梁宽大于 350mm 为直径 8mm 拉筋。

翻样步骤三：计算钢筋尺寸、数量

1. 上铁一排钢筋尺寸（4C25）

左端弯折长度 $= 15d = 15 \times 25 = 375$mm

右端弯折长度 $= 12d = 12 \times 25 = 300$mm

平直段长度 = 净挑长度 + 左侧支座宽 − 左侧扣除保护层 − 右侧扣除保护层 $= 2800 + 600 - 70 - 25 = 3305$mm

2. 上铁一排弯下钢筋尺寸（3C25）

左端弯折长度 $= 15d = 15 \times 25 = 375$mm

弯下高度 = 端部梁高 − 上下保护层 − 上下箍筋直径 $= 400 - 25 - 25 - 10 - 10 = 330$mm（因为梁是缩尺的，所以此弯下高度为近似值）

弯折斜长 = 弯下高度 $\times \sqrt{2} = 330 \times 1.414 = 466$mm

左起平直段 = 净挑长 − 次梁宽 − 弯下高度(45°等腰直角三角形,高度等长度) − 右端保护层 + 支座宽 − 左端保护层

$= 2800 - 200 - 330 - 25 + 600 - 70 = 2775$mm

端部弯折长度 $= 10d = 250$mm

3. 上铁二排弯下钢筋尺寸（2C25）

左端弯折长度 $= 15d = 15 \times 25 = 375$mm

弯下高度 = 上铁一排弯下高度 − 50mm $= 330 - 50 = 280$mm（50 为上铁一排纵筋与二排纵筋的间距 25mm 与一排纵筋直径 25mm 之和）

左起平直段＝0.75净挑长＋左支座宽－左支座端部保护层厚度＝0.75×2800＋600－70＝2630mm

弯折长度＝弯下高度×$\sqrt{2}$＝280×1.414＝395mm

端部弯折长度＝10d＝250mm

4. 腰筋尺寸（4C20）

腰筋长度＝净挑长－右侧端部保护层＋15d＝2800－25＋15×20＝3075mm

5. 底筋尺寸（4C14）

底筋长度＝斜边长度－右侧保护层厚度＋15d＝$(600-400)^2＋2800^2$ 开方－25＋15×14＝2992≈3000mm

6. 箍筋尺寸及数量（C10@100）4 肢箍

外箍尺寸(最小)＝梁宽－左右保护层×端部梁高－上下保护层＝(400－25－25)×(400－25－25)＝350mm×350mm

外箍尺寸(最大)＝梁宽－左右保护层×端部梁高－上下保护层＝(400－25－25)×(600－25－25)＝350mm×550mm

数量＝(净挑长度－右侧保护层－左起步 50mm)÷100＋1＋3(主次梁相交,单边附加箍筋 3 个)＝31 个

内箍宽度＝(350－10－10－25×4)÷3＋25＋25＋10＋10≈150mm

内箍尺寸(最小)＝150mm×350mm

内箍尺寸(最大)＝150mm×550mm

数量＝外箍数量＝31 个

7. 拉筋尺寸及数量

拉筋尺寸＝箍筋宽度＋2 拉筋直径＝350＋8＋8＝366mm≈370mm

拉筋数量＝[(净挑长度－右侧保护层－左起步 50mm)÷200＋1]×2 排＝28 个

翻样步骤四：填写 XL1 钢筋料单（表 2-11）

表 2-11

	375 ⌐ 3305 ⌐ 300	81	Φ	25	3880	4 × 1	4	面筋 1 排
	2775 / 375 ⌐ 466 ＼250 330	82	Φ	25	3790	3 × 1	3	面筋 1 排下弯
	2630 / 375 ⌐ 395 ＼250 280	83	Φ	25	3570	2 × 1	2	面筋 2 排
XL1	3075	84	Φ	20	3070	4 × 1	4	腰筋
	3000	85	Φ	14	3000	4 × 1	4	底筋
	变 □350 550～350	86	Φ	10	1760	31 × 1	31	箍筋@100(4)
	变 □150 550～350	87	Φ	10	1360	31 × 1	31	
	⌐ 370 ⌐	88	Φ	8	550	28 × 1	28	@200

第四节　梁构件钢筋的软件计算

说明：E筋钢筋翻样下料软件系统设置中的"全局设置"和"CAD设置"可到E筋网下载操作视频学习。

一、梁构件系统设置

1. 打开梁类构件系统设置页面（图2-73）

图 2-73

点击工具条上的系统设置图标，打开梁计算设置页面（图2-74）。

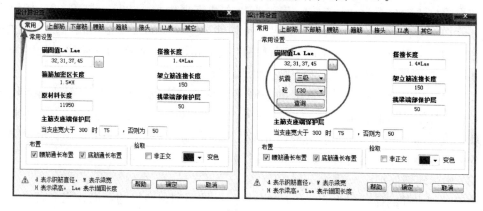

图 2-74

2. 梁计算设置-常用设置介绍

（1）常用设置-锚固值 $L_a L_{ae}$

该项设置用来设置梁的锚固长度，其中的数字不需要手动输入，点击数字框右侧的方形按钮，弹出锚固长度计算条件，按图纸标注的抗震等级、混凝土强度等级，点击查询，软件自动算出梁钢筋的锚固长度。数字框内的四个数字分别是在选择的抗震等级、混凝土强度等级条件下，HPB300、HRB335、HRB400、HRB500级钢筋的锚固长度，数字中间的逗号是英文输入法状态下的逗号。四个数字分别是钢筋直径的倍数。

图集要求的钢筋直径大于25mm时的锚固长度不需设置，软件在计算梁的钢筋锚固长度时，会自动乘以调整系数1.10。

梁钢筋在端支座为柱或墙内锚固时，柱子或墙的混凝土强度等级往往比梁的混凝土强度等级高1～2个等级，梁的钢筋所处的混凝土周边环境应按柱或墙的混凝土强度等级来计算。但此处规范无明确规定，业界有争议，在本书中暂按柱、墙的混凝土强度等级来设置梁的锚固长度。

如果图纸中明确的规定了钢筋的锚固长度，并且与图集规定的锚固长度不一致时，可手动修改数字框内的锚固倍数。

(2) 搭接长度

该设置项用来设置梁钢筋采用搭接连接方式时，搭接长度。钢筋的搭接长度是根据钢筋搭接接头的接头面积百分率来确定的。接头面积百分率分为小于等于 25％、50％ 和 100％搭接。其搭接长度分别为 1.2、1.4、1.6 倍锚固长度。一般图纸对梁钢筋采用搭接连接方式时，对接头面积百分率要求不大于 50％，手动输入相应的锚固倍数即可。

当梁柱的混凝土强度等级不一致时，梁钢筋的搭接长度应按梁的锚固长度计算，可将梁的混凝土强度等级写在后面，用括号括起来，格式如下：$1.4L_{ae}$（C30）

(3) 箍筋加密区长度

框架梁的箍筋加密区按工程抗震等级设定，一级抗震 2 倍梁高且大于等于 500mm，二～四级抗震 1.5 倍梁高，且大于等于 500mm。

(4) 架立筋连接长度

根据 11G101-1 图集第 79～81 页规定，架立筋的搭接长度为 150mm。

(5) 原材料长度

如果原材长度全部为 9m 或 12m 时，直接在数字框内填入 9000 或 12000；如果大部分是 9m，其中若干规格是 12m 的，可按下面格式填写：9000（25 12000）（22 12000）表示除直径 22mm 和直径 25mm 的钢筋原材长度为 12m，其他直径的钢筋原材长度为 9m。如果某种规格既有 9m 又有 12m 的，则软件无法处理此种情况。

在实际工程中，直径大于 16mm 的钢筋采用直螺纹套筒连接，其在车丝前要用无齿锯或带锯切掉端部的不规整部分，一般按每端 25mm 切除，两端共切除 50mm。因此原材长度就变成了 8.95m 和 11.95m 两种，可在数字框内输入 8950 和 11950 在要求钢筋切头的工程的钢筋料单中，不应再出现 9000 和 12000 的下料长度。

(6) 挑梁端部保护层

挑梁端部主筋的保护层为 50mm，包含梁的保护层和封边梁的箍筋、主筋直径。挑梁主筋端部伸入封边梁主筋的内侧。

(7) 主筋支座端部保护层

主筋端部支座宽度大于 300mm 时，其支座通常为柱，保护层厚度为 75mm～100mm，支座宽度小于 300mm 时，其支座通常为墙，这种梁通常为非框架梁，其保护层厚度为 50mm。

(8) 布置

布置第一项—腰筋通长布置：选择该项打勾时，梁的腰筋每跨拉通，长度不够时，按搭接连接。该项不打勾时，梁的腰筋每跨断开，锚固在两端的支座中。

布置第二项—底筋通长布置：选择该项打勾时，梁的底筋按每跨拉通；不打勾时，按一跨一锚配筋。

(9) 拾取

拾取第一项—非正交：在选取非正交时，用于拾取非正交的梁，不选取非正交时，非正交的梁尺寸拾取不准确。

拾取第二项—变色：可以选择梁的标注被拾取后改变的颜色，变色后容易区分哪些梁已经拾取果，哪些没有被拾取。也可以检查梁的原位标注拾取是否有遗漏。

3. 梁计算设置—上部筋设置介绍（图 2-75）

（1）框架梁 KL、连梁 LL、非框架梁 L 上部筋弯钩

此项是设置当这三种梁钢筋端部支座不满足直锚时，梁上部钢筋端部弯折 $15d$，软件不考虑图集中的伸入支座内平直段长度大于等于 $0.4L_{ae}$ 的要求。

（2）屋面框架梁 WKL 上部筋弯钩

此项在图集中有两种情况，一种是采用柱内节点，屋框梁的上筋弯钩长度为软件默认的 $1.7L_{ae}$；一种是采用梁内节点，屋框梁的上筋弯钩长度为弯折到梁底，在数字框内填入 H。

（3）框支梁 KZL 上部筋弯钩

此项为框支梁上部筋弯钩长度设置值，根据 11G101-1 第 90 页，框支梁上部筋弯钩长度为弯折到梁底再伸入框支柱内一个 L_{ae}，因此应填入 $H+L_{ae}$

（4）悬挑梁端部上部筋弯钩

悬挑梁上部筋端部弯钩根据 11G101-1 第 89 页，要求大于等于 $12d$，因此应在数字框内填入 $12d$。

（5）"O" 形筋的高度

"O" 形筋用于悬挑梁端部钢筋造型，现行 11G101-1 图集已无此种钢筋造型。在某些图纸中还有这种钢筋造型。此项设置用来设置 O 形钢筋的高度，其考虑悬挑梁的上下保护层，箍筋直径，下部钢筋直径，设置为梁高-保护层，保护层一般为 80mm 足够。

（6）上部筋多排钢筋端部尺寸缩进量

上部钢筋多排时，在端部缩进 50mm，也可以不缩进，因为 2 排、3 排伸入跨内段无其他钢筋干涉，绑扎时不存在安装不便的问题。从节材角度出发，可以按软件默认的设置值。

（7）上部筋多排负筋伸入自支座边伸入跨内长度

此项为设置梁上部负筋各排伸入跨内的长度，根据图集要求，上部第一排伸入跨内 $1/3$，二排伸入 $1/4$，中间支座要求的左右跨较大跨的净跨 $1/3$ 和 $1/4$ 的要求，软件会在进行系统计算时自动判断。多于两排的负筋伸入长度是由设计明确的，图纸中如明确，按图纸和格式输入即可，图纸无明确说明的，要求在图纸会审中予以明确。

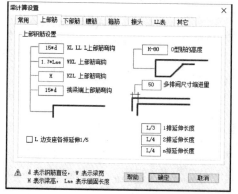
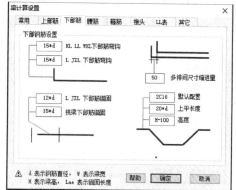

图 2-75

（8）非框架梁 L 在边支座各排延伸 1/5

图集中没有非框架梁 L 的负筋在边支座各排延伸的长度设置值，如图纸有明确要求按 1/5 时，可选择该项打勾，如不打勾时，按右侧的设置值计算。

4. 梁计算设置—下部筋设置介绍（图 2-76）

（1）框架梁 KL、连梁 LL、屋面框架梁 WKL 下部筋弯钩

此项是设置当这三种梁钢筋端部支座不满足直锚时，梁下部钢筋端部弯折 15d，软件不考虑图集中的伸入支座内平直段长度大于等于 $0.4L_{ae}$ 的要求。

（2）非框架梁 L、井字梁 JZL 下部筋弯钩

此项用来设置非框架梁 L 和井字梁 JZL 下部钢筋在不能满足 12d 直锚构造要求时，弯钩的长度设置。软件默认的 15d 在图集规范内是没有明确规定的，此项应予以注意。

（3）非框架梁 L、井字梁 JZL 下部筋锚固

此项设置用来设置非框架梁 L 和井字梁 JZL 下部钢筋在支座内的锚固长度，软件默认为 12d。此项设置应注意，有个别图纸中会明确说明这两种梁的底筋锚固长度为 L_a，应特别予以注意。

（4）多排间尺寸缩进量

下部钢筋多排时，在端部缩进 50mm，可以按软件默认的设置值。

（5）吊筋数量规格、上部平直段、吊筋高度设置

第一项用来设置图纸统一规定的未注明吊筋的规格和数量。当拾取梁标注数据时，如不拾取吊筋标注，则软件默认按此项设置取值。

第二项用来设置吊筋上部平直段长度，在 11G101-1 图集第 87 页有明确规定，上部平直段的长度为 20d。

第三项用来设置吊筋的高度，吊筋的排布按照 12G901-1 图集第 64 页图示，吊筋上部与主梁一排纵筋平齐，底部与主梁下部纵筋下排平齐，但在现场施工中，按此种排布时，吊筋是很难安装的，同时吊筋的支座在使用半自动弯曲机制作时，很难保证各段尺寸，各个角度准确性。因此在进行吊筋高度计算时，要适当减小吊筋的高度，使其在上部一排纵筋之下，底筋下排纵筋之上，把吊筋高度做小一点，方便现场安装和加工误差容错。一般设置为 100～150mm 比较合适。

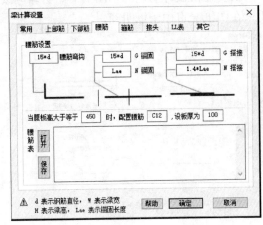
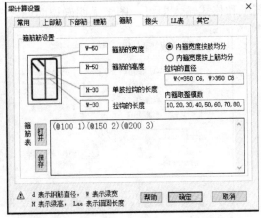

图 2-76

5. 梁计算设置—腰筋设置介绍

（1）腰筋弯钩设置

此项用来设置腰筋在支座内不能直锚时，弯钩长度的设置值，软件默认 15d。

（2）构造腰筋和受扭腰筋锚固长度设置

构造腰筋和受扭腰筋在支座内的锚固长度按 11G101-1 第 87 页规定，分别为 15d 和一个锚固长度 l_{ae} 或 l_a。

（3）构造腰筋和受扭腰筋搭接长度设置

构造腰筋的搭接长度为 15d，受扭腰筋搭接长度为 l_{le} 或 l_l。软件判断腰筋为构造腰筋还是受扭腰筋是通过对拾取到的腰筋类型为 G 还是 N 来进行判断的。

（4）标注无腰筋时，默认腰筋设置值

此项用来设置软件没有拾取到腰筋时，软件配置腰筋的默认值。当梁的腹板高度大于等于 450mm 时，软件自动按 C12 的钢筋配置腰筋，软件如何计算梁的腹板高度呢？是通过拾取到的梁的高度和此项的第 3 项设置—默认板厚来进行计算的。当软件没有拾取到腰筋标注，又通过梁高和板厚计算腹板高度后，与第一项设置值—腹板高度进行比较，如小于第一项设置值，则软件不计算梁的腰筋。

（5）腰筋表设置

有些图纸的腰筋是通过腰筋表来进行腰筋配置的，这种情况就需要在腰筋表中按图纸进行腰筋设置。一般是按照梁宽或梁腹板高度来进行设置，具体格式见软件中的帮助说明。

6. 梁计算设置—箍筋设置介绍（图 2-77）

（1）箍筋的宽度

此项设置用来计算外箍的宽度，构件宽度尺寸减去左右保护层厚度，W-50 表示梁的宽度-左侧保护层 25mm-右侧保护层 25mm。保护层厚度是按 50 年设计使用寿命来计算的，每年混凝土保护层损耗 0.05mm。

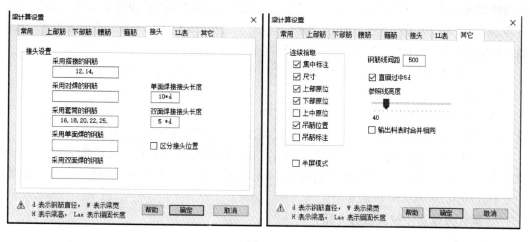

图 2-77

（2）箍筋的高度

此项设置用来计算外箍和内箍的高度，构件高度尺寸减去上下保护层厚度，H-50 表示梁的高度-上侧保护层 25mm-下侧保护层 25mm。

（3）单肢拉钩的长度

此项设置用来设置竖向单肢拉钩的外皮长度计算，拉钩挂在箍筋外侧时，H-30 表示上下各扣除 15mm 保护层，拉钩挂主筋时，H-50 表示上下各扣除 25mm 保护层。

（4）拉钩的长度

此项设置用来设置横向腰筋拉钩的外皮尺寸，腰筋拉钩同时勾住外侧箍筋和腰筋时，W-30 表示拉钩左右保护层厚度各减 15mm。

（5）内箍的宽度

内箍的宽度计算有两种计算方法，一种是内箍宽度按肢均分，一种是内箍宽度按上筋均分。

例如最常见的 4 肢箍的内箍计算公式：

第一种内箍宽度按肢均分：内箍宽度＝（W－50－）/（箍筋肢数－1）＋保护层 然后按内箍模数设置取整。

这种方式与主筋大小和根数没有关系，不能直接用于施工，它的好处是所有内箍宽度一样，便于在料表上修改。

第二种内箍宽度按上肢均分：内箍宽度＝（W－50－2×外箍直径－2×0.5 角筋直径）/（上筋根数－1）×（内箍套上筋根数－1）＋2×0.5 内箍角筋直径＋2 内箍直径拉钩的直径 然后按内箍模数设置取整。

（6）拉钩的直径

根据 11G101-1 第 87 页规定，梁的标注中不需规定拉钩的直径，拉钩直径按梁宽来配筋，梁宽 W 小于等于 350mm 时，拉钩直径为 6mm；梁宽 W 大于 350mm 时，拉钩直径为 8mm。注意此处只规定了拉钩的直径，并未规定拉钩所用的钢筋等级，因此现场使用 HPB300 或 HRB400 级钢筋都不算错误。

（7）内箍取整模数

内箍取整模数是对内箍宽度计算出的结果的十位数和个位数进行取整的设置。例如根据内箍宽度计算后的结果为 124mm，按软件图示的内箍取整模数设置，对十位数进行取整为 20mm，对个位数 4 按四舍五入规则，小于 5，向下取整为 0，则内箍宽度为 120mm。如内箍宽度计算后的结果为 125 或 126，则取整为 130mm。

注意：模数取整设置时，各数字间的逗号为英文输入法下输入的逗号。

（8）箍筋表

如果图纸上的箍筋不是标注在集中标注中，是以箍筋表的形式给出的，那么此时需要设置箍筋表，箍筋表的格式与腰筋表的格式相同，可参照软件中的帮助说明。

软件中默认的数值是进行主次梁相交时，在次梁两侧的主梁上附加的梁口加箍。当主梁与次梁相交的位置，主梁的箍筋间距为 100mm 时，附加 1 个箍筋，间距为 150mm 时，加 2 个，间距 200mm 时，加 3 个。

7. 梁计算设置—接头设置介绍

（1）接头设置

此项接头设置用于设置不同规格的钢筋接头形式，工程中 16mm 及以上直径钢筋普遍采用直螺纹套筒连接，14mm 及以下直径钢筋普遍采用搭接连接方式，按图纸说明将相应直径数字填入数据框中即可，不同直径数字间用英文输入法下的逗号隔开即可，数字间不要留有空格。

（2）焊接接头长度设置

单面焊接头长度按图集规定为焊接钢筋直径的 $10d$，双面焊接接头长度为 $5d$。

（3）区分接头位置

勾选该选项时，梁上部钢筋接头位置位于跨中三分之一范围内，梁下部钢筋接头在支座三分之一范围内，先考虑接头位置，再考虑下料优化。不勾选时，不考虑接头位置，下料优化为首选考虑因素。

8. 梁计算设置—LL 表设置介绍

（1）拾取

在图纸中连梁 LL 的配筋通常是以连梁表的格式给出的，可点击拾取，转入 CAD 软件图纸页面，根据提示框选或栏选连梁表，将连梁钢筋配置信息拾取到此处的连梁表中。在拾取前先在 CAD 图纸中将连梁表处理成软件要求的格式，如钢筋字体替换成软件能识别的钢筋符号，连梁截面尺寸是 $b \times h$ 形式。拾取后对照帮助中的连梁表格式，检查拾取是否正确。在拾取到连梁表后，在拾取图纸中的连梁时，只需拾取连梁编号和连梁尺寸，软件会自动提取连梁的配筋信息到计算页面。

注意：使用此种方法计算连梁配筋时，连梁的腰筋是单独配置的，不会将腰筋与相邻的剪力墙水平筋拉通。

（2）保存配置文件

连梁表拾取后，若后续还会使用时，可将连梁表用"保存配置文件"功能，将其保存为 . txt 文件，选择合适的位置，将其保存起来，以备后面继续使用。

（3）导入配置文件

如在连梁翻样时，需要使用以前保存的连梁表，可使用"导入配置文件"功能，将保存在合适位置的连梁文件导入进来，省去了再次拾取的步骤。

9. 梁计算设置—其他设置介绍

（1）连续拾取设置

此项设置用于在拾取梁 CAD 图中的梁配筋标注及尺寸时，能够连续拾取的项目。画上对钩的，在拾取时，软件会提示连续拾取的项目，不打对钩的，不提示选取。如个别梁信息中有没有打勾的项目信息时，可使用计算页面上方工具栏中的单个功能按钮进行拾取。单个拾取功能是可以多次重复使用的。

（2）半屏模式

半屏模式打对钩时，按连续拾取设置的项目拾取完后，软件会将界面缩小为上下半屏模式，方便进行拾取正确性检查。

（3）钢筋线间距

此项用于设置系统计算后，梁钢筋排布图中，上下相邻两种钢筋之间，钢筋线的距离，可根据梁的钢筋线多少进行调整。

（4）参照线亮度

此项用于支座边线、三分线、四分线等参照线的显示亮度。

（5）输出料表时合并相同

此项打勾时，在单条梁生成料表时，软件会自动的将各跨中相同尺寸、规格、形状的钢筋进行合并，节省料表页面，并方便合并加工。不同性质的相同钢筋不会合并。

二、梁构件的软件计算

以手工计算的框梁 KL208 为例学习梁的软件翻样

1. 拾取数据

点击集中标准拾取按钮，连续拾取梁的集中标注、点取尺寸、支座原位标注、下部原位标注、吊筋位置。

上中原位没有时，直接点击鼠标右键跳过。吊筋位置要点击次梁与主梁的两个交点，得到次梁梁口宽度。

被拾取后的标注颜色变为梁计算设置—常用设置中变色中选择的颜色，表示此标注已经被拾取过。

拾取后的页面如图 2-78 所示。梁计算页面拾取到的数据如图 2-79 所示：

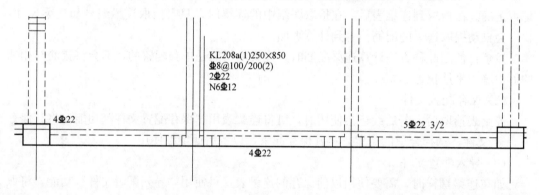

图 2-78

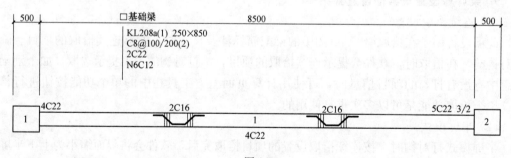

图 2-79

注意：如果图纸中的钢筋符号用特性查看时，内容中的钢筋符号不是％％132 时，梁的数据拾取是拾取不到配筋信息的，需要使用软件中的 CAD 工具中的替换钢筋符号来对图纸中的钢筋符号进行替换，也可以使用 CAD 软件自身所带的"查找替换"功能来进行钢筋符号替换。

2. 系统计算

拾取完梁数据后，对照 CAD 图纸，检查梁计算页面中拾取到的数据是否一致。检查无误后，点击"系统计算"按钮，软件自动计算出梁的钢筋排布及尺寸信息、接头信息。如图 2-80 所示：

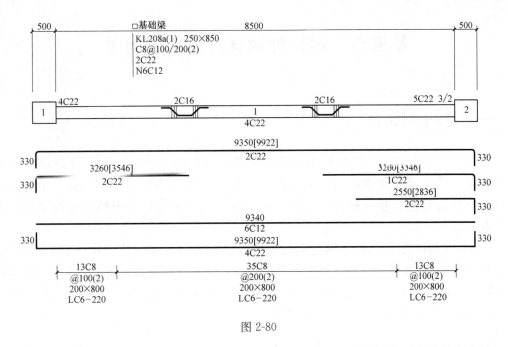

图 2-80

使用软件工具栏提供的钢筋编辑和接头设置功能，调整钢筋排布图中的钢筋长度、形状及接头数量和位置，以符合现场加工及安装要求（图 2-81）。

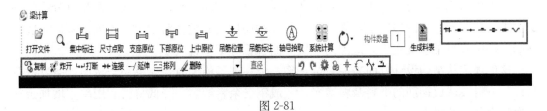

图 2-81

钢筋排布的顺序为架立筋、上部通长筋、上部支座负筋一排、上部支座负筋二排、腰筋、底筋二排、底筋一排、箍筋分布范围及数量、箍筋规格及尺寸、拉筋规格及间距。拉筋数量、吊筋、梁口附加箍筋不体现。然后点击生成料表，得到该梁的钢筋配料单（图 2-82）。

	构件名称	序号	编号	级直别径	钢筋简图	下料(mm)	根件数*数	总根数	重量(kg)	备注
1	KL208a (1～2)	1	30101	C22	330⌐ 9350 ⌐330	9920	2	2	59.12	上1排(支座1—支座2)
2		2	20100	C22	330⌐ 3260	3550	2	2	21.16	上1排(支座1右)
3		3	20001	C22	3260 ⌐330	3550	1	1	10.58	上1排(支座2左)
4		4	20001	C22	2550 ⌐330	2840	2	2	16.93	上2排(支座2左)
5		5	10000	C12	9340	9340	6	6	49.76	腰筋(跨1)
6		6	30202	C22	330⌐ 9350 ⌐330	9920	4	4	118.25	底1排(跨1)
7		7	75001	C16	750│60° 350 870 320	2690	4	4	17.00	
8		8	74201	C8	200 800	2140	61	61	51.56	1跨@100/200(2)[13+35+13]
9		9	74220	C6	220	340	64	64	4.83	

图 2-82

第五节　梁构件翻样应注意的问题

一、梁翻样顺序

某层梁的翻样顺序一般按照先主梁后次梁，根据施工顺序，先选择翻第一个方向的主梁、再翻另一个方向的主梁；然后翻第一个方向的次梁，再翻另一个方向的次梁。有核心筒的，根据核心筒的施工顺序在最前还是最后，把核心筒的梁料单做在一起。

划分流水段的施工的梁，要提前确定流水段划分位置，与施工劳务队确定好施工流水段的施工顺序，按照施工顺序进行梁主筋的甩茬，且无特殊情况不要变得流水段施工顺序，如发生流水段或流水段施工顺序变更，需在软件中重新绘制分段线，并重新生成料单。注意两个流水段的梁要生成在两份料单中。

二、梁的纵向钢筋接头位置和接头面积百分率

在工程结构设计总说明中，一般都会有梁的纵向钢筋接头位置和接头面积百分率的规定要求，按照规范和图集要求，规定为：上部钢筋接头应设在跨中 1/3 跨度范围内，底部钢筋连接位置宜位于支座 1/3 范围内，接头面积百分率不宜大于 50％。

这项规定从结构设计方面来说完全正确，但在现场施工时，如果完全按照此条款进行翻样、下料会造成钢筋的下料余料增多，造成钢筋余料增多，降低材料利用率，增加余料二次整理利用的成本。

在新版的直螺纹套筒连接技术规程的条文说明中，明确规定对采用一级接头的直螺纹连接接头时，可不考虑连接接头的位置，但要考虑接头面积百分率。因此在图纸中规定钢筋套筒连接接头为一级接头的工程，在进行梁主筋翻样时，可不考虑接头位置，充分利用原材长度，减小钢筋余料的产生，提高材料利用率。

三、梁上开洞的加筋容易漏算

梁上预留套管和开洞时的附加钢筋容易漏算（图 2-83）

四、非框架梁腰筋和底筋构造

非框架梁配置构造腰筋时，底筋进入支座的锚固长度为 $12d$；配置受扭腰筋时，底筋进入支座的锚固长度为 l_a，当支座不满足直锚时，可进行弯折，伸入支座的总长度不小于 l_a。

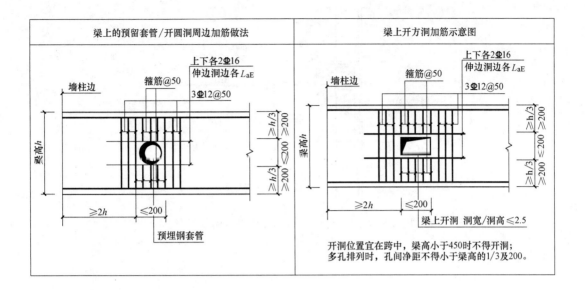

图 2-83

五、框支梁的箍筋加密区长度

框支梁的箍筋加密区长度为 Max（$0.2l_{n_1}$，$1.5hb$），不同于框架梁的箍筋加密要求。来源 11G101-1 第 90 页。

六、框架梁加腋时，箍筋加密区长度

框架梁水平和竖向加腋时，箍筋加密区 $1.5hb$ 且大于 500mm（抗震等级小于一级）或 $2hb$ 且大于 500mm（抗震等级一级）是自加腋端部开始计算，不是自柱边算起。来源于 11G101-1 第 83 页。

七、梁与柱或墙平齐时，附加钢筋遗漏

梁与柱或墙平齐时，附加钢筋容易漏翻（图 2-84）。

八、梁标高不同的处理

梁某跨或多跨标高不同时，钢筋不能拉通时，忽略了梁标高变化，将钢筋按拉通翻样，会出现现场绑扎错误。特别是新版 E 筋中，梁截面尺寸不变，仅标高变化时，需要手工填入标高变化值，如不注意读图纸，会忘记输入，造成加工单错误。

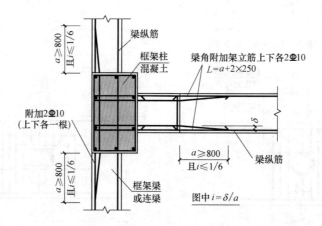

图 2-84　梁边与柱（墙）边平齐时附加钢筋

第三章　板类构件的翻样

本章节学习思路：

板构件翻样的学习步骤为：

1. 学习板构件的平法施工图制图规则，目的是掌握板平法施工图识图能力。
2. 学习板构件的构造详图，目的是掌握板构件的钢筋构造要求。
3. 学习板构件钢筋的手工计算方法，目的是具备板构件的手工翻样能力。
4. 学习使用软件的单构件法进行板类构件翻样，提高翻样效率。

第一节　板构件平法识图

本节内容为学习板平法施工图制图规则，内容为 16G101-1 第 39 页～55 页，请参照图集内容学习本章第一节内容。

板根据 16G101-1 图集以支座类型划分为有梁板（有梁楼盖）和无梁板（无梁楼盖）两大类。除这两大类板外还包含与板相关构件类型，具体分类见表 3-1、表 3-2 所示。

板类型及编号　　　　　　　　　　　　　　　　　　表 3-1

分类	构件类型	代号	序号	说明
有梁板	楼面板	LB	××	用于地上或地下楼层中
	屋面板	WB	××	用于楼顶层屋顶
	悬挑板	XB	××	既可用于楼层也可用于顶层
无梁板	柱上板带	ZSB	××	(××)表示跨数,(××A/B表示一端/两端悬挑)
	跨中板带	KZB	××	(××)表示跨数,(××A/B表示一端/两端悬挑)
	暗梁	AL	××	(××)表示跨数,(××A/B表示一端/两端悬挑)

楼板相关构造及代号　　　　　　　　　　　　　　　表 3-2

分类	构件类型	代号	序号	说明
楼板相关构造	纵筋加强带	JQD	××	以单向加强纵筋替代原位置板配筋,对板起单向加强作用
	后浇带	HJD	××	用于解决建筑物的不均匀沉降、伸缩或温度变化
	柱帽	ZM	××	用于无梁板顶部,加大柱顶与板的接触面积
	局部升降板	SJB	××	板厚与配筋与所在的板相同,构造升降高度不大于300mm
	板加腋	JY	××	用于板的边部,多为竖向加腋,对板与支座起加固作用
	板洞	BD	××	分为圆形与矩形,最大边长或直径小于1m,需设置洞口筋
	板翻边	FB	××	在板的端部向上或向下翻边,翻边高度不大于300mm
	角部加强筋	Crs	××	以上部双向非贯通加强筋取代原位置的非贯通配筋

续表

分类	构件类型	代号	序号	说明
楼板相关构造	悬挑板阳角放射筋	Ces	××	悬挑板阳角上部放射筋,对悬挑板起角部加强作用,耙子筋
	抗冲切箍筋	Rh	××	用于柱顶部无柱帽的无梁板
	抗冲切弯起筋	Rb	××	用于柱顶部无柱帽的无梁板

一、有梁板需计算的钢筋种类（表3-3）

有梁板需计算的钢筋种类 　　　　　　　　表3-3

钢筋名称	计算内容
底筋	形状、尺寸、根数
面筋	形状、尺寸、根数
负筋	形状、尺寸、根数
分布筋	形状、尺寸、根数
温度筋	形状、尺寸、根数
马凳筋	形状、尺寸、根数

二、有梁板底筋的注写方法

有梁板底筋注写在实际图纸中的表示方法一般不按图集中要求的注写方法进行标注，一般有以下几种注写方式：

1. 图形表示法

如图3-1所示：

底筋在图纸中经常被画成端部带45°折角的线段，X向折角向上，Y向的折角向右。

2. 编号表示法（图3-2）

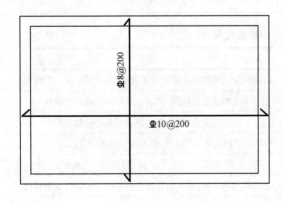

图3-1

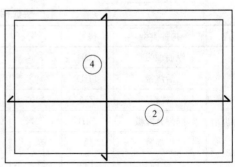

图3-2

3. 集中标注加编号表示法（图 3-3）

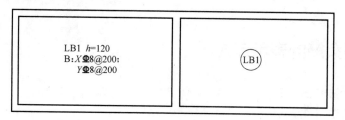

图 3-3

在图纸上相同的板中选择一块做集中标注，其他的只标注编号，代表与其配筋、板厚相同。

三、双层双向有梁板的注写方法

双层双向板常有三种表示：图形法、集中标注法、图示法。

1. 图形法（图 3-4）

2. 集中标注加编号法（图 3-5）

其中 B&T 表示底部和顶部，也就是底筋和面筋。

3. 图示法（图 3-6）

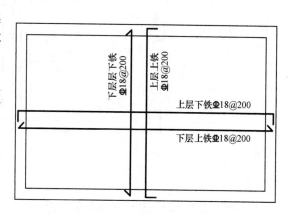

图 3-4

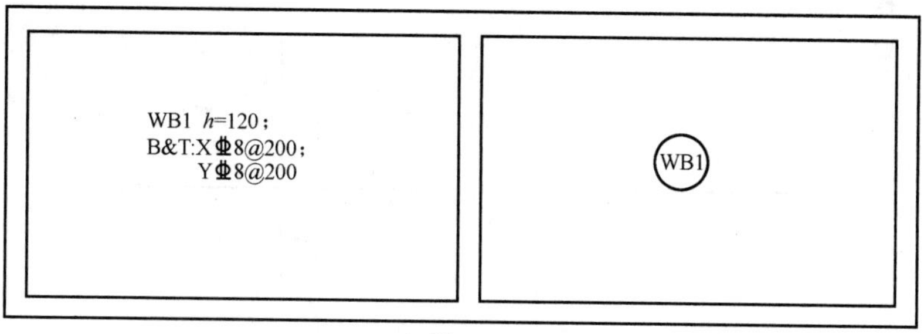

图 3-5

1.图中 ▨▨ 配筋为B&T：$X\Phi8@200；Y\Phi10@150$

2.图中 ▨▨ 配筋为B&T：$X\Phi10@200；Y\Phi10@150$，板顶标高$H-0.05$

图 3-6

在平面布置图中用填充方式进行示意表示板的范围，在图纸的注释说明中，标注板的配筋或标高。

四、支座负筋的表示方式

1. 图形表示法（图3-7）

2. 编号表示法（图3-8）

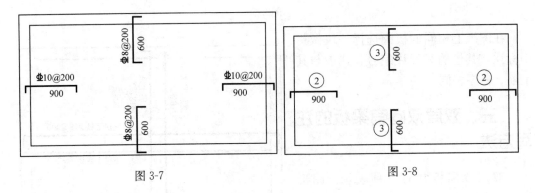

图 3-7   图 3-8

五、支座负筋伸出长度表示方法

支座负筋伸出长度有两种表示方法，一种是标注自支座中心线到负筋伸出端部的长度，另一种是自支座靠负筋伸出方向的外边线到负筋伸出端部的长度，图示如下：

方法一（图3-9）：

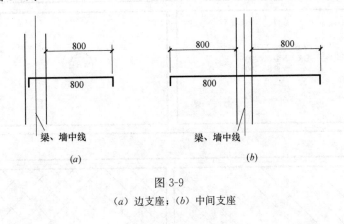

图 3-9

（*a*）边支座；（*b*）中间支座

方法二（图3-10）：

六、分布筋、温度筋、马凳筋注写

有梁板中的分布筋通常在设计总说明或楼层的平面布置图中，用一句话或一个表格来说明，在图纸中并不用图形显示出来。如图3-11所示：

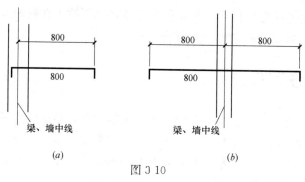

图 3-10

（a）边支座；（b）中间支座

楼板厚度(mm)	≤110	120～150	160～200
分布钢筋	Φ6@250	Φ6@200	Φ8@200

图 3-11

温度筋通常用在设计总说明或楼层平面布置图的说明里，用一句话来说明：

各层楼板当板厚 $h≥150$mm 时，若板面跨中区域未配置钢筋，均需双向配置温度分布钢筋Φ6@200，该分布钢筋与板上铁受力钢筋搭接长度为150mm。

马凳筋属于措施筋，不在图纸及说明中进行注明，通常需要施工单位技术部门编制措施筋施工方案，报建设单位批准后，按照施工方案确定马凳筋的规格、型式和排布规则。

七、无梁板的注写方法

在实际的施工图纸中，无梁板的注写方法很少按照 11G101-1 图集中规定的无梁板表示方法进行注写，多数情况是在基础平面布置图或地下室顶板平面布置图中，用细实线或虚线画出柱上板带和跨中板带的布置范围，然后用图形法画出钢筋在两个区域内的配筋线，并标注跨中板带和柱上板带上下铁的配筋信息。如图 3-12 所示：

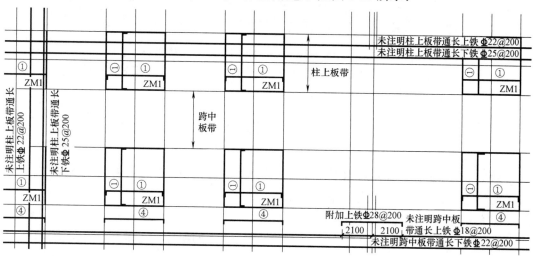

图 3-12

无梁板的附加筋直接在平面布置图上画出钢筋线，钢筋线的两个端部之间的长度为钢筋的长度，钢筋端部弯折朝向代表钢筋是附加上铁还是下铁，在钢筋线上直接标注钢筋的配筋信息，用线直接画出该附加钢筋的布筋范围。

八、暗梁的注写方法

板带中的暗梁通常设置在柱上板带中，有暗梁的位置，暗梁的上铁和下铁替代了柱上板带中原有的上铁和下铁。暗梁相当于柱上板带的加强带。暗梁的注写方法与框架梁的注写方法相同。当有多条暗梁配筋相同时，只在其中的任意一条上进行标注，其他暗梁只标注编号，不再一一标注配筋信息。

九、板相关构造注写方法

1. 纵筋加强带注写方法（图3-13）

纵筋加强带的平面形状及定位由平面布置图表达，加强带内配置的加强贯通纵筋等由引注内容表达。加强带设置单向加强贯通纵筋，取代其所在位置板中原配置的同向贯通纵筋。根据受力需要，加强带贯通纵筋可在板下部配置，也可在板下部和上部均设置。纵筋加强带也可以设置为暗梁型式的箍筋。

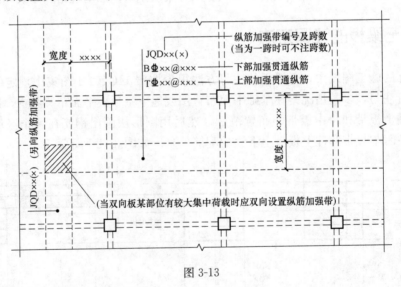

图 3-13

2. 后浇带注写方法（图3-14）

后浇带的平面形状及定位由平面布置图表达，后浇带的留筋方式由引注内容表达。贯通留筋代号为GT；100%搭接留筋代号100%。

3. 柱帽注写方法（图3-15）

在实际图纸中，柱帽的表示方法通常用图形法＋配筋编号＋剖面大样图来表示：

4. 局部升降板注写方法（图3-16）

局部升降板的平面形状及定位由平面布置图表达，其他内容由引注内容表达。局部升降板的板厚、壁厚和配筋，在标准构造详图中取与所在板块的板厚和配筋相同，设计不

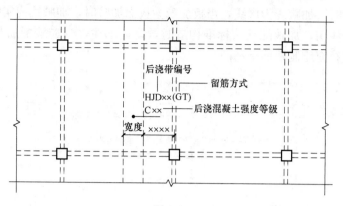

图 3-14

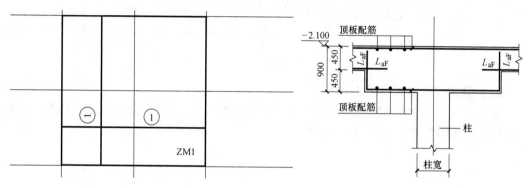

图 3-15

注，当采用不同板厚、壁厚和配筋时，设计应补充绘制截面配筋图。局部升降板相对所在板块升高或降低的高度不超过 300mm，当升降高度大于 300mm 时，设计人员应补充绘制截面配筋图。局部升降板的下部和上部配筋应均为双向贯通纵筋。

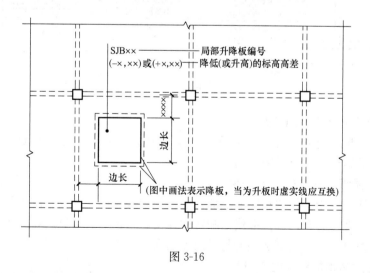

图 3-16

5. 板加腋的注写方式（图 3-17）

板加腋的位置与范围由平面布置图表达，腋宽与腋高及配筋等由引注内容表达。当板加腋为板底加腋时，加腋线为虚线，当板加腋为板面加腋时，加腋线为实线。当腋宽等于腋高时，图纸不注明，加腋配筋按标准构造时，设计不注，当加腋配筋与标准构造不同时，设计人员应补充绘制截面配筋图。

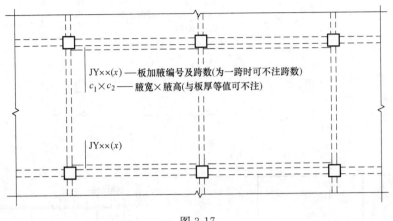

图 3-17

6. 板洞的注写方式（图 3-18）

板上开洞口一般在图纸总说明的"混凝土现浇板"部分给予说明，在图纸中仅画出板洞的尺寸，并用折线表示板洞的位置和尺寸。

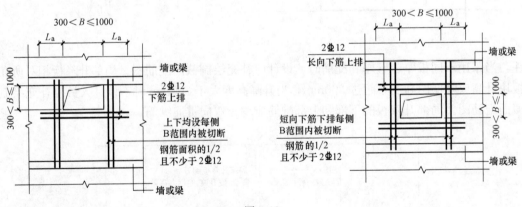

图 3-18

7. 板翻边注写方式（图 3-19）

板翻边分为板上翻边和下翻边两种情况，翻边的高度不超过 300mm，超过 300mm时，由设计人员给出截面大样图说明。

8. 角部加强筋注写方式（图 3-20）

角部加强筋通常用于板块角区的上部，根据规范规定的受力要求配置。

角部加强筋在其分布范围内取代原配置的板支座上部非贯通纵筋，且当其分布范围内配有板上部贯通纵筋时，角部加强筋与贯通纵筋间隔布置。

9. 悬挑板阳角附加筋（图 3-21）

悬挑板阳角附加筋的标注分为两种情况，一种是设置在板悬挑端阳角的附加筋，一种是设置在纯悬挑板阳角部位附加筋。

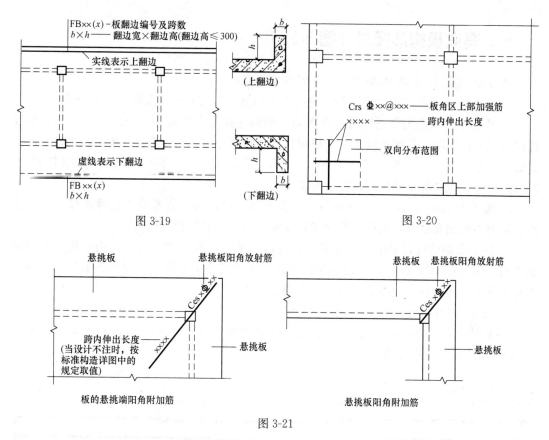

图 3-19

图 3-20

图 3-21

10. 抗冲切箍筋和抗冲切弯起筋的注写方法（图 3-22）

抗冲切箍筋和抗冲切弯起筋通常设置在无柱帽的无梁板的柱顶位置。

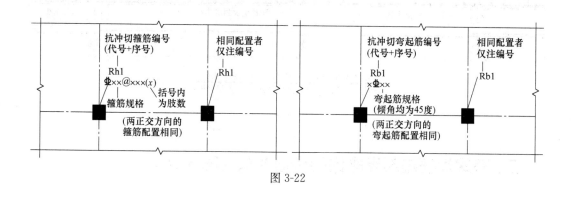

图 3-22

第二节　板构件钢筋构造要求

本节内容为学习板构件构造要求，内容为 16G101-1 第 99 页～115 页，请参照图集内容学习本节课程。

一、有梁板构造要求（图 3-23）

请参照 16G101-1 第 99 页图示，学习本知识点：

1. 板的上部钢筋可以是贯通筋，也可以是负筋＋分布筋＋（温度筋）的形式。

2. 板的上部钢筋为贯通筋时，其钢筋接头的连接范围在跨中二分之一范围内，钢筋连接方式为搭接时，搭接长度为一个搭接长度，错开长度为 1.3 搭接长度。板的接头面筋百分率不超过 50％，一般图纸要求不超过 25％。50％接头时，翻样用两种钢筋长度起头，25％接头时，翻样起步筋用 4 种钢筋长度起头。

3. 板的上部钢筋为负筋＋分布筋＋（温度筋）形式时，负筋伸出长度由设计人员给出，向跨内伸出长度有自支座边算起和自支座中心线算起两种方式。

4. 板下部钢筋可以采用通长筋形式，也可以采用一跨一锚的形式。当采用一跨一锚形式时，钢筋在中间支座为伸入支座内 $5d$ 且至少到支座中心线，若下部钢筋采用支座外连接的方式，接头位置为距支座边 1/4 净跨范围内。

5. 括号内的 l_{aE} 用于梁板式转换层的板。

6. 板筋起步距离：距梁边为二分之一板筋间距。（注意，板钢筋的起步距离不是 50mm，施工时要特别注意）

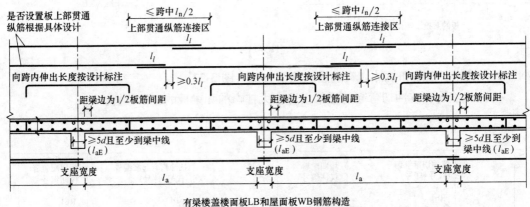

有梁楼盖楼面板LB和屋面板WB钢筋构造
（括号内的锚固长度 l_{aE} 用于梁板式转换层的板）

图 3-23

二、有梁板在端部支座锚固构造要求（图 3-24）

板的端部支座可以是梁、剪力墙，16G101-1 图集去掉了板的支座为圈梁、砌体墙的构造。

参照 16G101-1 第 99 页学习本小节知识点。

学习知识点：

1. 当板的端部支座为梁时，板分为普通楼层板、普通屋面板、用于梁板式转换层的楼面板三种。

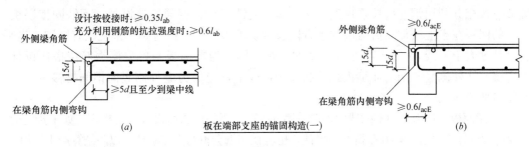

板在端部支座的锚固构造(一)

图 3-24

（a）普通楼层面板；（b）用于梁板式转换层的楼面板

2. 普通楼屋面板端部构造要求：

板的上部钢筋伸至梁端部钢筋内侧，弯折 $15d$，板上部钢筋伸入支座内的平直段长度：设计按铰接时 $\geq 0.35l_{ab}$；充分利用钢筋抗拉强度时 $\geq 0.6l_{ab}$。伸入平直段的要求是对设计人员提出的要求，翻样人员可以不考虑，只考虑伸至梁端部钢筋内侧即可，如出现平直段长度不满足要求时，属于设计问题。

梁的下部钢筋在端支座为梁时，下部钢筋伸入梁内长度大于 $5d$ 且至少到梁中心线。

3. 梁板式转换层的楼面板端部构造要求：

板的上部钢筋伸至梁端部钢筋内侧，弯折 $15d$，板上部钢筋伸入支座内的平直段长度 $\geq 0.6l_{abE}$。

板的下部钢筋伸至上部钢筋弯折内侧，弯折 $15d$，板下部钢筋伸入支座内的平直段长度 $\geq 0.6l_{abE}$。

此处的 l_{abE} 按抗震等级四级取值。

参照 16G101-1 第 100 页学习本小节知识点（图 3-25）。

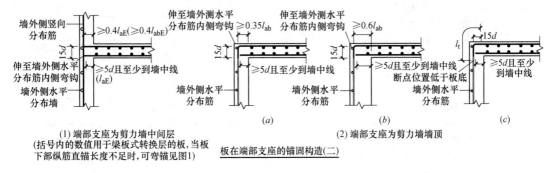

板在端部支座的锚固构造(二)

(1) 端部支座为剪力墙中间层
(括号内的数值用于梁板式转换层的板，当板下部纵筋直锚长度不足时，可弯锚见图1)

(2) 端部支座为剪力墙墙顶

图 3-25

（a）板端按铰接设计时；（b）板端上部纵筋按充分利用钢筋的抗拉强度时；（c）搭接连接

学习知识点：

1. 本知识点学习板在剪力墙端支座的锚固构造，分为楼层板和屋面板两种情况。

2. 楼层板在剪力墙端部的锚固见图（1），上铁伸至剪力墙外侧水平筋内侧，弯折 $15d$；下铁伸入剪力墙内 $5d$，且至少到墙中心线。括号内的 l_{aE} 用于梁板式转换层的板，当下铁伸入剪力墙不足 l_{aE} 时，可弯锚，伸入平直段长度 $\geq 0.4l_{aE}$，弯折长度 $15d$。

3. 屋面板在剪力墙顶部的锚固构造见图（2）中的 a、b、c 三图。板与剪力墙节点按铰接时，见图 a，上铁伸至剪力墙外侧水平筋内侧，弯折 $15d$，下铁同楼层板；板与剪力墙节点按充分利用钢筋抗拉强度时，见图 b，上铁弯折长度同铰接设计，下铁同楼层板。两者的区别在于上铁伸入剪力墙的平直段长度要求不一样，这对翻样来说没有区别。当平直段长度大于 l_a 或 l_{aE} 时，可不做 $15d$ 的弯折。图 c 为屋面板与剪力墙钢筋按搭接设计，剪力墙钢筋外侧竖向钢筋伸至板顶弯折 $15d$，板上铁与剪力墙外侧竖向钢筋搭接一个 l_1，且断点低于板底。

4. 屋面板在剪力墙顶部的锚固构造采用 a、b、c 哪种做法由设计人员指定，如未指定时，需要咨询设计人员确定，并取得书面确认，也可在图纸会审时直接确认，以防结算产生纠纷。

三、单向板与双向板

本小节知识点请参照 16G101-1 第 102 页左侧内容学习。为理解方便，两图拆分为单向板分离式配筋、双向板分离式配筋、单向板部分贯通式配筋、双向板部分贯通式配筋四张图进行学习（图 3-26）。

1. 在实际工程翻样中，如何判断单向板和双向板，单双向板的区分是从板的受力角度考虑的，顾名思义单向板就是单方向受力的板，一个方向配置受力筋，另一个方向配置分布筋。双向板就是两个方向都受力，都配置受力筋。

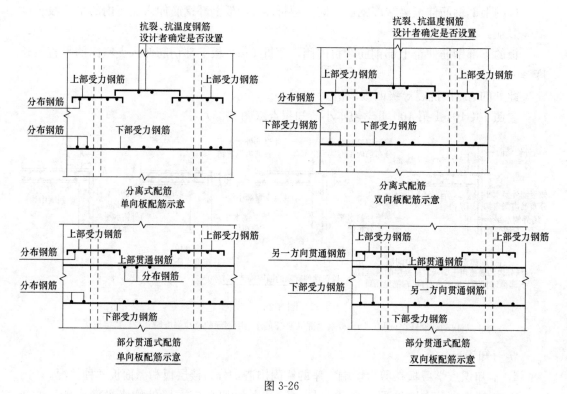

图 3-26

2. 如何区分分离式配筋和部分贯通式配筋：分离式配筋与部分贯通式配筋的区别在板的面筋上，分离式配筋面筋为负筋＋分布筋＋（温度筋）的形式，没有贯通的面筋。部分贯通式配筋面筋为既有贯通面筋又有负筋的形式，在实际工程中也能见到，通常会将其负筋理解为附加筋，其实是部分贯通式配筋。

3. 实际工程中最常遇到的配筋形式是双向板分离式配筋的情况。

4. 分布筋与分布筋、分布筋与受力钢筋、分布筋与构造钢筋的搭接长度为150mm。

四、悬挑板钢筋构造

请参照16G101-1第103页学习本小结内容。

悬挑板分为纯悬挑板和带悬挑端的板两种，仅配置上部钢筋的情况极少见，不做介绍。悬挑板的钢筋构造如下图所示：

1. 纯悬挑板上铁外伸方向为受力筋，垂直于外伸方向为构造分布筋，下铁为构造筋，只起构造作用。因此在浇筑悬挑板时，要用铁钩勾起上铁，防止上铁塌落。上铁受力筋在支座处伸入梁角筋内侧弯折$15d$，且伸入梁内平直段的长度不小于$0.6l_{ab}$。悬挑板下铁伸入支座不小于$12d$且至少到梁中心线。分布筋的起步距离距梁边二分之一板筋间距。

2. 外伸型悬挑板上铁为板内沿外伸方向受力筋伸至悬挑板端部，留足保护层（大约50mm），弯折到板底。下铁伸入支座不小于$12d$且至少到梁中心线，另一端伸至悬挑板端部，留足保护层。分布筋的起步距离距梁边二分之一板筋间距。

3. 外伸型悬挑板到悬挑端变标高时，悬挑板上铁伸入支座一个锚固长度，支座宽度不够一个锚固长度时，可延伸入相邻板内。下铁伸入支座不小于$12d$且至少到梁中心线，另一端伸至悬挑板端部，留足保护层。分布筋的起步距离距梁边二分之一板筋间距（图3-27）。

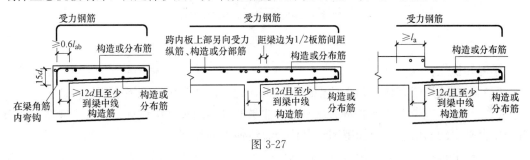

图 3-27

五、折板配筋构造

折板分多为竖向折板，应用在屋顶层，当折板角度大于$160°$时，折板的上下铁连续通过，不断开。当折板角度小于$160°$时，分为阳角折板和阴角折板，按图3-28翻样：

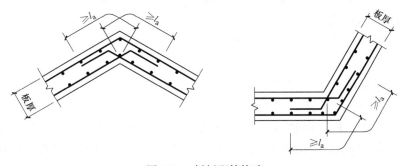

图 3-28　折板配筋构造

六、无梁板构造要求

1. 柱上板带钢筋构造要求（图3-29）

请参照16G101-1第104页学习本小节内容。

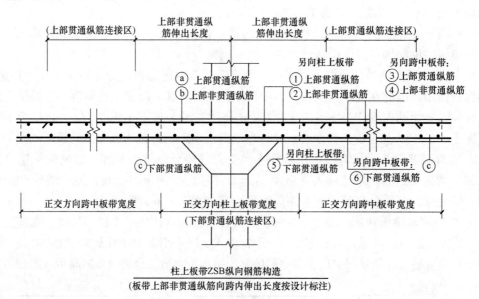

图 3-29

学习知识点：

（1）本图适用于有柱帽和无柱帽的无梁板，此种构造多用于地下室顶板构造。

（2）当柱上板带上体有非贯通纵筋时，非贯通纵筋的长度由设计指定，一般在平面布置图中会画出配筋信息、布筋范围和自柱中心线伸出的长度。

（3）柱上板带上铁的连接区段为同向的跨中板带二分之一范围内，下铁的连接区段位于另一方向柱上板带宽度内。板带内贯通纵筋的搭接长度为 l_{lE}，可见柱上板带按抗震设计考虑。

（4）为提高钢筋成材率，在采用直螺纹连接1级接头时，可不区分钢筋的连接区段。

（5）钢筋接头的接头百分率不超过50%。（可采用两种起步筋长度起头）

（6）板带端支座与端部悬挑的纵向钢筋构造间16G101-1第105页。

2. 跨中板带钢筋构造要求（图3-30）

请参照16G101-1第104页学习本小节内容。

学习知识点：

（1）跨中板带上铁贯通筋连接位置同柱上板带连接范围，在另向跨中板带二分之一范围内，下铁连接位置在正交方向的柱上板带宽度范围内。

（2）当采用直螺纹连接1级接头时，可不考虑接头位置，只考虑接头面积百分率不超过50%。

（3）上部非贯通纵筋伸出长度由设计人员给出，并在板带平面布置图上画出伸出长度和布置范围。

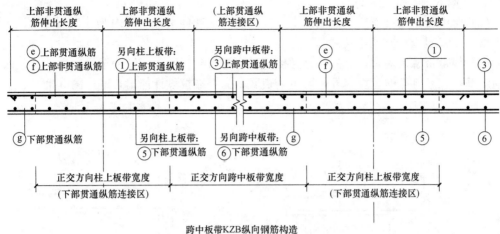

跨中板带KZB纵向钢筋构造
（板带上部非贯通纵筋向跨内伸出长度按设计标注）

图 3-30

七、板带端部钢筋构造

16G101-1 第 105、106 页给出了柱上板带和跨中板带在端支座的锚固构造，分为①柱上板带与柱连接、跨中板带与梁连接；②柱上板带、跨中板带与剪力墙中间层连接；③柱上板带、跨中板带与剪力墙墙顶连接。共三种情况。第②③种情况常用于地下室外墙与板带连接的情况（图 3-31）。

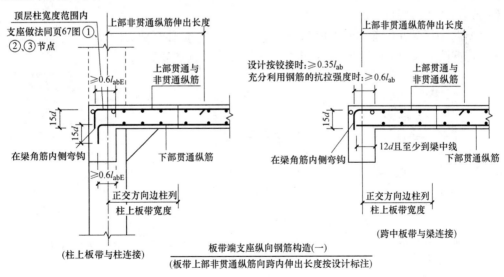

板带端支座纵向钢筋构造(一)
（板带上部非贯通纵筋向跨内伸出长度按设计标注）

图 3-31

1. 柱上板带与柱连接、跨中板带与梁连接，学习知识点：

（1）柱上板带在端部柱支座锚固时，上铁伸至柱外侧纵筋内侧，弯折 $15d$，下铁相比 11G101-1 给出了具体做法，伸至柱外侧纵筋内侧弯折 $15d$。伸入柱内平直段长度 $\geqslant 0.6l_{abE}$。

（2）柱上板带位于顶层时，柱上板带上铁在柱内的构造按框架梁处理，节点做法参照

16G101-1 第 67 页①②③节点。

（3）跨中板带与梁连接，在端部支座锚固时，上铁伸至梁角筋内侧，弯折 $15d$，下铁伸入梁内 $12d$ 且至少到梁中线。

（4）板带带悬挑端时，上铁伸至悬挑端部，弯折到板底，下铁伸至悬挑端部。上铁非贯通纵筋，在悬挑端伸至板端部，弯折到板底，另一端按设计伸出长度（图 3-32）。

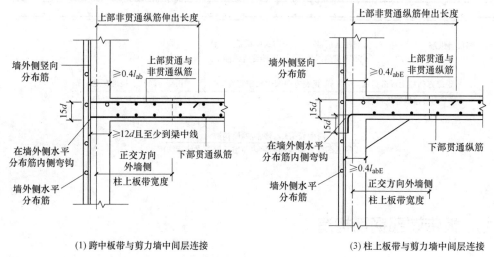

（1）跨中板带与剪力墙中间层连接　　　　　（3）柱上板带与剪力墙中间层连接

图 3-32

2. 柱上板带、跨中板带与剪力墙中间层连接，学习知识点：

（1）柱上板带在端部中间层剪力墙支座锚固时，上铁伸至剪力墙外侧水平筋内侧，弯折 $15d$，下铁相比 11G101-1 给出了具体做法，伸至剪力墙外侧水平筋内侧弯折 $15d$。伸入剪力墙内平直段长度 $\geqslant 0.4l_{abE}$。

（2）跨中板带在端部中间层剪力墙支座锚固时，上铁伸至剪力墙外侧水平筋内侧，弯折 $15d$，下铁伸入剪力墙 $\geqslant 12d$，且至少到剪力墙中线（图 3-33）。

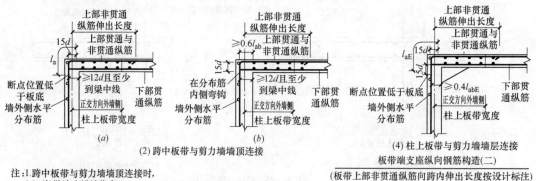

注：1.跨中板带与剪力墙墙顶连接时，
(a)、(b)做法由设计指定。
2.纵向钢筋构造见本图集第104页。

（2）跨中板带与剪力墙墙顶连接

（4）柱上板带与剪力墙墙顶连接
板带端支座纵向钢筋构造（二）
（板带上部非贯通纵筋向跨内伸出长度按设计标注）

图 3-33

（a）搭接连接；（b）板端上部纵筋按充分利用钢筋的抗拉强度时

3. 柱上板带、跨中板带与剪力墙墙顶连接，学习知识点：

（1）跨中板带与剪力墙墙顶连接采用（a）还是（b）做法由设计指定。

（2）采用搭接方式时：跨中板带面筋与剪力墙竖向钢筋搭接一个 l_1。底筋伸入剪力墙

12d，且至少到剪力墙中线。

（3）采用板端部按充分利用钢筋的抗拉强度时：跨中板带面筋伸入剪力墙≥0.6l_{ab}，伸至外侧水平分布筋内侧弯折15d，底筋伸入剪力墙12d，且至少到剪力墙中线。

（4）柱上板带与剪力墙墙顶连接时，柱上板带面筋与剪力墙竖向钢筋搭接一个l_1。底筋伸至剪力墙外侧水平分布筋内侧弯折15d。

八、柱上板带暗梁钢筋构造要求（图 3-34）

请参照 16G101-1 第 105 页学习本小节知识点：

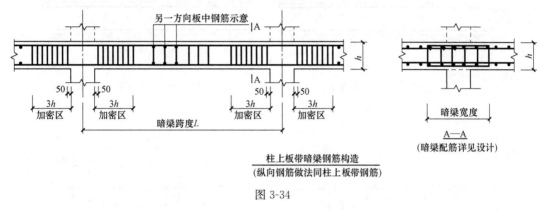

柱上板带暗梁钢筋构造
（纵向钢筋做法同柱上板带钢筋）

图 3-34

1. 柱上板带内暗梁纵筋取代柱上板带内原位置板筋，加箍筋后，以暗梁的形式对柱上板带起加强作用。

2. 板带内暗梁的箍筋自柱边起 50mm 起步。

3. 暗梁有箍筋加密区时，加密区自柱边算起 3 倍板厚。

4. 暗梁的跨度自柱中心线到柱中心线。

5. 暗梁的宽度由设计给出。

九、后浇带钢筋构造要求（图 3-35）

请参照 16G101-1 第 107 页学习本小结知识点：

楼层后浇带分为板后浇带、梁后浇带、墙后浇带三种。

后浇带分为两种形式：一种是贯通留筋形式，一种是 100% 搭接留筋形式。

十、板加腋钢筋构造

请参照 6G101-1 第 108 页学习本知识点。

板加腋分为板上加腋和板下加腋，其钢筋构造如图 3-36 所示：

1. 板加腋筋规格、间距与同向板下部钢筋相同。

2. 板加腋筋伸入腋两侧各一个 l_a。

3. 板加腋筋属于常被遗漏构件，翻样时应列为检查项。

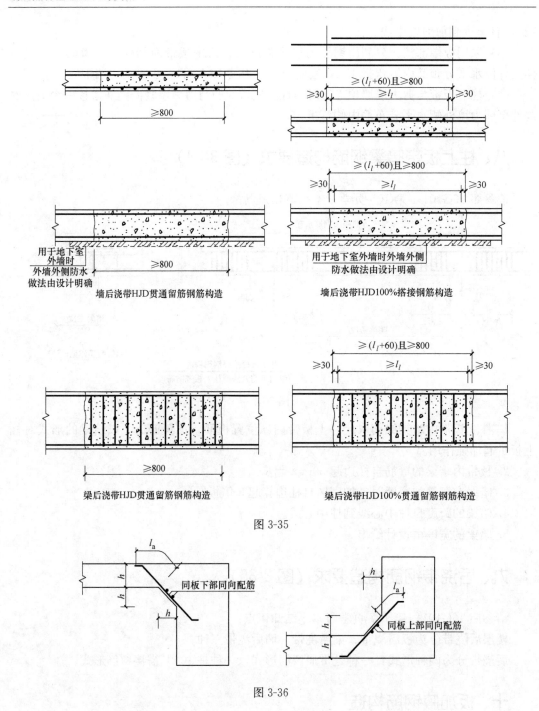

墙后浇带HJD贯通留筋钢筋构造

用于地下室外墙时外墙外侧防水做法由设计明确

墙后浇带HJD100%搭接钢筋构造

用于地下室外墙时外墙外侧防水做法由设计明确

梁后浇带HJD贯通留筋钢筋构造

梁后浇带HJD100%贯通留筋钢筋构造

图 3-35

图 3-36

十一、局部升降板钢筋构造

参照 16G101-1 第 108、109 页学习本小节。局部升降板分为板中升降和侧边为梁的升降两种情况。局部升降板升降的高度≤300mm。超过 300mm 的升降板由设计人员给出具体的构造详图。

1. 板中升降板（图 3-37）

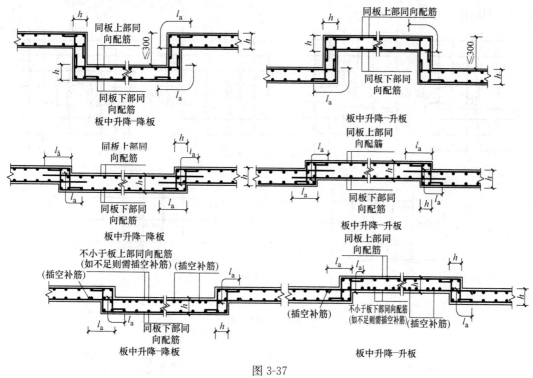

图 3-37

2. 侧面为梁的升降板（图 3-38）

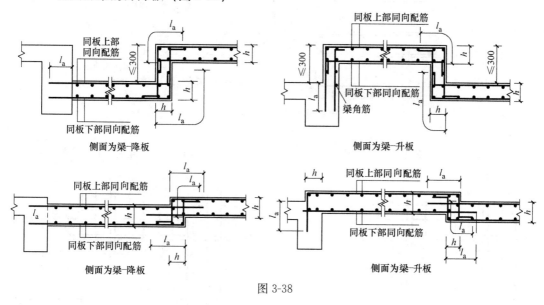

图 3-38

十二、板洞的钢筋构造

请参照 16G101-1 第 110、111 页学习本小节，板洞根据其开洞的位置分为板中开洞、板边开洞、板角开洞三种情况。板洞根据其形状分为矩形洞口和圆形洞口两种情况。

1. 板洞边长或直径不大于 300mm 时，板的受力筋绕过洞口，不另外设置洞口补强钢筋，其钢筋构造如下（图 3-39）：

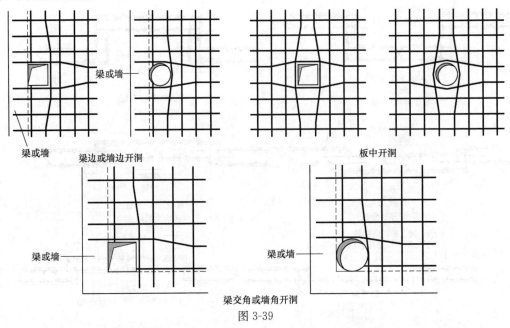

图 3-39

因开板洞而造成局部板钢筋被切断，其在洞口边的钢筋构造如图 3-40 所示：

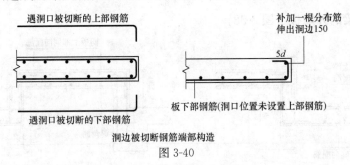

洞边被切断钢筋端部构造

图 3-40

2. 当板洞口边长或直径大于 300mm，小于等于 1000mm 时，补强钢筋的构造如下（图 3-41）：

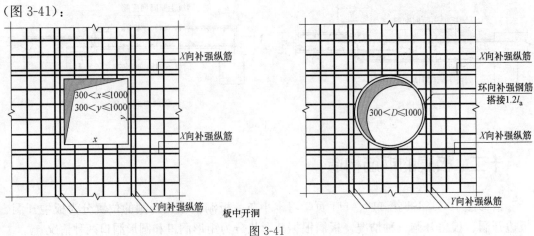

图 3-41

板洞补强钢筋 X 向、Y 向分别按每边配置两根直径不小于 12mm，且不小于同向被切断板筋纵向钢筋总面积 50％。补强钢筋与被切断钢筋布置在同一层面，两根补强钢筋之间的净距为 30mm，圆形洞口上下铁各配置一根直径不小于 10mm 的钢筋补强。

补强钢筋伸入支座的锚固方式同板中钢筋，当不伸入支座时，设计应标注。一般设计会按照短方向补强钢筋入支座锚固，长方向按洞口尺寸每端伸出洞口边缘一个锚固长度（图 3-42）。

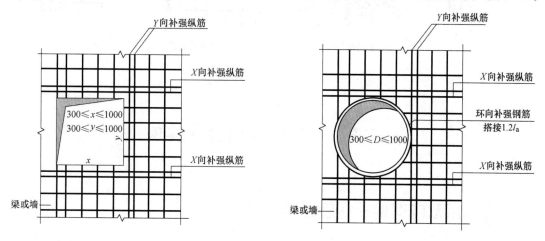

图 3-42　梁边或墙边开洞

十三、板内纵筋加强带 JQD 钢筋构造（图 3-43）

请参照 16G101-1 第 113 页学习本小节。加强带设置单向加强贯通纵筋，取代其所在位置板中原配置的同向贯通纵筋。根据受力需要，加强带贯通纵筋可在板下部配置，也可在板下部和上部均设置。纵筋加强带也可以设置为暗梁型式的箍筋。

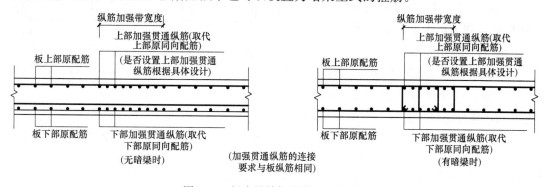

图 3-43　板内纵筋加强带 JQD 构造

十四、板翻边 FB 的钢筋构造（图 3-44）

板翻边分为上翻边和下翻边两种，翻边的净高度不超过 300mm，超过 300mm 的板翻边由设计人员给出相应的构造详图。

板翻边有的上下铁均配置钢筋，有的仅配置上部钢筋（少见）。

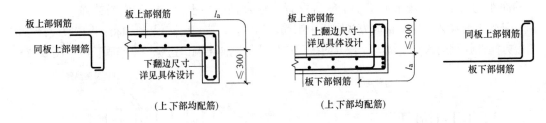

（上、下部均配筋）　　　　　　　　　（上、下部均配筋）

图 3-44　板翻边 FB 构造

第三节　板构件钢筋翻样实例

一、双层双向有梁板钢筋翻样实例

已知条件（图 3-45）：

1. 四边墙厚 200，轴线居中；

2. 板为双层双向板，板厚 120mm；

3. 双层双向配置 C8@200；

计算该板的钢筋下料。

翻样计算过程如下：

1. 计算 X 向底筋的长度及根数

底筋在端支座锚固要求是伸入支座 $5d$ 且至少到支座中心线。$5d=5\times8=$ 40mm，支座中线为二分之一墙厚 100mm，按至少到墙中心线 100mm。另外考虑到现场用调直机下直径 8mm 的钢筋，实际下料长度有 10mm 左右的

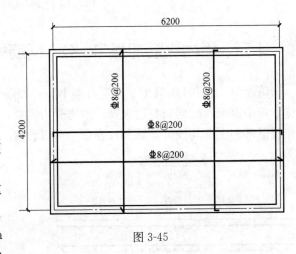

图 3-45

误差，为保证钢筋能到墙中线，每端加长 25mm，两端共计 50mm。因此下料长度为 6200＋5＝6250mm。

X 向底筋的布筋范围为 4200－100－100＝4000mm。

X 向底筋的起步距离为二分之一板筋间距 100mm

由此板筋的根数为 （4000－100－100）÷200＋1＝20 根

20Φ8@200

6250

2. 计算 Y 向底筋的长度及根数

Y 向底筋的下料长度为：4200＋50＝4250mm

Y 向布筋范围为：$6200-100-100=6000$mm

由此板筋的根数为（$6000-100-100$）$\div200+1=30$ 根

30⎈8@200
4250

钢筋料单如下（图 3-46）：

构件名称	序号	级别直径	钢筋简图	下料(mm)	根数*件数	总根数	重量(kg)	备注	接头说明
底筋	1	⎈8	6250	6250	20	20	49.38	@200	
	2	⎈8	4250	4250	30	30	50.36	@200	

图 3-46

3. 计算 X 向面筋的长度及根数

X 向面筋的长度计算：面筋在端支座处的锚固要求是伸至墙外侧水平分布筋内侧，弯折 $15d$。墙外边到外边的尺寸扣除保护层和墙外侧两层钢筋的直径，保护层和两层钢筋直径按 50mm 计算，留一定的余量。

X 向钢筋的长度为：$6200+100+00-50-50=6300$mm

X 向面筋的布筋范围为：$4200-100-100=4000$mm，起步距离为二分之一板筋间距 100mm。

X 向面筋的根数为：（$4000-100-100$）$\div200+1=20$ 根

X 向面筋弯折端长度为 $15d=15\times8=120$mm

120⌐——20根⎈8@200——⌐120
6300

4. 计算 Y 向面筋的长度及根数

Y 向面筋的长度计算：$4200+100+100-50-50=4300$mm

Y 向面筋的根数计算：（$6200-100-100-100-100$）$\div200+1=30$ 根

Y 向面筋端部弯折长度：$15d=120$mm

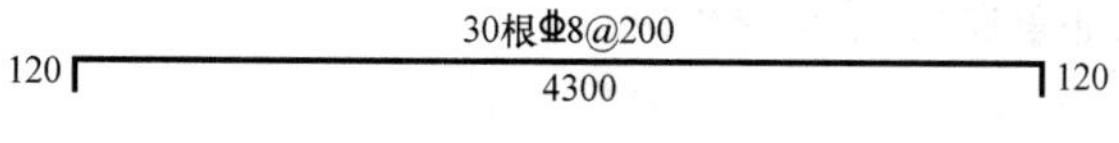

120⌐——30根⎈8@200——⌐120
4300

钢筋下料单如下（图 3-47）：

	构件名称	序号	级别直径	钢筋简图	下料(mm)	根数*件数	总根数	重量(kg)	备注	接头说明
1	面筋	3	⎈8	120⌐6300⌐120	6500	20	20	51.35	@200	
2	面筋	4	⎈8	120⌐4300⌐120	4500	30	30	53.33	@200	

图 3-47

二、上部非贯通筋形式有梁板钢筋翻样实例

已知条件：板负筋标注尺寸自支座边算起。墙厚200mm，轴线居中布置，分布筋C6@200，温度筋C8@200（图3-48）。

求LB1的钢筋下料单：

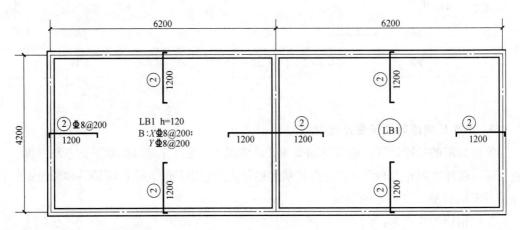

图 3-48

1. LB1 X向、Y向底筋下料长度及数量

X向底筋长度：$6200+50=6250$mm

X向底筋根数：$(4200-100-100-100-100)÷200+1=20$ 根

Y向底筋长度：$4200+50=4250$mm

Y向底筋根数：$(6200-100-100-100-100)÷200+1=30$ 根

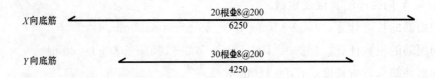

2. LB1 X向左边部单侧负筋长度及数量

负筋平直段长度：$1200+200-50=1350$mm

负筋左侧支座处锚固弯折：$15d=15×8=120$mm

负筋右侧伸入跨内弯折：板厚－上下保护层$=120-15-15=90$mm

负筋布筋范围：$4200-100-100=4000$mm

负筋根数＝（布筋范围－左右两侧起步间距）÷板筋间距＋1＝$(4000-100-100)÷200+1=20$ 根

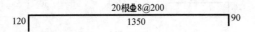

3. LB1 X 向右侧双侧负筋长度计算

负筋平直段长度＝左侧伸出长度＋支座宽度＋右侧伸出长度＝1200＋200＋1200＝2600mm

负筋伸出跨内弯折长度：板厚－上下保护层＝120－15－15＝90mm

负筋布筋范围：4200－100－100＝4000mm

负筋根数＝（布筋范围－左右两侧起步间距）÷板筋间距＋1＝（4000－100－100）÷200＋1＝20 根

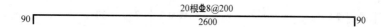

4. LB1 Y 向上下两侧负筋长度及数量

负筋平直段长度：1200＋200－50＝1350mm

负筋支座处锚固弯折：$15d＝15×8＝120$mm

负筋伸入跨内弯折：板厚－上下保护层＝120－15－15＝90mm

负筋布筋范围：6200－100－100＝6000mm

负筋根数＝（布筋范围－左右两侧起步间距）÷板筋间距＋1＝（6000－100－100）÷200＋1＝30 根

5. LB1 X 向分布筋

分布筋长度：6200－100－100－1200－1200＋150＋150＝3900mm

单侧分布筋根数：（1200－100）÷200＋1＝6.5≈7 根

双侧分布筋根数＝单侧分布筋根数×2＝14 根

6. LB1 Y 向分布筋

分布筋长度：4200－100－100－1200－1200＋150＋150＝1900mm

单侧分布筋根数：（1200－100）÷200＋1＝6.5≈7 根

双侧分布筋根数＝单侧分布筋根数×2＝14 根

7. X 向温度筋长度及数量（设温度筋与负筋的搭接长度 $L_l＝300$mm）

X 向温度筋的平直段长度：6200－100－100－1200－1200＋300＋300＝4200mm

X 向温度筋的布筋范围：4200－100－100－1200－1200＝1600mm

X 向温度筋的根数：（1600－200－200）÷200＋1＝7 根

8. Y 向温度筋长度及数量（设温度筋与负筋的搭接长度 $L_l＝300$mm）

Y 向温度筋平直段长度：4200－100－100－1200－1200＋300＋300＝2200mm

Y 向温度筋的布筋范围：6200－100－100－1200－1200＝3600mm

Y 向温度筋的根数：（3600－200－200）÷200＋1＝17 根

9. LB1 的钢筋下料单（图 3-49）

	构件名称	序号	级别直径	钢筋简图	下料(mm)	根件数*数	总根数	重量(kg)	备　注	接头说明
1	底筋X向	7	Φ8	6250	6250	20	20	49.38	@200	
2	底筋Y向	8	Φ8	4250	4250	30	30	50.36	@200	
3	左侧负筋	3	Φ8	70 ⌐ 1350 ⌐ 120	1500	20	20	11.85	@200	
4	双侧负筋	1	Φ8	70 ⌐ 2600 ⌐ 70	2700	20	20	21.33	@200	
5	上侧负筋	2	Φ8	70 ⌐ 1350 ⌐ 120	1500	30	30	17.78	@200	
6	下侧负筋	4	Φ8	120 ⌐ 1350 ⌐ 70	1500	30	30	17.78	@200	
7	分布筋X向	9	Φ8	3900	3900	14	14	21.57	@200	
8	分布筋Y向	10	Φ8	1900	1900	14	14	10.51	@200	
9	温度筋X向	5	Φ8	90 ⌐ 4200 ⌐ 90	4350	7	7	12.03	x 向@ 200	
10	温度筋Y向	6	Φ8	90 ⌐ 2200 ⌐ 90	2350	17	17	15.78	y 向@ 200	

图 3-49

第四节　板构件钢筋的软件计算

一、板构件软件计算方法

板构件在软件中提供了两种计算方法，第一种是软件自带的楼层板和分段通长筋功能；第二种是在 CAD 软件中的 E 计算插件。本课程以软件自带的楼层板功能来讲解板的软件计算方法。

1. 楼层板（表 3-4）

楼层板功能包含方形板、L 型板、板负筋、分布筋、温度筋、双向通长、双层双向、通长筋、梯形板、异性板、手工输入等功能。

楼层板各功能计算板筋类型　　　　　　　　　　　　　　　　　　表 3-4

功能名称	计算板筋类型
方形板	板底筋
L 形板	板底筋
板负筋	板负筋
分布筋	分布筋
温度筋	温度筋

续表

功能名称	计算板筋类型
双向通长	板面筋
双层双向	板底筋、板面筋
通长筋	板底筋、板面筋
梯形板	板底筋、板面筋
异性板	板底筋、板面筋

？ 分段通长筋

分段通长筋用来计算多跨板的底筋和面筋，并能配出板筋的接头和接头位置。

二、板构件系统设置

1. 公共设置（图 3-50）

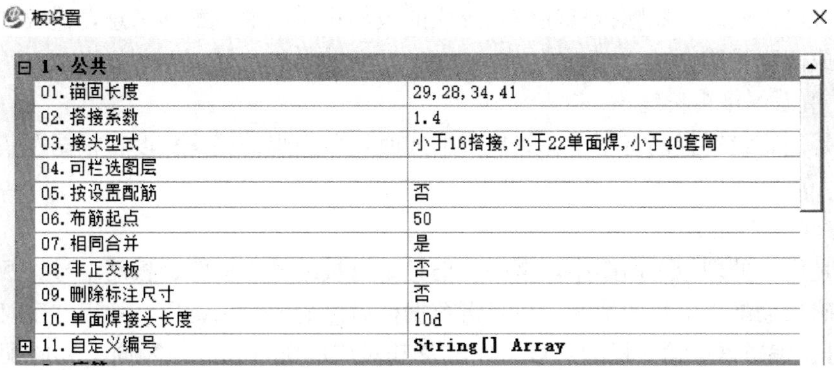

板设置	✕

□ 1、公共	
01.锚固长度	29, 28, 34, 41
02.搭接系数	1.4
03.接头型式	小于16搭接,小于22单面焊,小于40套筒
04.可栏选图层	
05.按设置配筋	否
06.布筋起点	50
07.相同合并	是
08.非正交板	否
09.删除标注尺寸	否
10.单面焊接头长度	10d
11.自定义编号	String[] Array

图 3-50

（1）锚固长度

点击数据框后侧的方形按键，弹出锚固计算页面，根据图纸结构设计总说明填入抗震等级、混凝土强度，软件自动计算出锚固长度，点击确定设置完成。

（2）搭接系数

直接在搭接系数后侧数据框内填入搭接系数，软件默认 50% 面积接头百分率。

（3）接头形式

根据图纸结构设计总说明中规定的钢筋接头形式，填入钢筋直径和接头形式，如果没有单面焊，不要删除，将单面焊这一项的直径修改为一个较大的数值即可，比如将 22 修改为 50，单面焊这一项就不再起作用。

（4）可栏选图层

可栏选图层用于设置拾取 CAD 图纸中的支座线时，只识别可栏选图层中设置的图层线条，不在设置范围内的图层线条无效。可点击数据框后侧的方形按键，跳转到 CAD 图纸中进行拾取设置。也可以为空，软件会将所有拾取到的图层线条都作为支座边线进行处理，内容为空时，在拾取支座边线时，注意不要拾取到非支座边线的线条。

（5）按设置配筋

选择为否时，在各功能使用时，会提示拾取配筋，选择为是时，在使用各功能是，不再提示拾取配筋，直接按各功能中设置的配筋信息。

（6）布筋起点

布筋起点是用来设置板筋的起步间距，软件中内置了常用的若干选项，其中1/2间距是图集中规定的规范做法。

（7）相同合并

相同合并是用来设置在CAD图纸中拾取到相同类型和尺寸的钢筋时，是否进行合并处理。

（8）非正交板

非正交板用来设置板在CAD图纸中，板的边线是否与X和Y坐标轴相平行，在选择"是"时，可以用来计算板边线不与CAD坐标轴平行的板。

（9）删除标注尺寸

此项是用来设置拾取板筋信息后，是否将图纸中自带的配筋信息删除掉。一般设置为否，防止板筋不同时，删除掉标注信息形成的板筋排布图缺少配筋信息，造成现场绑扎钢筋会用错或间距排错。

（10）单面焊接头长度

此项是用来设置板筋有用单面焊接头形式时，单面焊的接头长度，根据图集规定为软件默认的$10d$。

（11）自定义编号

此项是用来处理板平面图中，钢筋的信息是以板编号、板厚、板筋编号、板筋代号等形式来明确板筋配筋信息的情况。在点击数据框后侧的方形按键后，弹出"字符串集合编辑器"，可在编辑器中输入板的编号、代号及其对应的配筋信息。X向、Y向配筋信息不同时，将X向配筋信息写在前面，Y向配筋信息写在后面，中间用英文输入法下的逗号或空格隔开。

2. 底筋设置（图3-51）

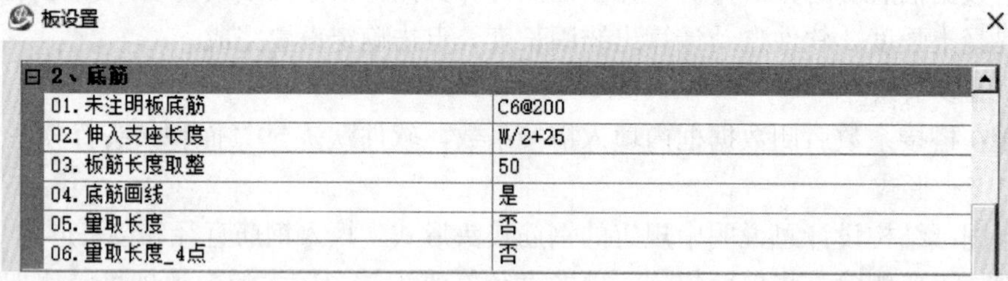

板设置		✕
🗖 2、底筋		
01.未注明板底筋	C6@200	
02.伸入支座长度	W/2+25	
03.板筋长度取整	50	
04.底筋画线	是	
05.量取长度	否	
06.量取长度_4点	否	

图 3-51

（1）未注明板底筋

此项是用来设置未注明的板底筋，在拾取底筋时，软件提示拾取配筋，直接点击右键跳过时，软件会提取该设置中的配筋信息作为默认配筋。

（2）伸入支座长度

此项用来设置板底筋伸入支座内的锚固长度，软件内置了常用的几种伸入长度计算方式，如按图集中最小长度到中时，可在设置框内直接进行修改。

（3）板筋长度取整

此项用来设置板筋长度计算时的精确长度，一般最小设置为 10mm。

（4）底筋画线

此项用来设置拾取板底筋时，是否在板平面布置图中画底筋的钢筋线。

（5）量取长度

软件默认的是栏选板的八条边线的方式来计算板的支座宽度和净跨尺寸，此项设置为“是”时，可以使用量取的形式来拾取板的支座宽度和净跨尺寸，此项设置为“是”时，可以通过点取板的各条边线得到所需尺寸，而且可以一次点取多跨板。其与默认的栏选方式的区别是一个是栏选，一个是点取。

（6）量取长度 4 点

此项设置与量取长度的功能类似，其区别是一次只能点取一块板 X 或 Y 向的四个点，点取四点后会自动提示下一步，一个方向不允许超过 4 各点。

3. 板负筋（图 3-52）

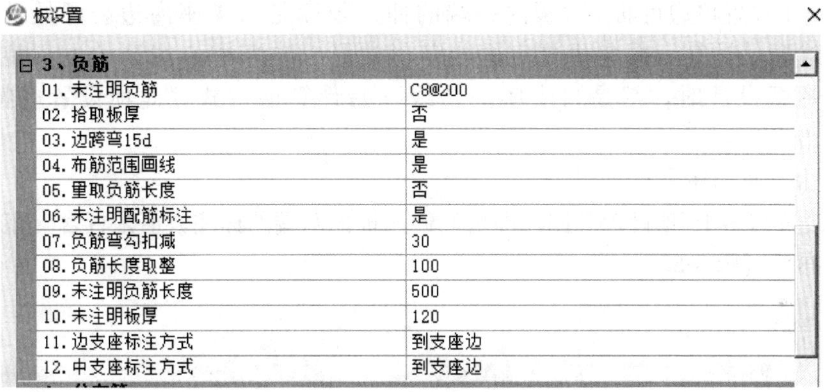
板设置

3、负筋	
01.未注明负筋	C8@200
02.拾取板厚	否
03.边跨弯15d	是
04.布筋范围画线	是
05.量取负筋长度	否
06.未注明配筋标注	是
07.负筋弯勾扣减	30
08.负筋长度取整	100
09.未注明负筋长度	500
10.未注明板厚	120
11.边支座标注方式	到支座边
12.中支座标注方式	到支座边

图 3-52

（1）未注明负筋

此项是用来设置未注明的板负筋，在拾取负筋时，软件提示拾取配筋，直接点击右键跳过时，软件会提取该设置中的配筋信息作为默认配筋。

（2）拾取板厚

此项是用来设置要计算的板存在不同板厚的情况，因为计算板负筋时，负筋的弯钩长度是通过负筋两侧的板厚来进行计算的。

（3）边跨弯 15d

此项用来设置单边负筋在支座内一端的弯钩长度，图集规定为弯折 15d。有些图纸会按传统做法要求伸入支座一个锚固长度，此时要计算后再进行设置。

（4）布筋范围画线

此项用来设置在 CAD 图纸中板负筋拾取负筋分布范围时，是否画出负筋的分布范围线。

（5）量取负筋长度

此项用来设置负筋的钢筋线尺寸与标注的尺寸不符时，用量取点＋输入长度的形式，拾取板负筋伸入板内尺寸。

或者板的负筋省略了伸入板内的长度时，钢筋线尺寸与省略的标注长度一致时，用点＋点的形式拾取板负筋伸入板内尺寸。

（6）未注明配筋标注

此项设置用于负筋栏选时，没有标注配筋的就自动按未注明负筋加上。

（7）负筋弯钩扣减

此项用来设置负筋伸入板内一端弯钩计算时，板厚减去上下保护层的设置，此处所设置的值是上下扣减值之和。

（8）负筋长度取整

此项用来设置负筋长度的取整精度，一般最小精确到厘米，也就是 10mm。

（9）未注明板厚

此项与第二项设置是否拾取板厚配合使用，如不拾取板厚或未拾取到板厚时，软件默认按此项设置中的板厚来计算负筋伸入板内一端的弯钩长度。

（10）边支座标注方式

此项用来设置单边负筋伸入板内一端的伸入长度是自支座内边线开始计算还是自支座中心线开始计算。图集中规定的规范做法是自支座中心线开始的标注方式，但在大部分图纸设计时，都是自支座内边线开始计算的方式，此项设置应特别注意，容易出现错误。

（11）中支座标注方式

此项设置与第 10 项设置类同。即负筋伸入板内两端的标注数值是否含支座宽度。

4. 分布筋（图 3-53）

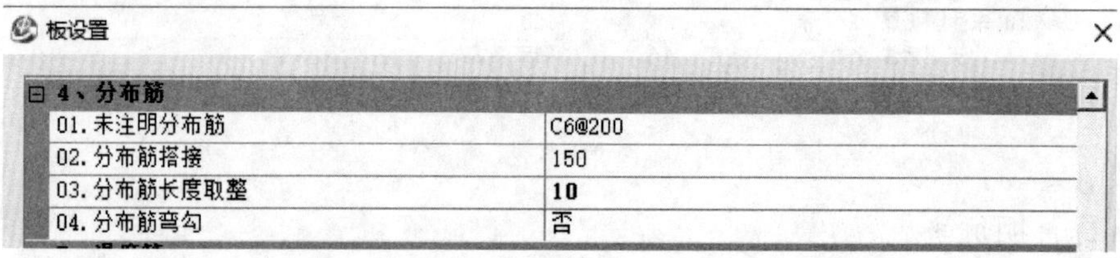

图 3-53

（1）未注明分布筋

此项用来设置未注明的板负筋配筋信息，在未拾取到配筋时，会默认此项设置中的配筋。

（2）分布筋搭接

此项用来设置分布筋的搭接长度，图集规定与软件默认值一直，都为 150mm。

（3）分布筋长度取整

此项用来设置分布筋的长度取整精度。

（4）分布筋弯钩

此项用来设置分布筋两端是否带 180°弯钩，此项用于 HPB300 级别钢筋做分布筋的情况。

5. 温度筋设置（图 3-54）

板设置

5、温度筋	
01.未注明温度筋	C8@200
02.温度筋搭接长度	300
03.温度筋长度取整	100

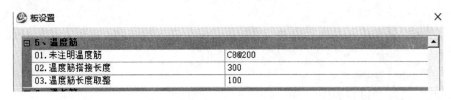

图 3-54

(1) 未注明温度筋

此项用来设置未注明的板温度筋配筋信息，在未拾取到配筋时，会默认此项设置中的配筋。

(2) 温度筋搭接长度

此项用来设置温度筋的搭接长度。图集规定为一个搭接长度。

(3) 温度筋长度取整

此项用来设置分布筋的长度取整精度。

6. 通长筋设置（图 3-55）

板设置

6、通长筋	
01.未注明通长筋	C10@150
02.底筋或面筋	**底筋**
03.两端弯折	15d
04.到边扣减	50
05.X比例	1
06.Y比例	1
07.缩尺合并	50

图 3-55

(1) 未注明通长筋

此项用来设置未注明的板通长筋配筋信息，在未拾取到配筋时，会默认此项设置中的配筋。

(2) 底筋或面筋

用来设置做通长面筋还是通长底筋。

(3) 两端弯折

用来设置通长筋两端的弯钩长度。

(4) 到边扣减

用来设置通长筋两端的保护层扣减值。

(5) X 比例

用来设置坡屋面板之类的标高变化板 X 向斜长与投影之间的比例关系。

(6) Y 比例

用来设置坡屋面板之类的标高变化板 Y 向斜长与投影之间的比例关系。

(7) 缩尺合并

用来设置异形板缩尺时，两根钢筋间的尺寸差值小于此设置值时，将这两个钢筋进行合并。

7. 分段通长筋设置

（1）分段通长筋配筋

此项用来设置未注明的板分段通长筋配筋信息，在未拾取到配筋时，会默认此项设置中的配筋。

（2）两端扣减选项

两端扣减选项的设置如图 3-56 三个页面所示的关系。

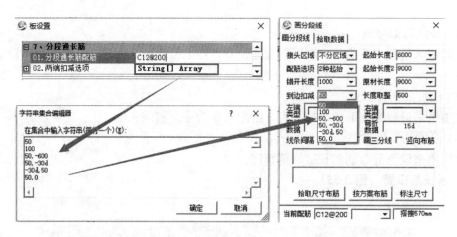

图 3-56

三、板构件的软件计算

1. 方形板计算板底筋

已知板底筋配筋信息为 C8@200，板厚 120mm，用方形板功能计算板底筋配筋（图 3-57）。

步骤一：设置板公共设置与底筋设置

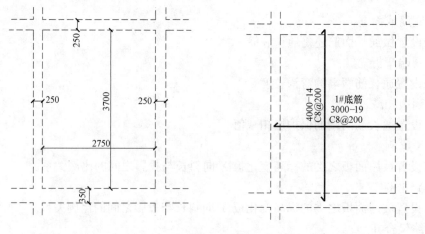

图 3-57

步骤二：点击方形板按钮，跳转到 CAD 软件界面，根据软件语音提示，拾取配筋

（默认配筋时，直接点击鼠标右键跳过此步骤）；栏选板的 B 向四条边线；栏选 H 向四条边线，点击右键结束，将数据拾取到数据表中。

在图 3-58 所示的数据表中，B 左表示 B 向左支座的宽度，B 右表示 B 向右支座的宽度，B 表示 B 向的净跨。H 向的三个数据与此相同。B 撇和 H 撇用于 L 形板的 B 边短向内跨尺寸和 H 边短向内跨尺寸。

	编号	部位	数量	B左	B	B右	H下	H	H上	X向配筋	Y向配筋	B′	H′	生成料表
1	1#底筋	底筋	1	250	2750	250	350	3700	250	C8@200	C8@200			☐
▶*														☐

图 3-58

在"生成料表"列的小方框内点击打对钩，点击生成料单，在钢筋表中生成如图 3-59 的底筋料单。

	构件名称	序号	编号	级别直径	钢筋简图	下料(mm)	根件数*数	总根数	重量(kg)	备 注
1	1#底筋		10000	C8	3000	3000	19	19	22.52	x 向@200
2			10000	C8	4000	4000	14	14	22.12	y 向@200

图 3-59

2. 板负筋计算负筋

已知板 1♯ 配筋 C8@200，2♯ 配筋 C8@200。板厚 120mm，负筋标注为自支座边线到端部尺寸，保护层厚度为上下各 15mm，用"负筋"功能计算该板的配料单（图 3-60）。

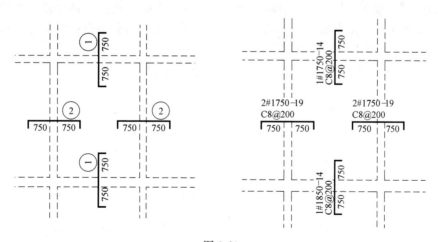

图 3-60

步骤一：设置板公共设置和负筋设置，将 1♯、2♯ 配筋信息填入"公共设置"第 11 项—自定义编号内。

步骤二：点击负筋按钮，跳转到 CAD 软件界面，根据软件语音提示，拾取配筋编号、支座线、负筋尺寸标注、负筋钢筋线。点击右键拾取布筋范围，右键结束，拾取下一个负筋信息，四个方向拾取完毕后，输入数字"0"退出。软件将拾取到的尺寸与配筋信息列示在数据表中，如图 3-61 所示：

	编号	部位	数量	净跨	长度	配筋	板厚1	板厚2	备注	生成料表
1	1#	板负筋	1	3699+3699+2749	1750	C8@200	120	120		☑
2	2#	板负筋	1	2749	1850	C8@200	120	120		☑

图 3-61

上表中的净跨为布筋范围，长度为负筋上平直段长度，含支座宽度。在"生成料表"列中的方框内点击打勾，点击生成料表按钮，生成该板的负筋料单如图 3-62 所示：

	构件名称	序号	编号	级别直径	钢筋简图	下料(mm)	根件数*数	总根数	重量(kg)	备注
1	1#		30101	C8	90⌐ 1750 ⌐90	1900	52	52	39.03	@200
2	2#		30101	C8	90⌐ 1850 ⌐90	2000	14	14	11.06	@200

图 3-62

3. 分布筋计算

已知板的分布筋配筋信息为 C6 @ 200，用分布筋功能计算板的分布筋配料单（图 3-63）。

步骤一：在软件中设置公共设置和分布筋设置，分布筋搭接长度为 150mm，不带弯钩，长度取整为 10mm。

步骤二：点击软件工具栏中的分布筋按钮，跳转到 CAD 软件界面，在做完负筋的 CAD 排布图上，按照分布筋数据拾取语音提示，点击拾取 B 向图示四个点，然后点击拾取 H 向图示四个点，点击鼠标右键结束，点击合适位置，将分布筋标注信息显示在排布图中，输入数字 0 退出拾取步骤。

软件将拾取到的分布筋尺寸和配筋信息列示在数据表中（图 3-64）。

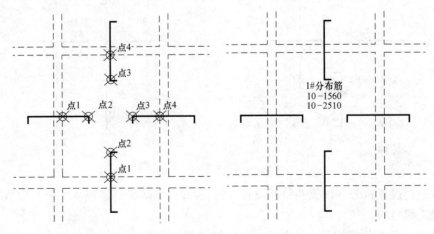

图 3-63

编号	部位	数量	B左	B	B右	H下	H	H上	X向配筋	Y向配筋	B'	H'	生成料表
▶1	1#分布筋	分布筋	1	750	1250	750	750	2200	750	C6@200				☐

图 3-64

数据表中的 B 左表示分布筋左侧布筋范围，B 右表示右侧分布筋布筋范围，B 表示分布筋的长度，不含两端各 150mm 的搭接长度。

H 侧的分布筋信息与 B 侧表示意思相同。

在"生成料表"列下方的方框内打勾选择要生成的分布筋，点击工具栏中的"生成料表"按钮，将分布筋配料单生成到钢筋表中，如图 3-65 所示：

	构件名称	序号	编号	级别	直径	钢筋简图	下料 (mm)	根件数*数	总根数	重量 (kg)	备　注
1	1#分布筋		10000	C6		1560	1560	10	10	3.46	x 向@200
2			10000	C6		2510	2510	10	10	5.57	y 向@200

图 3-65

4. 温度筋计算

已知结构设计总说明中规定板厚大于等于 120mm 时配置双向温度筋 C8@200，用软件温度筋功能计算该板的温度筋配料单（图 3-66）。

步骤一：设置板设置中的公共设置项目和温度筋设置。温度筋搭接按图集 11G101-1 规定温度筋与其他钢筋搭接为一个搭接长度，软件中默认为 300，可计算温度筋搭接长度后，将数值填入该数据框内。

步骤二：将做完负筋的排布图中的负筋标注图层关闭，复制负筋排布图，在负筋排布图上拾取温度筋尺寸，并生成温度筋排布图。

步骤三：点击软件中的"温度筋"按钮，页面跳转到 CAD 软件界面，根据软件语音提示，拾取负筋两个方向上的四点，如下图所示，拾取后点击右键，将温度筋钢筋线及配筋信息呈现在板图中。

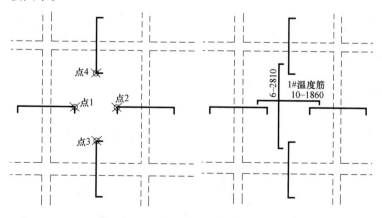

图 3-66

软件把温度筋的尺寸信息和配筋信息拾取到数据表中，如图 3-67 所示：

其中的 B 左和 B 右是温度筋两个弯钩所在的板的板厚。B 为温度筋未含两端搭接长度的平直度长度。

	编号	部位	数里	B左	B	B右	H下	H	H上	X向配筋	Y向配筋	B'	H'	生成料表
▶1	1#温度筋	温度筋	1	120	1250	120	120	2200	120	C8@200				☐

图 3-67

在"生成料表"列下方的方框内打勾选择要生成的温度筋，点击工具栏中的"生成料表"按钮，将温度筋配料单生成到钢筋表中，如图 3-68 所示：

	构件名称	序号	编号	级别 直径	钢筋简图	下料(mm)	根件数*数	总根数	重量(kg)	备注
1	1#温度筋		30101	C8	90⌐‾1860‾⌐90	2010	10	10	7.94	x 向@200
2			30101	C8	90⌐‾2810‾⌐90	2960	6	6	7.02	y 向@200

图 3-68

第五节　板构件翻样应注意的问题

一、板底加筋

在楼层板面上，二次结构后砌填充墙下，在板内有加强筋或加强暗梁，在翻板筋时容易遗漏。

二、板底筋在端支座内的锚固

楼层板和屋面板底筋伸入支座内的锚固为"伸入支座内 $5d$ 且至少到梁、墙的中线"，不可按过中加 50mm 翻样。

三、板筋起步间距

板受力筋和负筋距离支座边的起步筋间距为 1/2 板筋间距，不可按 50mm 起步翻样。

四、柱上板带暗梁箍筋加密区要求

在 16G101-1 第 113 页明确给出了暗梁箍筋加密区的长度为 $3h$，h 为柱上板带的厚度，注意翻样时，不能安装 1.5 倍梁高计算箍筋加密区长度。

五、柱上板带设置暗梁时，柱上板带纵筋的布置范围（图 3-69）

柱上板带设置暗梁时，暗梁宽度范围内不再布置同向的柱上板带纵筋

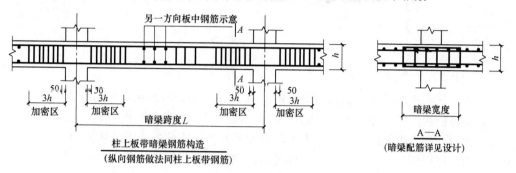

图 3-69

六、梁下部或上部有雨棚、挑檐等构件时，板附加钢筋处理（图 3-70）

梁下部或上部有雨棚、挑檐等构件时，板附加钢筋按板加腋 JY 构造进行处理。此钢筋容易漏算。来源于 16G101-1 第 108 页。

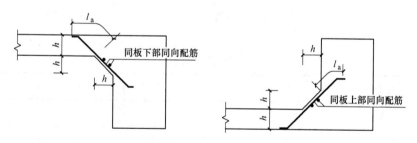

图 3-70　板加腋 JY 构造

第四章 柱类构件的翻样

本章节学习思路：

柱构件翻样的学习步骤为：

1. 学习柱构件的平法施工图制图规则，目的是掌握柱平法施工图识图能力。
2. 学习柱构件的构造详图，目的是掌握柱构件的钢筋构造要求。
3. 学习柱构件钢筋的手工计算方法，目的是具备柱构件的手工翻样能力。
4. 学习使用软件的单构件法进行柱类构件翻样，提高翻样效率。

第一节 柱构件平法识图

本节内容为学习柱平法施工图制图规则，内容为 16G101-1 第 8 页～12 页，请参照图集内容学习本节课程。

一、柱的类型及代号（表 4-1）

柱类型及代号表   表 4-1

柱类型	代号	序号
框架柱	KZ	××
转换柱	ZHZ	××
芯柱	XZ	××
梁上柱	LZ	××
剪力墙上柱	QZ	××

11G101-1 图集中的框支柱在 16G101-1 中修改为转换柱 ZHZ。

二、柱平面表示法—列表注写法

列表注写法是在柱平面布置图上，分别在同一编号的柱中选择一个或几个标注其几何尺寸及其与轴线的位置关系，在柱表中注写柱编号、柱的各层起止标高、几何尺寸与配筋的具体数值，必要时配以各种柱截面形状及其箍筋类型图的方式来表达柱平法施工图。如下图所示：

1. 柱平面图（图 4-1）

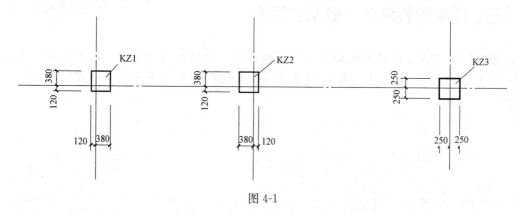

图 4-1

2. 柱表（图 4-2）

柱号	标高	$b×h$（圆柱直径 D)	角筋	b 边一侧中部筋	h 边一侧中部筋	箍筋类型	箍筋
	基础～－0.050	500×500	4C25	2C20	2C20	1(4×4)	C8@100
	－0.050～5.950	500×500	4C25	2C20	2C20	1(4×4)	C8@100
KZ1	5.950～10.950	500×500	4C25	2C20	2C20	1(4×4)	C8@100
	10.950～15.950	500×500	4C25	2C20	2C20	1(4×4)	C8@100
	15.950～20.950	500×500	4C25	2C20	2C20	1(4×4)	C8@100
	20.950～24.550	500×500	4C22	2C18	2C18	1(4×4)	C8@100
	基础～－0.050	500×500	4C25	3C22	2C22	1(4×4)	C8@100
	－0.050～5.950	500×500	4C25	3C22	2C22	1(4×4)	C8@100
KZ2	5.950～10.950	500×500	4C25	2C22	2C22	1(4×4)	C8@100
	10.950～15.950	500×500	4C25	2C22	2C22	1(4×4)	C8@100
	15.950～20.950	500×500	4C25	2C22	2C22	1(4×4)	C8@100
	20.950～24.550	500×500	4C18	2C18	2C18	1(4×4)	C8@100

图 4-2

3. 注写说明

柱表中的 KZ1 为柱编号，柱平面布置图中的所有标注为 KZ1 的柱均按此表中的尺寸参数、配筋数值施工。

b 表示柱水平方向尺寸，h 表示数值方向尺寸；圆柱时在尺寸前加字母 D 表示圆柱的直径。

角筋为矩形柱四个角上的配筋，b 边筋是指水平边除去角筋后的其他钢筋，一般指单侧。

箍筋类型指箍筋的肢数，4×4 指 b 边和 h 边箍筋各有四条边，含最边上的两条边。

箍筋配筋：C8@100 指配 HRB400 级 8mm 箍筋，箍筋间距为 100mm；C8@100/200 指配 HRB400 级 8mm 箍筋，箍筋间距加密区为 100mm，非加密区箍筋间距为 200mm。

三、柱平面表示法一截面注写法

截面注写方式是在柱平面布置图的柱截面上，分别在同一编号的柱中选择一个截面，以直接注写截面尺寸和配筋具体数值的方式来表达柱平法施工图。如图 4-3 所示：

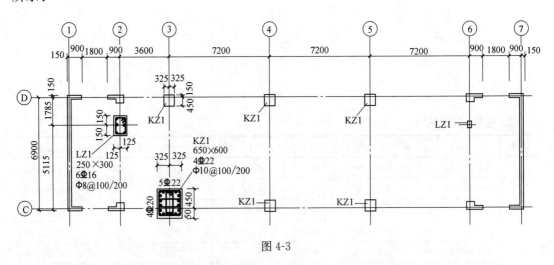

图 4-3

四、柱平面表示法一截面列表法

截面列表法是列表注写法与截面注写法相结合的一种柱平面表示方法，在实际图纸设计中应用的最多，其优点是结合了列表法和截面法两者的优点，可以清晰直观的表达柱平面布置和柱配筋参数。其由两部分组成，一部分是柱平面布置图，一部分是柱的配筋大样图表。

1. 柱平面图（图 4-4）

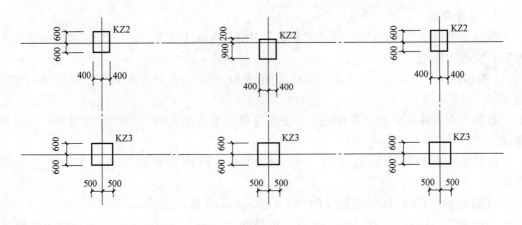

图 4-4

2. 柱大样图（图4-5）

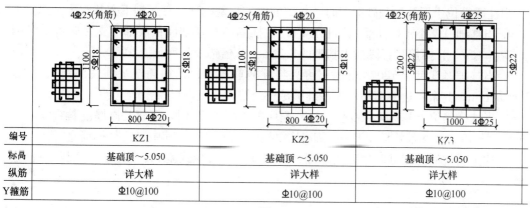

编号	KZ1	KZ2	KZ3
标高	基础顶~5.050	基础顶~5.050	基础顶~5.050
纵筋	详大样	详大样	详大样
Y箍筋	Φ10@100	Φ10@100	Φ10@100

图4-5

第二节 柱构件钢筋构造要求

一、柱插筋在基础内的锚固构造（图4-6）

请参照16G101-3第66页学习本小节。

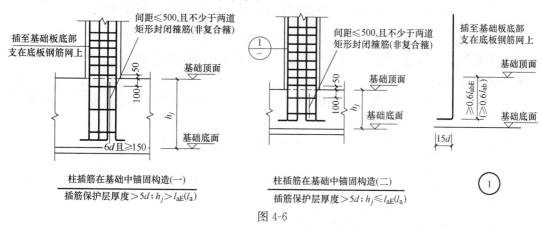

图4-6

上图为保护层厚度>5d时，纵向插筋在基础内的锚固构造，构造（一）为基础厚度满足柱插筋直锚的构造；构造（二）为基础厚度不满足柱插筋直锚的构造。

学习知识点：

1. 当基础厚度大于柱插筋锚固长度时，柱插筋插至基础底板底部，支在底板钢筋网上，弯折长度6d且大于150mm。

2. 柱插筋在基础内的部分设置非复合箍筋，也就是只按楼层的箍筋配筋设置外箍，不设置内箍。非复合箍起步间距为自基础顶面算起100mm，非复合箍的间距不大于500mm，且不少于两道。

3. 当柱插筋位于上翻的基础梁上时，基础的厚度自基础梁顶面开始算起，到基础底面。当柱插筋位于下翻的基础梁上时，基础的厚度自基础顶面算起到下翻基础梁底部。

4. 当基础厚度小于柱插筋锚固长度时，柱插筋插至基础底板底部，支在底板钢筋网上，弯折 $15d$，且插筋竖直段插入基础的长度≥0.6倍锚固长度且≥$20d$。

5. 当基础厚度大于 1200mm 时，可只将柱插筋的四根角筋插至基础底部钢筋网上，弯折 150mm，其余各边中部筋伸入基础满足一个锚固长度即可。

6. 当柱插筋位于基础边缘部位，柱外侧保护层小于 $5d$ 时，不管基础厚度是否满足柱插筋锚固长度，柱插筋均插至基础底部钢筋网上，弯折 $15d$。其中 d 为柱插筋直径。

7. 这里所说的基础可以是独立基础、条形基础、梁板式基础、平板式基础等各种基础形式。

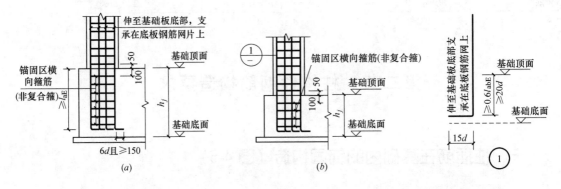

图 4-7

(a) 保护层厚度≤$5d$；基础高度满足直锚；(b) 保护层厚度≤$5d$；基础高度不满足直锚

图 4-7 为保护层厚度≤$5d$ 时，纵向插筋在基础内的锚固构造，构造 (b) 为基础厚度满足柱插筋直锚的构造；构造 (d) 为基础厚度不满足柱插筋直锚的构造。

学习知识点：

1. 当保护层厚度≤$5d$ 时，柱插筋在基础内的箍筋要求与>$5d$ 时，要求不同，增加了锚固区横向箍筋，同样是非复合箍筋。

2. 锚固区非符合箍筋的直径≥$d/4$（d 为柱纵筋最大直径），间距≤$5d$（d 为纵筋最小直径）且≤100mm。

3. 当保护层厚度≤$5d$ 是何种情况，比如纵筋的直径为 20mm，则 $5d=100mm$，也就是保护层厚度小于 10cm 的情况，一般是边柱和角柱有这种情况。

4. 构造的其他要求同保护层厚度>$5d$ 的情况。

二、抗震框架柱 KZ 纵向钢筋连接构造

该小节内容请参照 16G101-1 第 8 页、第 63 页、第 64 页学习。

学习知识点：

1. 嵌固部位：关于嵌固部位的位置 16G101-1 第 8 页给出了明确注写规则，嵌固部位的注写在层高表中注明。

2. 框架柱嵌固部位在基础顶面时，无需注明，默认在基础顶面。

3. 框架柱嵌固部位不在基础顶面时，在层高表嵌固部位标高下使用双细线注明，并在层高表下注明上部结构嵌固部位标高。

4. 框架柱嵌固部位不在地下室顶板，但仍需考虑地下室顶板对上部结构实际存在嵌固作用时，可在层高表地下室顶板标高下使用双虚线注明，此时首层柱端箍筋加密区长度范围及纵筋连接位置均按嵌固部位要求设置。

本小节下图为嵌固部位所在楼层，框架柱纵向钢筋连接构造，见16G101-1第63页图示（图4-8）。

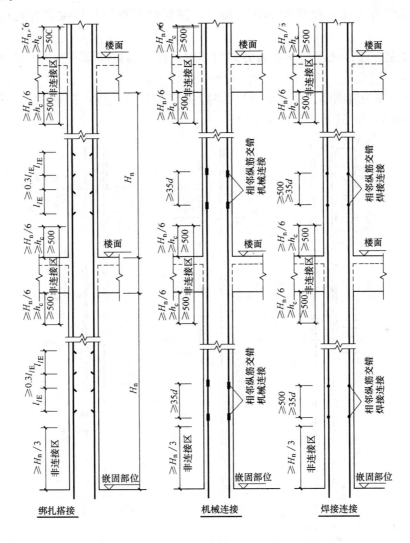

图 4-8

学习知识点：

1. 嵌固部位所在楼层，柱纵向钢筋下部非连接区段长度为自嵌固部位顶面开始≥1/3柱净高；上部非连接区段长度为自梁底面开始≥1/6柱净高、柱长边尺寸、500mm之间的较大值。

2. 嵌固部位所在层的上层，柱纵向钢筋下部非连接区段长度为自下部板底开始≥1/6

柱净高、柱长边尺寸、500mm 之间的较大值。上部非连接区段长度为自梁底面开始≥1/6
柱净高、柱长边尺寸、500mm 之间的较大值。

3. 柱净高 H_n 为本层板顶面到上部梁底的高度，计算时，H_n＝层高－梁高。

4. 柱纵向钢筋连接方式可采用绑扎搭接、机械连接、焊接三种形式，当某层连接区
的高度小于纵向钢筋分两批搭接所需要的高度时，应改用机械连接或焊接形式。

5. 柱纵筋在连接区段使用机械连接时，钢筋接头高桩与低桩错开长度为大于等
于 $35d$。

6. 柱纵筋在连接区段使用绑扎搭接时，钢筋接头高桩与低桩错开长度为大于等
于 $1.3l_{lE}$。

7. 柱纵筋在连接区段使用焊接方式时，钢筋接头高桩与低桩错开长度为≥$35d$ 且
≥500mm。

本小节下图为嵌固部位在地下室顶面时，地下室层高范围内框架柱纵向钢筋连接构
造。见 16G101-1 第 64 页图示（图 4-9）。

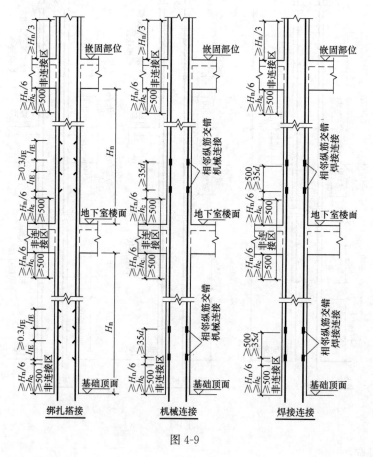

图 4-9

学习知识点：

1. 基础顶面所在楼层，柱纵向钢筋下部非连接区段长度为自基础顶面开始≥1/6 柱净
高、柱长边尺寸、500mm 之间的较大值；上部非连接区段长度为自梁底面开始≥1/6 柱
净高、柱长边尺寸、500mm 之间的较大值。

2. 柱净高 H_n 为本层板顶面到上部梁底的高度，计算时，$H_n=$ 层高－梁高。

3. 柱纵向钢筋连接方式可采用绑扎搭接、机械连接、焊接三种形式，当某层连接区的高度小于纵向钢筋分两批搭接所需要的高度时，应改用机械连接或焊接形式。

4. 柱纵筋在连接区段使用机械连接时，钢筋接头高桩与低桩错开长度为大于等于 $35d$。

5. 柱纵筋在连接区段使用绑扎搭接时，钢筋接头高桩与低桩错开长度为大于等于 $1.3l_{lE}$。

6. 柱纵筋在连接区段使用焊接方式时，钢筋接头高桩与低桩错开长度为 $\geqslant 35d$ 且 $\geqslant 500\text{mm}$。

三、柱纵筋在楼层间柱筋变化处理（图 4-10）

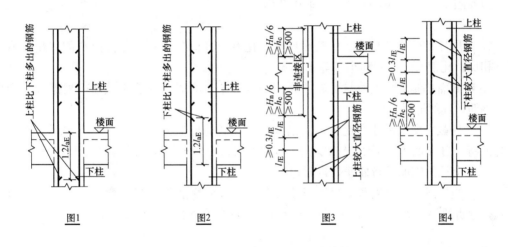

图 4-10

请参照 16G101-1 第 63 页学习本小节内容。

学习知识点：

1. 图 1：上层柱的纵筋数量比下柱的纵筋变多时，上柱多出的钢筋要插筋筋生根，自楼层板顶面算起，下插 $1.2L_{ae}$。

2. 图 2：上层柱的纵筋数量比下柱的纵筋变少时，下柱多出的钢筋在楼层处封顶，自楼层板底面算起，上伸 $1.2L_{ae}$。

3. 图 3：上层柱的纵筋直径比下柱的纵筋变大时，上层变大的钢筋下伸一层，在下层柱纵筋连接区段内与下柱纵筋连接。

4. 图 4：上层柱的纵筋直径比下柱的纵筋变小时，下层直径大的钢筋上伸一层，在上层柱纵筋连接区段内与上柱纵筋连接。

5. 当上层柱的纵筋数量、纵筋直径与下层柱相比发生变化时，需要根据具体的变化情况选择上图四种处理情况进行具体处理。

四、柱变截面位置纵向钢筋构造（图4-11）

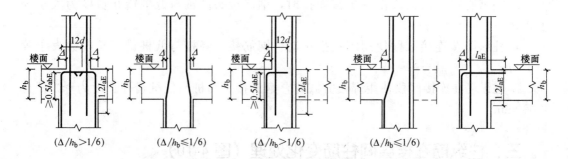

图4-11　柱变截面位置纵向钢筋构造

请参照16G101-1第68页学习本小节内容。

学习知识点：

1. 下层柱截面尺寸与上层柱截面尺寸变化有两种情况，一种是截面单侧变化差值与梁高相比，比值大于1/6和小于等于1/6。

2. 当截面单侧变化差值与梁高的比值小于等于1/6时，柱筋不截断，根据尺寸变化弯折钢筋，连续通过。

3. 当柱截面发生尺寸变化时，变化差值与梁高的比值大于1/6时，下柱无法直锚封顶的钢筋，自梁底伸至梁顶上铁之下，弯折$12d$，且伸入梁内的竖直段尺寸大于等于$0.5L_{abe}$。上柱的钢筋重新插筋，自梁顶下插$1.2l_{ae}$。

4. 当边柱或角柱外侧截面尺寸发生变化时，外侧纵筋伸至梁顶弯折，自上柱外边缘算起，弯折段尺寸为L_{ae}。上柱钢筋重新插筋，自板顶算起，下插$1.2l_{ae}$。

五、中柱封顶纵向钢筋构造（图4-12）

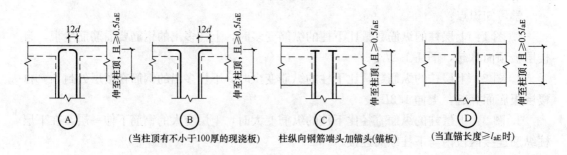

图4-12

请参照16G101-1第68页学习本小节内容。

学习知识点：

1. 上面四图适用于中柱、边柱内侧筋、角柱内侧筋封顶构造。

2. 柱纵筋伸至板顶弯折 $12d$，且伸入梁内的竖直段尺寸不小于 $0.5L_{abe}$。

3. 柱纵筋封顶也可采用 T 头锚固形式。

4. 柱纵筋伸入梁内长度可直锚时，柱纵筋伸至柱顶，且大于等于 L_{ae}。

六、边角柱柱封顶纵向钢筋构造

请参照 16G010-1 第 67 页学习本小节内容。

构造方式一（图 4-13）：

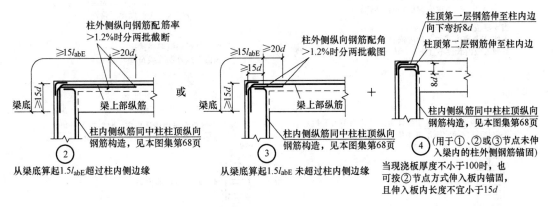

图 4-13

学习知识点：

上图采用的是柱包梁方式的柱封顶方式

1. 柱内侧纵向钢筋封顶方式同中柱。

2. 柱外侧纵向钢筋自梁底起，伸入梁内 $1.5l_{abE}$，如果断点超出柱内侧截面，则用节点，如果断点没有超出柱内侧截面时，则用节点③，再延长 $\geq 20d$。

3. 如果柱比梁宽，未能锚入梁内的柱外侧纵筋用节点④，如果板的厚度 ≥ 100 时，可以按节点②锚入板内，伸入板内长度不小于 $15d$。

4. 梁柱封顶外侧角部因为钢筋弯折的弧度过大，为防止角部混凝土开裂，需在柱宽范围内的柱箍筋内侧设置间距 ≤ 150，但不少于 3 根直径不小于 10mm 的角部附加钢筋。

构造方式二（图 4-14）：

学习知识点：

上图采用的是梁包柱方式的柱封顶方式

1. 柱内侧纵向钢筋封顶方式同中柱。

2. 柱外侧纵筋伸至柱顶截断，不做弯折。其余未能锚入梁内的钢筋可以按节点④处理，也可按节点②锚入板内。

构造方式三（图 4-15）：

请参照 16G101-1 第 69 页学习本小节内容。

1. 该节点用于梁柱封顶时，柱等截面伸出梁顶的情况，如果不是等截面伸出时，由设计人员另行设计。

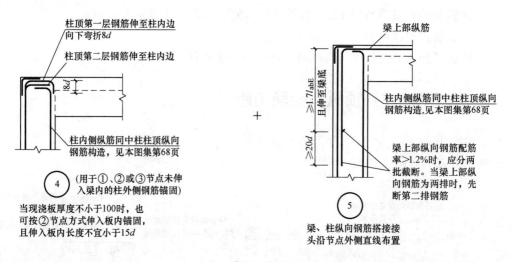

图 4-14

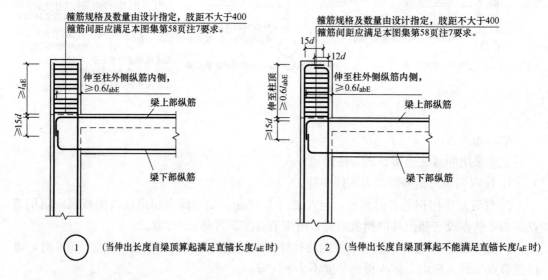

图 4-15

2. 伸出长度自梁顶算起时满足直锚长度 l_{aE} 时,用节点①,伸出长度自梁顶算起,不能满足直锚长度 l_{aE} 时,用节点②。

3. 用节点①时,柱纵筋伸至柱顶截断,用节点②时,柱内侧纵筋伸至柱顶弯折 $12d$,柱外侧纵筋伸至柱顶弯折 $15d$。

七、柱箍筋加密区构造(图 4-16)

请参照 16G101-1 第 64、65 页学习本小节内容.

1. 嵌固部位所在楼层柱的下部箍筋加密区为 $\geqslant 1/3H_n$,其他部位均为 $1/6H_n$、柱长边尺寸、500mm 三者之间的较大值。

2. 柱箍筋加密区均包含梁柱节点核心区,梁柱节点核心区的箍筋在现场安装时有难

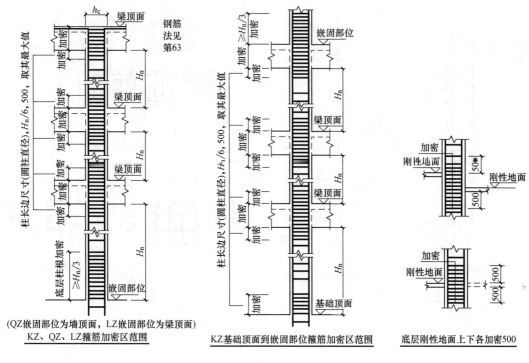

(QZ嵌固部位为墙顶面，LZ嵌固部位为梁顶面)
KZ、QZ、LZ箍筋加密区范围 ｜ KZ基础顶面到嵌固部位箍筋加密区范围 ｜ 底层刚性地面上下各加密500

图 4-16

度，应与现场绑扎人员沟通后确定。

3. QZ 的嵌固部位为墙顶面，LZ 的嵌固部位为梁顶面。

4. 柱箍筋加密区范围与柱的非连接区段范围相同。

5. 箍筋加密区的非嵌固部位的箍筋加密区长度可在 16G101-1 第 66 页表格查取。

八、剪力墙上柱、梁上柱、芯柱纵筋构造（图 4-17）

请参照 16G101-1 第 65 页、70 页学习本小节内容。

学习知识点：

1. 剪力墙上起柱时，有两种做法，一种是生根的柱与剪力墙重叠一层；另一种是柱生根在墙顶。

2. 剪力墙上起柱，采用柱与剪力墙重叠一层时，柱筋伸至下层剪力墙墙身底，柱箍筋按照上部柱箍筋配筋设置，或由设计人员给出具体大样图。

3. 剪力墙上起柱，采用柱纵筋锚在墙顶部时，柱插筋插入梁内 $1.2l_{aE}$，底部弯折 150mm。内部设置不少于两道的非复合箍筋。

4. 梁上柱插筋伸入梁底，且 $\geq 20d$，底部弯折 $15d$，梁内设置不少于两道非复合箍筋。

5. 剪力墙上柱和梁上柱的纵筋连接构造和箍筋加密区范围同 KZ 构造。

6. 芯柱的纵筋配筋与箍筋由设计人员给出，纵筋的连接及插筋的锚固同 KZ，往上直通芯柱柱顶标高。计算芯柱的箍筋时，注意箍筋的外皮尺寸等于芯柱的截面尺寸，不要扣

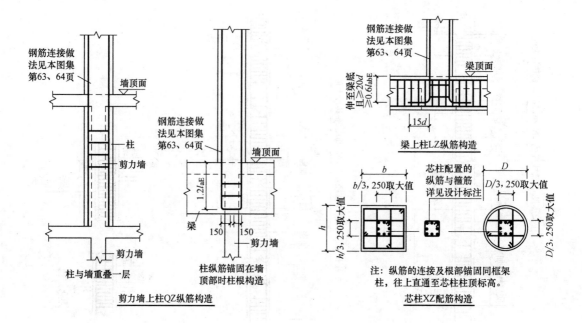

图 4-17

减保护层。

九、矩形箍筋的复合方式

请参照 16G101-1 第 70 页内容学习本小节。

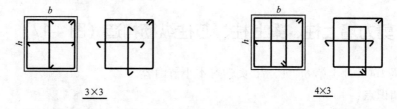

图 4-18

b 表示柱 b 边尺寸；h 表示柱 h 边尺寸；c 表示柱单侧保护层厚度，d_j 表示柱角筋直径；d_b 表示 b 边柱纵筋直径；d_h 表示柱 h 边纵筋直径；l 表示拉钩尺寸，d_g 表示箍筋直径；b_n 表示内箍 b 边尺寸，h_n 表示内箍 h 边尺寸。

3×3 复合箍筋学习知识点（图 4-18）：

1. 3×3 的箍筋用于 b 边、h 边各 1 根纵筋的柱。

2. 外箍尺寸的计算公式为：$b_g = b - 2c$；$h_g = h - 2c$。

3. 拉钩的长度计算公式为：$l_b = b - 2c$；$l_h = h - 2c$。

4×3 复核箍筋学习知识点：

1. 4×3 的箍筋用于 b 边 2 根纵筋，h 边 1 根纵筋的柱。

2. 外箍尺寸的计算公式为：$b_g=b-2c$；$h_g=h-2c$。

3. 拉钩的长度计算公式为：$l_h=h-2c$。

4. 内箍的长度计算公式为：$b_n=(b-2c-2d_g-0.5d_j\times2)\div3+0.5d_b\times2+2d_g$；$h_n=h-2c$。

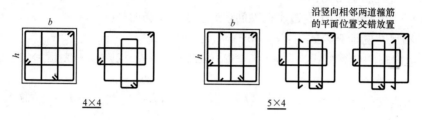

图 4-19

4×4 复合箍筋学习知识点（图 4-19）：

1. 4×4 的箍筋用于 b 边和 h 边均为 2 根纵筋的柱

2. 外箍尺寸的计算公式为：$b_g=b-2c$；$h_g=h-2c$。

3. b 侧内箍的长度计算公式为：$b_n=(b-2c-2d_g-0.5d_j\times2)\div3+0.5d_b\times2+2d_g$
$h_n=h-2c$

4. h 侧内箍的长度计算公式为：$b_n=b-2c$；$h_n=(h-2-2c-2d_g-0.5d_j\times2)\div3+0.5d_h\times2+2d_g$

5. 当柱为正方形柱时，h 侧内箍与 b 侧内箍相同。

5×4 复合箍筋学习知识点：

1. 5×4 复合箍筋用于 b 边纵筋根数为 3 根，h 边纵筋根数为 2 根的柱。

2. 外箍尺寸的计算公式为：$b_g=b-2c$；$h_g=h-2c$

3. b 边内箍筋的计算公式为：$b_n=(b-2c-2d_g-0.5d_j\times2)\div4+0.5d_b\times2+2d_g$；$h_n=h-2c$

4. b 边拉钩的计算公式为：$l_h=h-2c$

5. h 侧内箍的长度计算公式为：$b_n=b-2c$；$h_n=(h-2-2c-2d_g-0.5d_j\times2)\div3+0.5d_h\times2+2d_g$

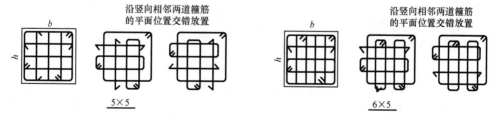

图 4-20

5×5 复合箍筋学习知识点（图 4-20）：

1. 5×5 复合箍筋用于 b 边和 h 边均为 3 根纵筋的柱。

2. 外箍尺寸的计算公式为：$b_g=b-2c$；$h_g=h-2c$

3. b 边内箍的计算公式为：$b_n=(b-2c-2d_g-0.5d_j\times2)\div4+0.5d_b\times2+2d_g$；$h_n=h-2c$

155

4. b 边拉钩的计算公式为：$l_b = h - 2c$

5. h 边内箍的计算公式为：$b_n = b - 2c$；$h_n = (h - 2 - 2c - 2d_g - 0.5d_j \times 2) \div 4 + 0.5d_h \times 2 + 2d_g$

6. h 边拉钩的计算公式：$l_h = b - 2c$

6×5 复合箍筋学习知识点：

1. 6×5 复合箍筋用于 b 边 4 根纵筋，h 边 3 根纵筋的柱。

2. 外箍尺寸的计算公式为：$b_g = b - 2c$；$h_g = h - 2c$

3. b 边内箍的计算公式为：$b_n = (b - 2c - 2d_g - 0.5d_j \times 2) \div 5 + 0.5d_b \times 2 + 2d_g$；$h_n = h - 2c$

4. h 边内箍的计算公式为：$b_n = b - 2c$；$h_n = (h - 2 - 2c - 2d_g - 0.5d_j \times 2) \div 4 + 0.5d_h \times 2 + 2d_g$

5. h 边拉钩的计算公式：$l_h = b - 2c$

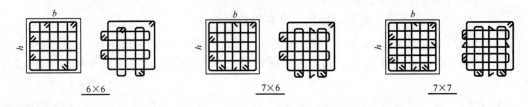

图 4-21

6×6 复合箍筋学习知识点（图 4-21）：

1. 6×6 复合箍筋用于 b 边、h 边各 4 根纵筋的柱

2. 外箍尺寸的计算公式为：$b_g = b - 2c$；$h_g = h - 2c$

3. b 边内箍的计算公式为：$b_n = (b - 2c - 2d_g - 0.5d_j \times 2) \div 5 + 0.5d_b \times 2 + 2d_g$；$h_n = h - 2c$

4. h 边内箍的计算公式为：$b_n = h - 2c$；$h_n = (h - 2c - 2d_g - 0.5d_j \times 2) \div 5 + 0.5d_h \times 2 + 2d_g$

7×6 复合箍筋学习知识点：

1. 7×6 复合箍筋用于 b 边 5 根纵筋、h 边 4 根纵筋的柱

2. 外箍尺寸的计算公式为：$b_g = b - 2c$；$h_g = h - 2c$

3. b 边内箍的计算公式为：$b_n = (b - 2c - 2d_g - 0.5d_j \times 2) \div 6 + 0.5d_b \times 2 + 2d_g$；$h_n = h - 2c$

4. b 边拉钩的计算公式：$l_b = h - 2c$

5. h 边内箍的计算公式为：$b_n = h - 2c$；$h_n = (h - 2c - 2d_g - 0.5d_j \times 2) \div 5 + 0.5d_h \times 2 + 2d_g$

7×7 复合箍筋学习知识点：

1. 7×7 复合箍筋用于 b 边、h 边各 5 根纵筋的柱

2. 外箍尺寸的计算公式为：$b_g = b - 2c$；$h_g = h - 2c$

3. b 边内箍的计算公式为：$b_n = (b - 2c - 2d_g - 0.5d_j \times 2) \div 6 + 0.5d_b \times 2 + 2d_g$；$h_n = h - 2c$

4. h 边内箍的计算公式为：$b_n = h - 2c$；$h_n = (h - 2c - 2d_g - 0.5d_j \times 2) \div 6 + 0.5d_h \times 2 + 2d_g$

5. b 边、h 边拉钩的计算公式为：$l_b = h - 2c$；$l_h = h - 2c$

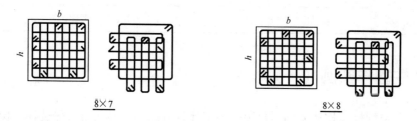

图 4-22

8×7 复合箍筋学习知识点（图 4-22）：

1. 8×7 复合箍筋用于 b 边 6 根纵筋、h 边 5 根纵筋的柱

2. 外箍尺寸的计算公式为：$b_g = b - 2c$；$h_g = h - 2c$

3. b 边内箍的计算公式为：$b_n = (b - 2c - 2d_g - 0.5d_j \times 2) \div 7 + 0.5d_b \times 2 + 2d_g$；$h_n = h - 2c$

4. h 边拉钩的计算公式为：$l_h = b - 2c$

5. h 边内箍的计算公式为：$b_n = h - 2c$；$h_n = (h - 2c - 2d_g - 0.5d_j \times 2) \div 6 + 0.5d_h \times 2 + 2d_g$

8×8 复合箍筋学习知识点：

1. 8×8 复合箍筋用于 b 边、h 边各 6 根纵筋的柱

2. 外箍尺寸的计算公式为：$b_g = b - 2c$；$h_g = h - 2c$

3. b 边内箍的计算公式为：$b_n = (b - 2c - 2d_g - 0.5d_j \times 2) \div 7 + 0.5d_b \times 2 + 2d_g$；$h_n = h - 2c$

4. h 边内箍的计算公式为：$b_n = h - 2c$；$h_n = (h - 2c - 2d_g - 0.5d_j \times 2) \div 7 + 0.5d_h \times 2 + 2d_g$

第三节　柱构件钢筋翻样实例

一、柱类构件需计算的钢筋种类

柱类构件需计算的钢筋种类有以下几种（表 4-2）：

表 4-2

柱纵筋	基础层柱插筋	形状、尺寸、根数
	柱中间层纵筋	形状、尺寸、根数(变截面、变根数、变直径)
	顶层封顶纵筋	形状、尺寸、根数

箍筋	外箍	形状、尺寸、根数（矩形、圆形、螺旋形、异形）
	内箍	形状、尺寸、根数
	拉筋	形状、尺寸、根数

二、柱翻样实例（一）

首先学习单棵框架柱从插筋到封顶的手工计算方法，由易入难，先选择一棵截面无变化、柱纵筋根数无变化、仅柱筋直径发生了变化的框架柱为例进行学习。

（一）已知条件：

1. KZ1 的柱表如图 4-23 所示：

框架柱配筋明细表

柱号	标高	$b \times h$ （圆柱直径 D）	角筋	b 边一侧 中部筋	h 边一侧 中部筋	箍筋类型	箍筋
KZ1	基础～－0.050	500×500	4C25	2C20	2C20	1(4×4)	C8@100
	－0.050～5.950	500×500	4C25	2C20	2C20	1(4×4)	C8@100
	5.950～10.950	500×500	4C25	2C20	2C20	1(4×4)	C8@100
	10.950～15.950	500×500	4C25	2C20	2C20	1(4×4)	C8@100
	15.950～20.950	500×500	4C25	2C20	2C20	1(4×4)	C8@100
	20.950～24.550	500×500	4C22	2C18	2C18	1(4×4)	C8@100

图 4-23

2. KZ1 自基础顶面到 24.550 标高处的柱平面布置图如图 4-24 所示：

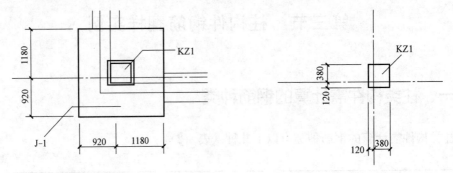

图 4-24

3. KZ1 所在的基础 DJ1 的大样图及配筋如图 4-25、图 4-26 所示：

4. 其他已知条件（表 4-3）：

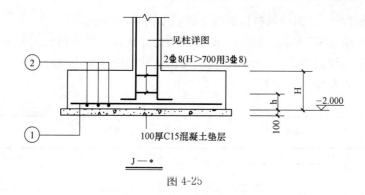

图 4-25

J-＊（矩形柱）明细表

柱基编号	柱基尺寸				钢筋编号		柱尺寸		备注
	A	B	h	H	①	②	a	b	
J-1	2100	2100	250	450	Φ10@100	Φ10@100	详柱平法施工图		2 号钢筋在下部

图 4-26

表 4-3

抗震等级	混凝土强度等级	保护层厚度（mm）	锚固长度
三级	C30	柱 30mm/基础 40mm	$37d/41d$
钢筋连接	接头百分率	嵌固部位	梁高
≥16mm 套筒；Ⅰ接头	50％面积百分率	基础顶面	850mm

计算该柱的从插筋到封顶的各层钢筋料单：

（二）计算 KZ1 在基础内的插筋

1. 计算插筋

（1）插筋在基础内的弯折：

DJ1 的高度 H 为 450mm，柱插筋的锚固长度为角筋：$37d = 37 \times 25 = 925$mm，中部筋：$37d = 37 \times 20 = 740$mm，$H < l_{aE}$，因此弯折长度为 $15d = 15 \times 25 = 375$mm；$15d = 15 \times 20 = 300$mm。

（2）插筋在基础内的插入长度：$l = H -$ 基础保护层厚度 － DJ1 底层 X 向、Y 向钢筋直径 $= 450 - 40 - 10 - 10 = 390$mm

（3）插筋在基础顶面最小露出长度

基础顶面标高：基础高度 － 基础底面标高 $= 0.45 - 2.00 = -1.55$m

基础顶面到 5.95m 标高的层高 $= 1.55 + 5.95 = 7.5$m

柱净高 $H_1 =$ 层高 － 梁高 $= 7.5 - 0.85 = 6.65$m，$1/3H_1 = 2.217$m。

（4）插筋下料长度

50％面积接头百分率要求柱纵筋分两批截断，分高桩和短桩，错开长度 $35d = 35 \times 25 = 875$mm

柱纵筋竖向平直段最小长度：非连接区段长度 ＋ 插筋在基础内的插入长度 $= 2.217 + 0.39 = 2.607$m

柱最小下料长度 ＝ 柱纵筋竖向平直段最小长度 ＋ 插筋柱基础内的弯折 － $2d = 2607 + 375 - 2 \times 25 = 2932$mm

接近下料模数 3m，因此低桩插筋的下料长度为 3000mm。

错开长度要求≥875mm，按错开 1m 算，因此高桩插筋的下料长度为 4000mm。

低桩露出基础顶面高度 2235mm，高桩露出基础顶面高度：3235mm。

（5）插筋下料料单（表 4-4）

表 4-4

构件名称	级别直径	钢筋简图	下料 (mm)	根件 数＊数	总根数	重量 (kg)	备注
KZ1 插筋	Φ25	375 ⌐ 2625	3000	2	2	23.10	角筋低，插入 390
	Φ25	375 ⌐ 3625	4000	2	2	30.80	角筋高，插入 390
	Φ20	300 ⌐ 2700	3000	4	4	29.64	中部筋低，插入 390
	Φ20	300 ⌐ 3700	4000	4	4	39.52	中部筋高，插入 390

2. 计算箍筋

（1）基础内的非复合箍筋

因为 KZ1 在 DJ1Z 中部，柱插筋的保护层厚度≥5d，因此柱在基础内设置不少于 2 道的非复合箍筋。

非复合箍筋的尺寸：b 边＝h 边，$b_g＝h_g＝$柱截面长度-两侧保护层厚度＝$500-2×30＝440mm$。

非复核箍筋的下料长度＝$2×b_g＋2×h_g＋15.8d_g＝2×440＋2×440＋15.8×8＝1886.4mm≈1890mm$。

（2）基础顶面上部的固定箍

在做插筋现场安装时，需要在基础顶面以上设置 2 套固定箍筋，以约束混凝土浇筑时，柱插筋不会因为缺少约束而移位，固定箍筋是正常的复合箍筋，在计算柱基础顶面以上接筋的箍筋时，要把这两套固定箍筋的数量再减掉。

固定复合箍筋外箍的尺寸：b 边＝h 边，$b_g＝h_g＝$柱截面长度－两侧保护层厚度＝$500-2×30＝440mm$。

固定复合箍筋内箍的尺寸：b 侧内箍的长度计算公式为：$b_n＝(b-2c-2d_g-0.5d_j×2)÷3+0.5d_b×2+2d_g＝(500-2×30-2×8-0.5×25×2)÷3+0.5×20×2+2×8＝169≈170mm$

$h_n＝h-2c＝500-2×30＝440mm$

h 侧内箍与 b 侧相同。

内箍筋的下料长度为：$440×2＋170×2＋15.8×8＝1346≈1350mm$

箍筋的料单如表 4-5 所示：

表 4-5

构件名称	级别直径	钢筋简图	下料 (mm)	根件 数＊数	总根数	重量 (kg)	备注
	Φ8	⌀ 440 / 440	1890	4	4	2.99	
	Φ8	170 ⌀ 440	1350	4	4	2.13	

（三）计算 KZ1 在首层～五层的接筋及箍筋

1. 各层的标高及层高

由已知条件和 DJ1 的顶面标高－1.55m 得到 KZ1 的层高表如表 4-6 所示：

表 4-6

层号	起止标高	层高
五层	20.95～24.55	3.6m
四层	15.95～20.95	5m
三层	10.95～15.95	5m
二层	5.95～10.95	5m
首层	－1.55～5.95	7.5m

2. 计算各层接筋需要的数据条件

（1）插筋及各层接筋露出基础顶面及各层楼面标高的长度。

（2）各层层高。

（3）各层非连接区长度。

（4）下料优化模数

3. 各层接筋长度计算（表 4-7）

表 4-7

层号	露出长度(mm)	层高(m)	非连接区长度(mm)	下料长度(mm)
首层	2235/3235	7.5	2217	6500
二层	1235/2235	5	692	5500
三层	1735/2735	5	692	4000
四层	735/1735	5	692	6000
五层	1735/2735	3.6	500	封顶实量

4. 首层～四层接筋料单（表 4-8）

表 4-8

构件名称	级别直径	钢筋简图	下料(mm)	根数	件数	总根数	重量(kg)	备注
首层 KZ1	Φ25	套 ⎯6500⎯ 套	6500	4		4	100.10	角1；角4；角7；角10
	Φ20	套 ⎯6500⎯ 套	6500	8		8	128.44	中2、3、5、6、8、9、11、12
二层 KZ1	Φ25	套 ⎯5500⎯ 套	5500	4		4	84.70	角1；角4；角7；角10
	Φ20	套 ⎯5500⎯ 套	5500	8		8	108.68	中2、3、5、6、8、9、11、12

续表

构件名称	级别直径	钢筋简图	下料(mm)	根数*件数	总根数	重量(kg)	备注
三层 KZ1	Φ25	套 ——4000—— 套	4000	4	4	61.60	角1;角4;角7;角10
	Φ20	套 ——4000—— 套	4000	8	8	79.04	中2、3、5、6、8、9、11、12
四层 KZ1	Φ25	套 ——6000—— 套	6000	4	4	92.40	角1;角4;角7;角10
	Φ20	套 ——6000—— 套	6000	8	8	118.56	中2、3、5、6、8、9、11、12

5. 五层竖向平直段长度计算

低桩竖向平直段长度＝层高－上部保护层－低桩露出五层楼面高度＝3600－100－1735＝1765mm

高桩竖向平直段长度＝低桩竖向平直段长度＋1000＝2765mm

柱顶保护层＝梁保护层＋避让距离 一般为安装方便取值100mm

6. 五层柱封顶弯折段长度计算

在此示例按梁内节点处理柱封顶（16G101-1第67页②＋③＋④方式），也就是柱包梁方式。内侧柱纵筋弯折12d，外侧柱筋自梁底起到梁内断点总长度为1.5l_{aE}＝1.5×37d。

C25钢筋为1388mm，封顶梁高800，弯折段长度＝1388－800＝588，要求平直度≥15d＝375，满足条件，且断点已经超出柱截面，不需延长20d，用16G101-1第67页②节点。

C20钢筋为1110mm，封顶梁高800，弯折长度＝1110－800＝310，要求平直度≥15d＝300，满足条件，断点未超出柱截面，需延长20d＝400mm。采用16G101-1第67页③节点，弯折长度＝310＋400＝710mm。

柱截面宽度为500×500mm，梁宽为250mm。柱外侧与梁边平齐，柱外侧钢筋均可锚入梁内，因此不需要采用16G101-1第67页④节点。

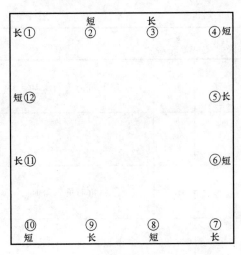

图4-27

7. 判断五层柱封顶筋高低桩

设置左上角第一根角筋为长桩①号筋（图4-27）

KZ1①号⑦～⑫号为外侧筋，①号、⑦号、⑨号、⑪号为长桩，竖向平直段尺寸为1765mm，①号、⑦号弯折平直段长度为588mm，⑨号、⑪号弯折平直段长度为710mm。⑧号、⑩号、⑫号为短桩，竖向平直段长度为2765mm，⑧号、⑫号弯折平直段长度为710mm，⑩号弯折平直段长度为588mm。

KZ1②～⑥号为内侧筋，弯折平直段长度

为 $12d$，C25 钢筋为 300mm，C20 钢筋为 240mm。②号④号⑥号为短桩，竖向平直段长度为 2765mm，③号、⑤号为长桩，竖向平直段长度为 1765mm。

柱封顶为方便安装，封顶筋直螺纹连接为反丝套筒。

由此得到 KZ1 顶层封顶筋的料单如表 4-9 所示：

表 4-9

构件名称	级别直径	钢筋简图	下料(mm)	根数 * 件数	总根数	重量(kg)	备注
五层封顶	Φ25	反 ⌐1765⌐588	2353	2	2	18.12	角 1、7
	Φ20	反 ⌐1765⌐710	2475	2	2	12.23	中 9、11
	Φ20	反 ⌐2765⌐710	3475	2	2	17.17	中 8、12
	Φ25	反 ⌐2765⌐588	3353	1	1	12.91	角 10
	Φ20	反 ⌐2765⌐240	3005	2	2	14.84	中 2、6
	Φ25	反 ⌐2765⌐300	3065	1	1	11.80	角 4
	Φ20	反 ⌐1765⌐240	2005	2	2	9.90	中 3、5

8. 首层到五层各层箍筋的计算

各层箍筋数量＝底部柱根加密区箍筋数量＋上部柱加密区箍筋数量＋梁柱核心区箍筋数量＋非加密区箍筋数量。

嵌固部位底部柱根加密区箍筋数量＝(1/3 柱净高－起步距离)÷箍筋加密区间距＋1

非嵌固部位底部柱根加密区箍筋数量＝{max(1/6H_n；柱长边尺寸；500mm)－50}÷箍筋加密区间距＋1

上部柱加密区箍筋数量＝{max(1/6H_n；柱长边尺寸；500mm)－50}÷箍筋加密区间距＋1

梁柱核心区箍筋数量＝(梁高－上下起步间距)÷箍筋加密区间距＋1

非加密区箍筋数量＝(柱净高－底部柱根箍筋加密区长度－柱上部箍筋加密区长度)÷箍筋非加密区间距－1

(1) 首层箍筋数量

本例中的 KZ1 箍筋间距 C8@100 为全高加密，其首层箍筋数量为：

柱净高范围内箍筋数量＝(柱净高 H_n－上下起步间距)÷箍筋间距＋1＝(6650－50－50)÷100＋1＝67

梁柱核心区范围内箍筋数量＝(梁高－上下起步间距)÷箍筋间距＋1＝(850－50－50)÷100＋1＝9

关于梁柱核心区范围内箍筋的数量这现场安装过程中有难度，其数量应与现场绑扎班长沟通后确认。

(2) 二、三、四层箍筋数量

柱净高范围内箍筋数量＝(5000－850－50－50)÷100＋1＝42

梁柱核心区范围内箍筋数量＝(梁高－上下起步间距)÷箍筋间距＋1＝(850－50－50)÷100＋1＝9

（3）五层箍筋数量

柱净高范围内箍筋数量＝(3600－800－50－50)÷100＋1＝28

梁柱核心区范围内箍筋数量＝(梁高－上下起步间距)÷箍筋间距＋1＝(800－50－50)÷100＋1＝8

（4）箍筋尺寸计算

同插筋部分的复合箍筋计算。料单如表 4-10 所示：

表 4-10

构件名称	级别直径	钢筋简图	下料(mm)	根件数 * 数	总根数	重量(kg)	备注
首层	Φ8	440 440	1890	76	76	56.74	@100
	Φ8	170 440	1350	76 * 2	152	81.05	@100
二层	Φ8	440 440	1890	51	51	38.07	@100
	Φ8	170 440	1350	51 * 2	102	54.39	@100
三层	Φ8	440 440	1890	51	51	38.07	@100
	Φ8	170 440	1350	51 * 2	102	54.39	@100
四层	Φ8	440 440	1890	51	51	38.07	@100
	Φ8	170 440	1350	51 * 2	102	54.39	@100
五层	Φ8	440 440	1890	36	36	26.88	@100
	Φ8	170 440	1350	36 * 2	72	38.39	@100

第四节　柱构件钢筋的软件计算

柱构件在软件中提供了两种计算方法，第一种是数据表法，另一种是图形法。图形法比较直观形象，应用简单，数据表法有助于初学者理解柱计算所需的各种条件，加深对柱构件构造要求的理解。本课程以数据表法功能来讲解柱的软件计算方法。

一、柱构件数据表法的柱设置

1. 各层设置（图 4-28）

01 项用于设置计算的柱所在的楼层号，如－2 层时输入"－2"即可。

02 项用于设置计算的柱所在的楼层层高，其与计算柱接筋的长度有关。

图 4-28

03 项用于设置计算的柱所在的楼层上部梁高，其与计算柱净高 H_n 有关，如计算的柱所在的楼层梁高有多个梁高度时，输入一个大多数的梁高或最小的一个与柱相交的梁高即可。

04 项用于设置计算柱的插筋时，柱插入基础部分的非复合箍筋道数和插筋露出基础顶面上部的复合固定箍筋的道数。插入基础部分的非复合箍筋道数要根据 16G101-3 第 66 页规定判断，上部的复合固定箍筋道数一般为 2 道。

05 项用于设置柱插筋在基础内的弯折长度，长度根据 16G101-3 第 66 页判断。如有个别柱不同时，在此设置大多数相同柱的弯折长度，在数据表内修改个别柱的弯折长度。

06 项用于设置柱插筋柱基础内的插入长度，这要根据大多数柱所在的基础厚度进行判断填写，个别不同的可在数据表内进行修改。

07 项和 08 项用于设置柱插筋和柱接筋露出基础顶面或楼层面的短桩高度和长桩高度。

09 项用于设置柱顶层封顶时，柱筋顶部的弯折长度，中柱为 $12d$，边柱和角柱的外侧钢筋弯折长度要根据 16G101-1 第 67 页构造详图判断，内侧钢筋弯折长度为 $12d$，在此处可统一设置为 $12d$，边柱、角柱的外侧弯折长度可在柱数据表中按筋号进行修改。

10 项用于设置柱纵向钢筋的锚固长度，后面空格内的第 1～4 项数值分别代表一级钢、二级钢、三级钢和四级钢的锚固长度数值，其为柱筋直径≤25mm 的锚固长度，直径＞25mm 的，软件在计算柱筋时，会自主乘以调整系数。其数值修改时，注意每个数值之间用英文输入法下的逗号隔开。

2. 常规设置（图 4-29）

01 项用于设置钢筋的接头形式，设置栏内的数值表示：钢筋直径＜16mm 的采用绑扎搭接形式，16mm≤钢筋直径 d＜20mm 的采用电渣压力焊形式，20mm≤钢筋直径＜40mm 的采用直螺纹连接形式。注意每项之间采用英文状态下的逗号隔开。

02 项用于设置采用绑扎搭接时，搭接长度调整系数，25％调整系数 1.2；50％调整系数 1.4；100％调整系数 1.6。

03 项用于设置框架柱的保护层厚度，按照图集规定为框架柱表面到箍筋外皮的厚度。

04 项用于设置暗柱的保护层厚度，按照图集规定为暗柱表面到箍筋外皮的厚度。

05 项用于设置框架柱和暗柱复合箍筋中单肢箍筋（拉钩）的保护层厚度，要根据拉住主筋还是拉住箍筋两种情况，拉住主筋时，拉钩保护层厚度与框架柱和暗柱的保护层一

图 4-29

致，拉住主筋和箍筋时，拉钩保护层一般为 10mm。

06 项用于设置柱封顶时，柱顶保护层的厚度，一般为 100mm，此数值来自现场经验数值。

07 项用于设置柱封顶纵筋弯折平直段超过设置值时，柱封顶纵筋采用反丝套筒连接。

08 项用于设置柱封顶纵筋在输出料单时，在料单内的图形用虚线表示，以提醒现场制作与安装人员现场实量尺寸后再调整数值下料加工。

09 项用于设置复合柱箍筋内箍筋尺寸计算时，十位数与个位数的取整方式。

10 项用于设置内箍筋尺寸可以根据现场实际制作安装需要，人为的增大内箍筋的宽度。

图 4-30

3. 变化处理选项（图 4-30）

01 项用于设置柱上截面变小，单边变化值大于设置值时，下柱纵筋不能直通上层时，不能直通的纵筋弯锚，上层柱重新插筋，设置依据来源于 16G101-1 第 68 页。

02 项用于设置下柱纵筋数量多于上柱时，下柱多出的钢筋能直通时，自梁底算起直锚 $1.2l_{aE}$。

03 项用于设置上柱纵筋直径变大时，上层直径大的钢筋下伸到下层做接筋。

04 项用于设置上柱纵筋直径大于下柱纵筋直径 3mm 时，下柱纵筋封头，上柱纵筋重新插筋。在翻样时要注意此项设置，多数现场柱筋采用直螺纹连接，一般不做封头处理。

05 项用于设置采用电渣压力焊接方式时，上下筋直径差超过该设置值时，不再进行焊接。

二、柱构件数据表法的步骤

1. 新建文件（图 4-31）

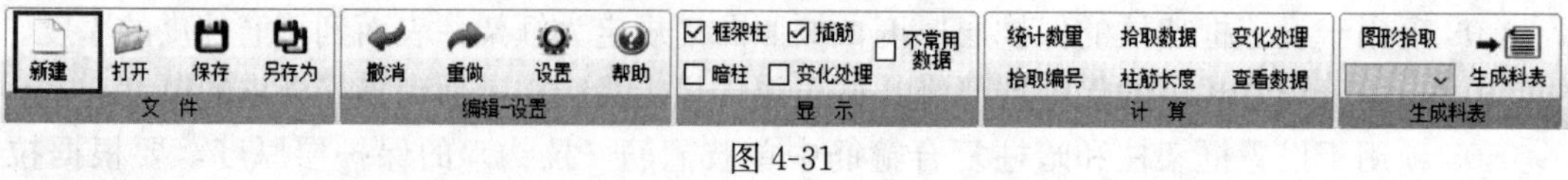

图 4-31

2. 柱设置（图 4-32）

图 4-32

3. 统计柱数量（图 4-33）

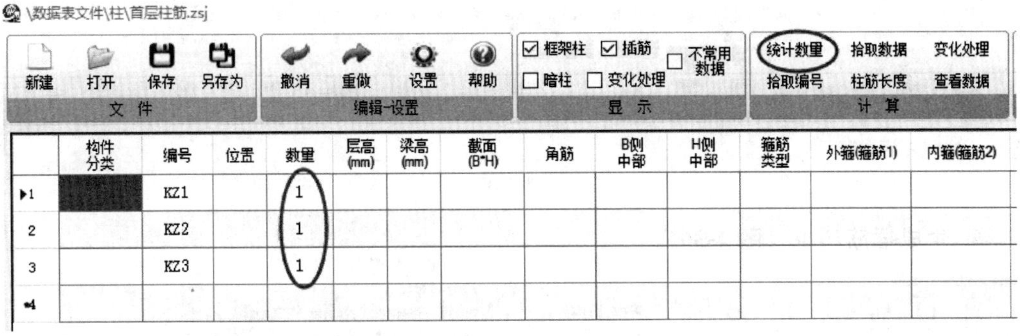

图 4-33

4. 拾取数据（图 4-34）

图 4-34

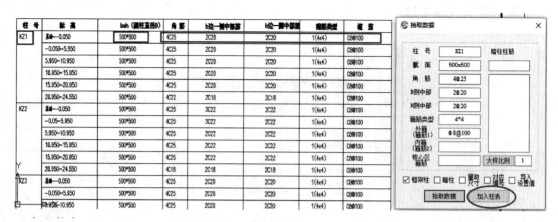

柱号	标高	b×h(圆柱直径D)	角筋	b边一侧中部筋	h边一侧中部筋	箍筋类型	箍筋
KZ1	基础~-0.050	500*500	4C25	2C20	2C20	1(4x4)	C8@100
	-0.050~5.950	500*500	4C25	2C20	2C20	1(4x4)	C8@100
	5.950~10.950	500*500	4C25	2C20	2C20	1(4x4)	C8@100
	10.950~15.950	500*500	4C25	2C20	2C20	1(4x4)	C8@100
	15.950~20.950	500*500	4C25	2C20	2C20	1(4x4)	C8@100
	20.950~24.550	500*500	4C22	2C18	2C18	1(4x4)	C8@100
KZ2	基础~-0.050	500*500	4C25	3C22	2C22	1(4x4)	C8@100
	-0.05~5.950	500*500	4C25	3C22	2C22	1(4x4)	C8@100
	5.950~10.950	500*500	4C25	3C22	2C22	1(4x4)	C8@100
	10.950~15.950	500*500	4C25	2C22	2C22	1(4x4)	C8@100
	15.950~20.950	500*500	4C25	2C22	2C22	1(4x4)	C8@100
	20.950~24.550	500*500	4C18	2C18	2C18	1(4x4)	C8@100
KZ3	基础~-0.050	500*500	4C25	2C20	2C20	1(4x4)	C8@100
	-0.050~5.950	500*500	4C25	2C20	2C20	1(4x4)	C8@100
	5.950~10.950	500*500	4C25	2C20	2C20	1(4x4)	C8@100

图 4-34（续）

5. 加入柱表（图 4-35）

图 4-35

6. 生成插筋料单（图 4-36）

图 4-36

7. 检查料单（图 4-37）

	构件名称	编号	级别 直径	钢筋简图	下料(mm)	根件数*数	总根数	重量(kg)	备注	统计说明
1	KZ1插筋	62020	Φ25	375 ⌐ 1550 丝	1928	2	2	14.85	角1#角7#插入550mm	
2		62020	Φ25	375 ⌐ 2550 丝	2928	2	2	22.55	角4#角10#插入550mm	
3		62020	Φ20	300 ⌐ 1550 丝	1853	4	4	18.31	3#5#9#11#插入550mm	
4		62020	Φ20	300 ⌐ 2550 丝	2853	4	4	28.19	2#6#8#12#插入550mm	
5		74201	Φ8	460 460	1970	5	5	3.89	B边4根，H边4根	G
6		74202	Φ8	200 460	1450	2	2	1.15	套2根	G
7		74203	Φ8	200 460	1450	2	2	1.15	套2根	G

图 4-37

8. 设置首层接筋（图 4-38）

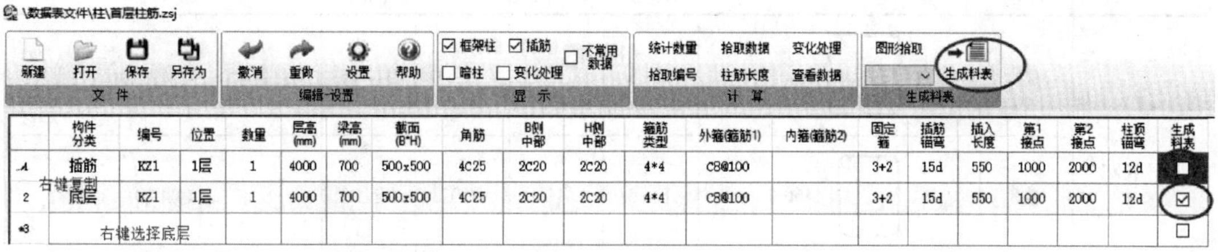

	构件分类	编号	位置	数量	层高(mm)	梁高(mm)	截面(B*H)	角筋	B侧中部	H侧中部	箍筋类型	外箍(箍筋1)	内箍(箍筋2)	固定箍	插筋锚弯	插入长度	第1接点	第2接点	柱顶锚弯	生成料表
1	插筋	KZ1	1层	1	4000	700	500x500	4C25	2C20	2C20	4*4	C8@100		3+2	15d	550	1000	2000	12d	☐
2	底层	KZ1	1层	1	4000	700	500x500	4C25	2C20	2C20	4*4	C8@100		3+2	15d	550	1000	2000	12d	☑
*3																				☐

图 4-38

9. 生成首层接筋料单（图 4-39）

☑	构件名称	编号	级别直径	钢 筋 简 图	下料(mm)	根件数*数	总根数	重量(kg)	备 注	统计说明
8	1层KZ1	10000	Φ25	4000 套 丝	4003	4	4	61.65		套1
9		10000	Φ20	4000 套 丝	4003	8	8	79.10		套1
10		74201	Φ8	460 460	1970	40	40	31.13	层高4m,梁700mm,,@100	G
11		74202	Φ8	200 460	1450	40	40	22.91	@100	G
12		74203	Φ8	200 460	1450	40	40	22.91	@100	G
*13										

图 4-39

10. 拾取其他层数据（图 4-40）

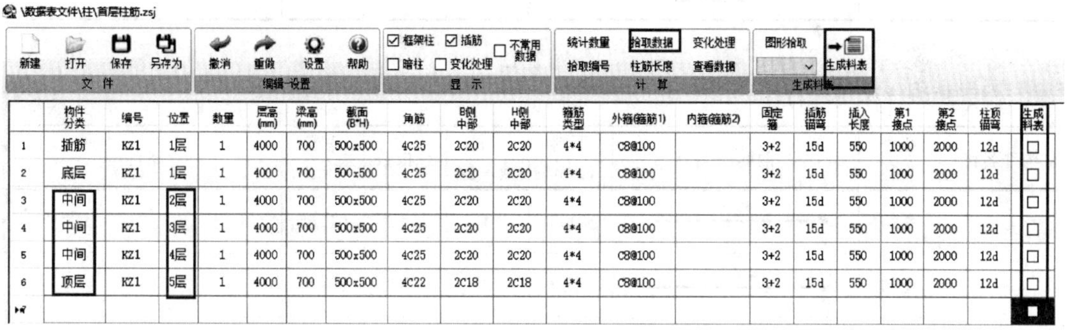

	构件分类	编号	位置	数量	层高(mm)	梁高(mm)	截面(B*H)	角筋	B侧中部	H侧中部	箍筋类型	外箍(箍筋1)	内箍(箍筋2)	固定箍	插筋锚弯	插入长度	第1接点	第2接点	柱顶锚弯	生成料表
1	插筋	KZ1	1层	1	4000	700	500x500	4C25	2C20	2C20	4*4	C8@100		3+2	15d	550	1000	2000	12d	☐
2	底层	KZ1	1层	1	4000	700	500x500	4C25	2C20	2C20	4*4	C8@100		3+2	15d	550	1000	2000	12d	☐
3	中间	KZ1	2层	1	4000	700	500x500	4C25	2C20	2C20	4*4	C8@100		3+2	15d	550	1000	2000	12d	☐
4	中间	KZ1	3层	1	4000	700	500x500	4C25	2C20	2C20	4*4	C8@100		3+2	15d	550	1000	2000	12d	☐
5	中间	KZ1	4层	1	4000	700	500x500	4C25	2C20	2C20	4*4	C8@100		3+2	15d	550	1000	2000	12d	☐
6	顶层	KZ1	5层	1	4000	700	500x500	4C22	2C18	2C18	4*4	C8@100		3+2	15d	550	1000	2000	12d	☐
*7																				

图 4-40

11. 生成各层料单

2 层料单（图 4-41）：

构件名称	级别直径	钢筋简图	下料（mm）	根件数＊数	总根数	重量（kg）	备注
2 层 KZ1	Φ25	4000 套 丝	4003	4	4	61.65	
	Φ20	4000 套 丝	4003	8	8	79.10	

图 4-41（一）

构件名称	级别直径	钢筋简图	下料(mm)	根件数*数	总根数	重量(kg)	备注
2 层 KZ1	Φ8	460 460	1970	40	40	31.13	层高 4m,梁 700mm,@100
	Φ8	200 460	1450	40	40	22.91	@100
	Φ8	200 460	1450	40	40	22.91	@100

图 4-41（二）

3 层料单（图 4-42）：

构件名称	级别直径	钢筋简图	下料(mm)	根件数*数	总根数	重量(kg)	备注
3 层 KZ1	Φ25	4000 套 丝	4003	4	4	61.65	
	Φ20	4000 套 丝	4003	8	8	79.10	
	Φ8	460 460	1970	40	40	31.13	层高 4m,梁 700mm,@100
	Φ8	200 460	1450	40	40	22.91	@100
	Φ8	200 460	1450	40	40	22.91	@100

图 4-42

4 层料单（图 4-43）：

构件名称	级别直径	钢筋简图	下料(mm)	根件数*数	总根数	重量(kg)	备注
4 层 KZ1	Φ25	4000 套 丝	4003	4	4	61.65	
	Φ20	4000 套 丝	4003	8	8	79.10	
	Φ8	460 460	1970	40	40	31.13	层高 4m,梁 700mm,@100
	Φ8	200 460	1450	40	40	22.91	@100
	Φ8	200 460	1450	40	40	22.91	@100

图 4-43

5 层料单（图 4-44）：

构件名称	级别直径	钢筋简图	下料(mm)	根件数*数	总根数	重量(kg)	备注
5层KZ1	Φ22	套 1900 ⌐265	2168	2	2	12.92	角4#角10#
	Φ22	套 2900 ⌐265	3168	2	2	18.88	角1#角7#
	Φ18	1900 ⌐215	2118	4	4	16.94	2#6#8#12#电渣焊
	Φ18	2900 ⌐215	3118	4	4	24.94	3#5#9#11#电渣焊
	Φ8	460 / 460	1970	40	40	31.13	层高4m,梁700mm,@100
	Φ8	460 / 200	1450	40	40	22.91	@100
	Φ8	200 / 460	1450	40	40	22.91	@100

图 4-44

三、柱构件软件翻样的其他说明

1. 柱构件翻样还有柱编号和拾取编号的方法，具体操作可登录 E 筋软件网站下载视频学习。

2. 柱构件的变化处理使用软件自带的柱变化处理功能操作比较繁琐，遇到柱构件纵筋直径变化、数量变化及截面变化的情况，可画出上下截面分析柱筋变化，在数据表中自行调整，然后输出料单。也可以在料单中单根处理。具体操作可登录 E 筋软件网站下载视频学习。

3. 柱构件的变化处理是柱翻样的难点，需要熟练的画出截面变化处理情况小样图，配合料单使用。综合起来有引起长短桩变化、弯锚封头、直锚封头、重新插筋等几种情况，处理的熟练了，就不再是难点，因此在学习之初要耐心的、认真的分析每种变化情况的处理。

第五节　柱构件翻样应注意的问题

一、抗震框架柱纵向钢筋非连接区控制

抗震框架柱 KZ 在嵌固部位所在层高内，下部非连接区的长度为自板顶起$\geqslant H_n/3$（H_n 为当前层的净高），非嵌固部位下部及所有上部非连接区的长度为$\geqslant H_n/6$、柱长边

尺寸及 500mm 三者的较大值。其中柱长边尺寸是一个很重要的判定依据，往往在翻样时，满足了其他两个条件，而忽略了柱长边尺寸的判定条件，造成连接接头位置在非连接区内，从而被要求返工。

二、抗震框架柱纵向钢筋连接接头错开长度的控制

抗震框架柱 KZ 在连接区内，直螺纹连接时，纵向竖向钢筋的高低桩错开长度为 $35d$；焊接连接时，高低桩错开长度为 $35d$ 且大于 500mm；搭接连接时，高低桩错开长度为 1.3 搭接长度。

三、抗震框架柱、墙柱、梁柱的箍筋加密范围（图 4-45）

（1）抗震框架柱的箍筋加密区分为三个区域：底部加密区，上部加密区，节点核心区。如柱纵筋使用搭接连接方式时，搭接区应进行箍筋加密，搭接区的箍筋加密不包括搭接错开区域。来源 13G101-11 第 29 页。

（2）由于核心区箍筋不容易安装，现场绑扎控制间距有误差，按软件翻样的箍筋数量会有剩余，翻样时应与前台绑扎队伍沟通，确定其绑扎的套数，相应减少箍筋数量，避免造成浪费。

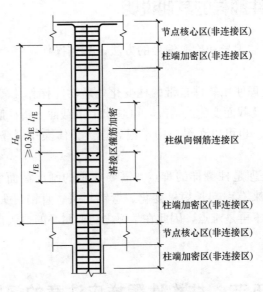

图 2.4　楼层框架柱箍筋加密区

（柱纵向钢筋非连接区）

图 4-45

四、柱变截面处理（图 4-46）

柱变截面处理应按照 16G101-1 第 68 页规定进行处理，当不满足封头重新插筋条件

时，不得按封头重新插筋翻样。

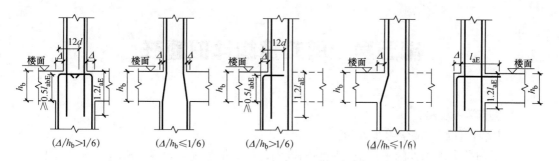

图 4-46 柱变载面位置纵向钢筋构造

五、柱大样与平面图标注尺寸不符错误

柱大样图中标注的尺寸与柱平面图中标注的尺寸不同时，如不仔细核对，会造成柱箍筋尺寸错误。特别是在剪力墙结构的墙柱中常见此类错误。

六、顶层柱封头，纵筋现场实量

顶层柱筋封顶时，需要在料单中交底，下料长度需要现场实量后加工，或现场实量后出料单。如直接按未现场校核的料单加工，会造成下料与现场安装尺寸不符。

七、柱或楼层有多个标高时，柱高度容易出错

当柱或楼层有多个标高时，容易把柱筋长度搞错，造成柱筋长度过长或过段，没有露出板面或没有超出上层非连接区域。

当柱到某一标高封头时，如不注意，会造成该封头的没有封头，通到了上层。

八、芯柱问题

芯柱生根时，在生根处下插一个锚固长度 L_{aE}，芯柱的箍筋计算时，不能减保护层，直接按芯柱标示尺寸为箍筋外皮尺寸。

第五章　剪力墙构件的翻样

本章节学习思路：

剪力墙构件翻样的学习步骤为：

1. 学习剪力墙构件的平法施工图制图规则，目的是掌握剪力墙平法施工图识图能力。
2. 学习剪力墙构件的构造详图，目的是掌握剪力墙构件的钢筋构造要求。
3. 学习剪力墙构件钢筋的手工计算方法，目的是具备剪力墙构件的手工翻样能力。
4. 学习使用软件的单构件法进行剪力墙构件翻样，提高翻样效率。

第一节　剪力墙构件平法识图

本节内容为学习剪力墙平法施工图制图规则，内容为 16G101-1 第 13 页～25 页，请参照图集内容学习本节课程。

一、剪力墙构件的类型及代号（表 5-1）

剪力墙分为墙柱、墙身、墙梁、洞口、地下室外墙四类构件。

剪力墙构件类型及代号表　　　　　　表 5-1

分类	类型	代号	序号
墙柱	约束边缘构件	YBZ	××
	构造边缘构件	GBZ	××
	非边缘暗柱	AZ	××
	扶壁柱	FBZ	××
墙身	墙身	Q	××
墙梁	连梁	LL	××
	连梁(对角暗撑配筋)	LL(JC)	××
	连梁(交叉斜筋配筋)	LL(JX)	××
	连梁(集中对角斜筋配筋)	LL(DX)	××
	连梁(跨高比不小于 5)	LLk	××
	暗梁	AL	××
	边框梁	BKL	××
洞口	矩形洞口	JD	××
	圆形洞口	YD	××
地下室外墙	地下室外墙	DWQ	××

二、剪力墙的平法识图—列表注写法

1. 结构层高表（图 5-1）

在剪力墙平法施工图中，应注明各结构层的楼面标高、结构层高及相应的结构层号、上部结构嵌固部位位置。

（1）底部加强部位要用大括号表示加强部位的楼层范围。

（2）上部结构嵌固部位在首层楼层板面。

（3）结构层高表要表达各层楼面标高，−9.030 表示基础顶标高。

（4）最下部的 4.5 表示表示−2 层的层高。

（5）−2 表示该建筑为地下有二层。

2. 墙柱列表注写法（图 5-2）

层号	标高(m)	层高(m)
8	26.670	3.60
7	23.070	3.60
6	19.470	3.60
5	15.870	3.60
4	12.270	3.60
3	8.670	3.60
2	4.470	4.20
1	−0.030	4.50
−1	−4.530	4.50
−2	−9.030	4.50

底部加强部位

结构层楼面标高
结 构 层 高

上部结构嵌固部位：
−0.030

图 5-1

截面		
编号	YBZ1	YBZ2
标高	−0.030～12.270	−0.030～12.270
纵筋	24Φ20	22Φ20
箍筋	Φ10@100	Φ10@100

图 5-2

（1）墙柱的类型有：一字型暗柱、端柱、L 形转角墙、T 形翼墙。

（2）约束边缘构件应表达出其非阴影区范围，如图 5-3 所示。

（3）墙柱表应有柱截面大样图，表达纵向钢筋及复合箍筋形式。

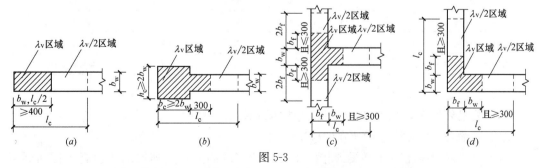

图 5-3

（a）约束边缘暗柱；（b）约束边缘端柱；（c）约束边级翼墙；（d）约束边缘转角墙

（4）墙柱表应表达清楚其标高范围。

（5）墙柱表应表达清楚纵筋根数，并于截面中所示的纵筋根数保持一致。

（6）墙柱表应表达清楚复合箍筋及拉钩的配筋级别、直径及间距，如其中的某些外箍及内箍的直径与列表中的配筋不一致时，需要柱截面图中用引线引出，并标明其配筋信息。

3. 墙身列表注写法（图5-4）

剪力墙身表

编号	标高	墙厚	水平分布筋	垂直分布筋	拉筋（矩形）
Q1	−0.030～30.270	300	Φ12@200	Φ12@200	Φ6@600@600
	30.270～59.070	250	Φ10@200	Φ10@200	Φ6@600@600
Q2	−0.030～30.270	250	Φ10@200	Φ10@200	Φ6@600@600
	30.270～59.070	200	Φ10@200	Φ10@200	Φ6@600@600

图5-4

（1）Q1表示墙的纵筋和水平筋排数为两排，多于两排时在序号后面用括号和数字表示其排数：Q1（3）

（2）在墙身表中应清晰的表达其起止标高范围。

（3）在墙身表中应清晰的表达其墙厚度。

（4）墙身表中水平筋、垂直筋内侧外侧配筋相同时，只标注一个配筋信息，当内侧外侧配筋不一致时，应单独说明表示方式。

（5）墙身表中应清晰的表达拉筋的配筋信息，并注明是矩形布置还是梅花形布置。

4. 墙梁列表注写法（图5-5）

剪力墙梁表

编号	所在楼层号	梁顶相对标高高差	梁截面 $b×h$	上部纵筋	下部纵筋	箍筋
LL1	2～9	0.800	300×2000	4Φ25	4Φ25	Φ10@100(2)
	10～16	0.800	2500×2000	4Φ22	4Φ22	Φ10@100(2)
	屋面1		250×1200	4Φ20	4Φ20	Φ10@100(2)
LL2	3	−1.200	300×2520	4Φ25	4Φ25	Φ10@150(2)
	4	−0.900	300×2070	4Φ25	4Φ25	Φ10@150(2)
	5～9	−0.900	300×1770	4Φ25	4Φ25	Φ10@150(2)
	10～屋面1	−0.900	250×1700	4Φ22	4Φ22	Φ10@150(2)
AL1	2～9		300×600	3Φ20	3Φ20	Φ8@150(2)
	10～16		250×500	3Φ18	3Φ18	Φ8@150(2)
BKL1	屋面1		500×750	4Φ22	4Φ22	Φ10@150(2)

图5-5

（1）墙梁分为连梁LL、暗梁AL、边框梁BKL三种。

（2）连梁表中应注明连梁所在的楼层范围。

（3）连梁表中应注明连梁梁顶相对于楼面标高的高差，当连梁的梁顶高于楼面标高时，标注为正数值，当连梁的梁顶低于楼面标高时，标注为负数值。

（4）连梁的梁截面标注同框架梁的标注。

（5）上部纵筋和下部纵筋各为一排时，直接标注根数、级别和直径，当为两排时用"/"隔开。

（6）箍筋标注同框架梁的标注。

（7）腰筋的标注为空时，取连梁所在墙身的水平分布筋根数、级别和直径，当单独标注时，取单独标注值。

剪力墙列表注写法的实例参照 16G101-1 第 22～23 页学习。

5. 墙洞列表注写法

矩形洞口代号为 JD，圆形洞口代号为 YD。

以 16G101-1 第 22 页示例图纸为例：

YD1 200

2 层：－0.800

其他层：－0.500

2C16

表示圆形洞口，编号为 1，圆形洞口内直径为 200mm；在 2 层的 YD1，圆形洞口的圆心相对于结构层楼面标高 4.470 低 0.8m 其他楼层的 YD1，洞口圆心相对于结构层楼面标高低 0.5m。2C16 表示圆形洞口的环向补强钢筋为 2 根三级 16mm 钢筋。

三、剪力墙平法识图—截面注写法

截面注写法参照 16G101-1 第 17～18 页学习。

截面注写法是在分层绘制的剪力墙平面布置图上，直接在墙柱、墙身、墙梁上注写截面尺寸和配筋具体数值的方式来表达建立墙构件配筋。截面注写法的实例可参照 16G101-1第 24 页学习。

截面注写法在构件原位选择相同的构件中的任何一个按比例原位放大绘制。

以 16G101-1 第 24 页图纸学习以下内容：

1. 结构楼层表注写法

剪力墙截面注写法的结构楼层表注写方法同列表注写法。

2. 墙柱截面注写法

以 GBZ1 为例，GBZ1 表示构造边缘构件柱编号为 1，24C18 表示全部纵筋根数为 24根，钢筋规格为 HRB400，直径 18mm。纵筋的排布方式如截面图所示。箍筋为 HPB300直径 10mm 钢筋，箍筋间距为 150mm。

3. 墙身截面注写法

以 Q2 为例，Q2 墙厚味 250mm，水平分布筋内外侧均为 HRB400 直径 10mm，水平筋间距为 200mm，竖向分布筋内侧外侧均为 HRB400 直径 10mm，水平筋间距为 200mm。拉筋的规格为 HPB300 直径 6mm，间距为 600mm×600mm，矩形布置方式。

4. 墙梁截面注写法

以 LL4 为例，在 2 层的 LL4 截面尺寸 $b×h$ 为 250mm×2070mm，在 3 层的 LL4 截面尺寸为 250×1770mm，在 4～9 层的 LL4 截面尺寸为 250×1170mm。LL4 的箍筋为

HPB300 直径 10mm，间距为 200mm，两肢箍。上部纵筋为 4 根三级 20mm，下部纵筋为 4 根三级 20mm。

5. 墙洞截面注写法

剪力墙截面注写法的洞口注写方法同列表注写法。

四、剪力墙平法识图—地下室外墙表示方法

参照 16G101-1 第 19 页～21 页学习本小节内容。

地下室外墙的表示方法一般是在图纸中单独画出大样图来表示，图集中的表示方法较少使用，可做一般性了解。

以 16G101-1 第 25 页示例图纸中的 DWQ1 为例：

集中标注：地下室外墙 1 的范围为 1 轴到 6 轴，墙厚为 250mm，OS 表示外侧贯通筋，H 表示外侧水平贯通筋为 HRB400 级直径 18mm，间距为 200mm，V 表示外侧竖向贯通筋为 HRB400 级直径 20mm，间距为 200mm。

IS 表示内侧贯通筋，H 表示内侧水平贯通筋为 HRB400 级直径 16mm，间距为 200mm，V 表示内侧竖向贯通筋为 HRB400 级直径 18mm，间距为 200mm。tb 表示墙拉筋为 HPB300 级 6mm，矩形布置方式，间距为 400mm×400mm。

原位标注：水平方向非贯通筋为①号筋和②号筋，①号筋自支座外边缘算起，向跨内伸出长度为 2400mm，②号筋自中间支座中心线算起，分别向两边跨内伸出长度为 2000mm。

竖直方向非贯通筋为③号筋、④号筋和⑤号筋，③号筋向层内伸出的长度值自基础底板顶面算起 2100mm，④号筋向层内伸出的长度从板中间算起，上下各伸出 1500mm，⑤号筋从顶板底面算起，向层内伸出 1500mm。

注意：

1. 当地下室外墙顶部设置水平通长加强筋（压顶筋）时应单独注明。

2. 地下室外墙通常会设置扶壁柱，扶壁柱和内墙是否作为地下室外墙水平方向的支座，设计应予以明确。

3. 抗震等级为一级时，水平施工缝处需设置附加竖向插筋时，设计应注明构件位置、附加筋的规格、数量和间距。

4. 地下室外墙外侧非贯通筋通常采用隔一布一方式，其标注间距应与贯通筋相同，两者组合后的实际分布间距为各自标注间距的一半。

第二节　剪力墙构件钢筋构造要求

一、墙柱插筋在基础内的锚固构造

请参照 16G101-3 第 65 页学习本小节（图 5-6）。

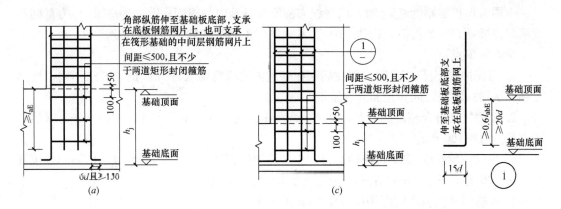

图 5-6

（a）保护层厚度＞5d；基础高度满足直锚；（c）保护层厚度＞5d；基础高度不满足直锚

上图为保护层厚度＞5d 时，墙柱纵向插筋在基础内的锚固构造，构造（a）为基础厚度满足柱插筋直锚的构造；构造（c）为基础厚度不满足柱插筋直锚的构造。

学习知识点：

1. 当基础厚度大于墙柱插筋锚固长度时，墙柱角部插筋插至基础底板底部，支在底板钢筋网上，弯折长度 6d 且大于 150mm。角部插筋的区分见 16G101-3 第 65 页右上部"边缘构件角部纵筋"。

2. 墙柱插筋在基础内的部分设置非复合箍筋，也就是只按楼层的箍筋配筋设置外箍，不设置内箍。非复合箍起步间距为自基础顶面算起 100mm，非复合箍的间距不大于 500mm，且不少于两道。

3. 当墙柱插筋位于上翻的基础梁上时，基础的厚度自基础梁顶面开始算起，到基础底面。当柱插筋位于下翻的基础梁上时，基础的厚度自基础顶面算起到下翻基础梁底部。

4. 当基础厚度小于墙柱插筋锚固长度时，墙柱插筋插至基础底板底部，支在底板钢筋网上，弯折 15d，且插筋竖直段插入基础的长度≥0.6 倍锚固长度且≥20d。

5. 这里所说的基础可以是独立基础、条形基础、梁板式基础、平板式基础等各种基础形式（图 5-7）。

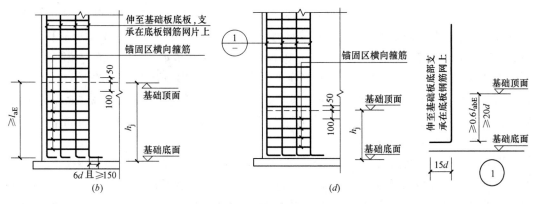

图 5-7

（b）保护层厚度≤5d；基础高度满足直锚；（d）保护层厚度≤5d；基础高度不满足直锚

上图为保护层厚度≤5d时，墙柱纵向插筋在基础内的锚固构造，构造（a）为基础厚度满足柱插筋直锚的构造；构造（b）为基础厚度不满足柱插筋直锚的构造。

学习知识点：

1. 当保护层厚度≤5d时，墙柱插筋在基础内的箍筋要求与>5d时，要求不同，增加了锚固区横向箍筋，同样是非复合箍筋。

2. 锚固区非符合箍筋的直径≥$d/4$（d为柱纵筋最大直径），间距≤5d（d为纵筋最小直径）且≤100mm。

3. 当保护层厚度≤5d是何种情况，比如纵筋的直径为20mm，则5d=100mm，也就是保护层厚度小于10cm的情况，一般是边部和角部有这种情况。

4. 构造的其他要求同保护层厚度>5d的情况。

二、墙身竖向分布钢筋插筋在基础内的锚固构造

请参照16G101-3第64页学习本小节。

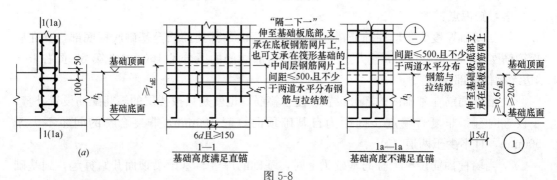

图 5-8

（a）保护层厚度 $25d$

图5-8为保护层厚度>5d时，墙身竖向分布钢筋插筋在基础内的锚固构造，1-1为基础厚度满足直锚时的构造，1a—1a为基础厚度不满足直锚时的构造。

学习知识点：

1. 当基础厚度满足墙身竖向钢筋在基础内直锚时，墙身竖向钢筋在基础内"隔二下一"，"下一"的钢筋伸至基础板底部，支撑在底板钢筋网片上，如果筏板基础有中间层钢筋网片时，可支持在中间层钢筋网片上，底部弯折6d且≥150mm。"隔二"的钢筋从基础顶面算起下插一个l_{aE}。在基础内设置间距≤500mm，且不少于两道水平分布钢筋与拉筋。

2. 当基础厚度不满足墙身竖向钢筋在基础内直锚时，墙身竖向钢筋按1a—1a图示构造。墙身竖向分布钢筋伸至基础底板底部，支撑在底板钢筋网上，底部弯折15d，且插筋竖直段插入基础的长度≥0.6倍锚固长度且≥20d。在基础内设置间距≤500mm，且不少于两道水平分布钢筋与拉筋。

图5-9为保护层厚度≤5d时，墙身竖向分布钢筋插筋在基础内的锚固构造，2—2为基础厚度满足直锚时外侧竖向分布筋的构造，2a—2a为基础厚度不满足直锚时外侧竖向分布钢筋的构造。1—1为基础厚度满足直锚时内侧竖向分布筋的构造，1a—1a为基础厚度不满足直锚时内侧竖向分布钢筋的构造。

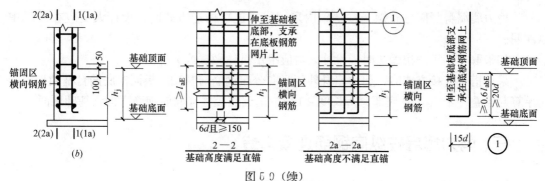

图 5-9（续）

（b）保护层厚度≤5d

学习知识点：

基础厚度满足墙身竖向分布钢筋在基础内直锚时：

1. 外侧竖向分布钢筋构造：

（1）当基础厚度满足墙身竖向钢筋直锚时，墙身竖向钢筋伸至基础板底部，支撑在底板钢筋网片上，底部弯折 6d 且≥150mm。

（2）基础内设置锚固区横向钢筋，锚固区横向钢筋应满足直径≥d/4（d 为墙身竖向分布钢筋最大直径），间距≤10d（d 为墙身竖向分布钢筋最小直径）且≤100mm 的要求。

2. 内侧竖向分布钢筋构造：

内侧竖向分布钢筋的构造同 1—1 的构造（图 5-9（续））。

基础厚度不满足墙身竖向分布钢筋在基础内直锚时：

1. 外侧竖向分布钢筋构造

（1）当基础厚度不满足墙身竖向钢筋直锚时，墙身竖向钢筋伸至基础板底部，支撑在底板钢筋网片上，底部弯折 15d，且插筋竖直段插入基础的长度≥0.6 倍锚固长度且≥20d。

（2）基础内设置锚固区横向钢筋，锚固区横向钢筋应满足直径≥d/4（d 为墙身竖向分布钢筋最大直径），间距≤10d（d 为墙身竖向分布钢筋最小直径）且≤100mm 的要求。

2. 内侧竖向分布钢筋构造

内侧竖向分布钢筋的构造同 1a—1a 的构造（图 5-10）。

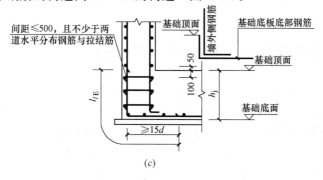

图 5-10（续）

（c）搭接连接

剪力墙墙身竖向分布钢筋柱基础内采用搭接连接构造方式时，设计人员应在图纸中注明。

如采取不同于图集做法时，设计人员应给出具体做法或大样图。

采用搭接连接方式时，剪力墙身外侧竖向分布钢筋与基础底板同向底筋自基础顶面开始算起重叠一个 l_{le}，且底部弯折长度 $\geqslant 15d$。基础底板底部同向钢筋弯折到基础顶面。

三、剪力墙墙柱纵向钢筋连接构造

请参照 16G101-1 第 73 页学习本小节内容（图 5-11）。

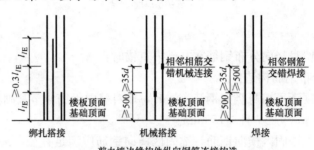

图 5-11

学习知识点：

1. 剪力墙边缘构件包括 YBZ 和 GBZ 两种类型的墙柱。

2. 端柱竖向钢筋和箍筋的构造与框架柱相同。

3. 截面高度不大于截面厚度 4 倍的矩形独立墙肢，其竖向钢筋和箍筋的构造与框架柱相同。

4. 剪力墙墙柱的竖向钢筋可采用绑扎搭接、机械连接和焊接三种形式。

5. 当采用绑扎搭接时，可从基础顶面或楼板顶面开始搭接，搭接长度为 l_{lE}，高桩与低桩错开的长度为 $1.3l_{lE}$。搭接长度范围内箍筋间距 $\leqslant 100mm$。

6. 当采用机械连接或焊接时，自基础顶面或楼板顶面起 $\geqslant 500mm$ 后开始连接，高桩和低桩错开的长度 $\geqslant 35d$。

四、剪力墙墙身竖向分布钢筋连接构造

请参照 16G101-1 第 73 页学习本小节内容（图 5-12）。

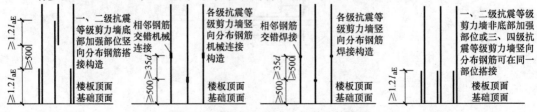

图 5-12 剪力墙竖向分布钢筋连接构造

学习知识点：

1. 剪力墙墙身竖向分布钢筋连接可采用搭接、机械连接、焊接三种形式。

2. 当采用搭接连接方式时，剪力墙抗震等级为一、二级的底部加强部位采用50％搭接面积百分率，搭接长度为$1.2l_{aE}$，高桩与低桩错开的长度≥500mm。当剪力墙抗震等级为一、二级的非底部加强部位或三四级抗震等级的墙身竖向分布钢筋可采用100％搭接面积百分率，搭接长度为l_{aE}。搭接位置超出基础顶面或楼板顶面以上即可。

3. 当采用机械连接或焊接连接方式时，连接位置自基础顶面或楼板顶面以上≥500mm。高桩与低桩错开长度≥500mm。

五、剪力墙墙身及墙柱变截面处竖向钢筋的构造

请参照16G101-1第74页学习本小节内容（图5-13）。

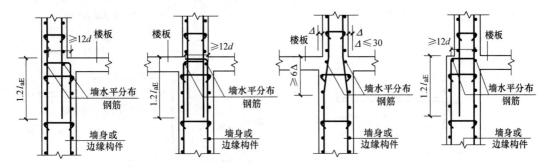

图5-13 剪力墙变截面处竖向钢筋构造

学习知识点：

1. 本图适用于剪力墙墙身及墙柱。

2. 当上下两层单边变化值 Δ≤30mm 时，墙身或墙柱的竖向钢筋连续通过变截面点，不做封头处理。

3. 当剪力墙内侧单边变截面时，不能直通的剪力墙内侧竖向钢筋弯折$12d$封头，上层截面变小的内侧竖向钢筋重新插筋，自楼板顶面算起下插$1.2l_{aE}$。

4. 当剪力墙外侧单边变截面时，不能直通的剪力墙外侧竖向钢筋弯折$12d$封头，上层截面变小的外侧竖向钢筋重新插筋，自楼板顶面算起下插$1.2l_{aE}$。

5. 当剪力墙两侧均变截面时，不能直通的剪力墙内、外侧竖向钢筋弯折$12d$封头，上层截面变小的内、外侧竖向钢筋重新插筋，自楼板顶面算起下插$1.2l_{aE}$。

六、剪力墙墙身及墙柱顶层封顶构造

请参照16G101-1第74页学习本小节内容（图5-14）。

1. 本图适用于剪力墙墙身及墙柱。

2. 边角部的剪力墙墙柱或墙身封顶时，伸至板顶弯折$12d$。

3. 中部剪力墙墙柱或墙身封顶时，伸至板顶弯折$12d$。

4. 当剪力墙顶部为边框梁 BKL 时，如梁高能满足墙身或墙柱竖向钢筋直锚时，伸入

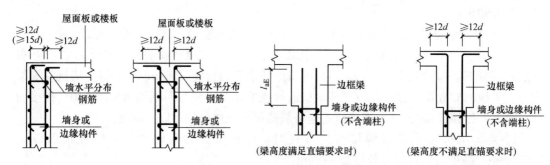

图 5-14　剪力墙竖向钢筋顶部构造

BKL 内一个 l_{aE}；当边框梁梁高不满足直锚时，伸至边框梁顶部弯折 12d。

5. 图一中的 15d 要与 16G101-1 第 100 页和 106 页板与跨中板带支座为剪力墙墙顶采用搭接构造时配合使用。如图 5-15、图 5-16 所示：

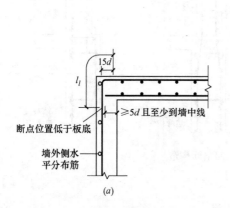

图 5-15　端部支座为剪力墙墙顶
（a）搭接连接

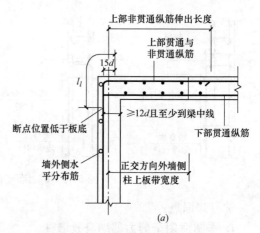

图 5-16　跨中板带与剪力墙墙顶连接
（a）搭接连接

七、剪力墙竖向钢筋其他构造要求

请参照 16G101-1 第 73 页 74 页学习本小节内容（图 5-17）。

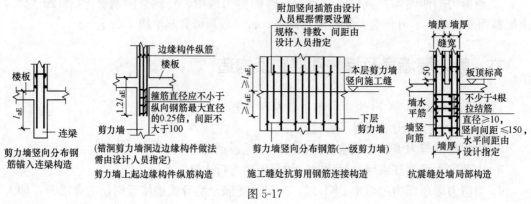

图 5-17

184

学习知识点：

1. 连梁上部起剪力墙时，剪力墙竖向分布钢筋在连梁内生根，自楼板顶面算起下插一个 l_{aE}。

2. 剪力墙上部起墙柱时，墙柱竖向钢筋在剪力墙内生根，自楼板顶面算起下插 $1.2l_{aE}$。

3. 剪力墙施工缝处需附加施工缝竖向加强筋，附加筋有设计人员指定规格、排数、间距。

4. 抗震缝处需附加不少于 4 根拉结筋，直径≥10mm，竖向间距≤150mm，水平间距由设计指定。

八、剪力墙墙身水平分布筋构造要求

请参照 16G101-1 第 71 页 72 页学习本小节内容。

1. 剪力墙端部为暗柱时，墙身水平分布筋的构造（图 5-18）。

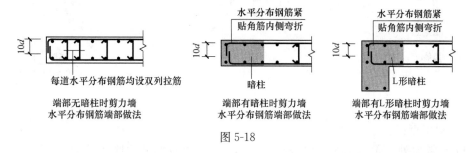

图 5-18

学习知识点：

（1）剪力墙端部无暗柱时，剪力墙墙身内外侧水平分布筋在端部弯折 $10d$。

（2）剪力墙端部为一字形暗柱时，剪力墙墙身内外侧水平分布筋在暗柱角筋内侧弯折 $10d$。

（3）剪力墙端部为 L 形暗柱时，剪力墙墙身内外侧水平分布筋伸至尽端暗柱外侧纵筋内侧弯折 $10d$。

2. 剪力墙端部为转角墙时，墙身水平分布筋的构造（图 5-19）。

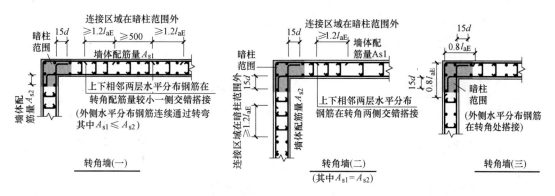

图 5-19

学习知识点：

（1）转角墙墙身内侧水平筋伸至墙柱外侧纵筋内侧弯折 $15d$。

（2）转角墙墙身外侧水平筋有三种构造方式：

节点外搭接方式：墙身外侧水平筋连续通过转角墙柱，在配筋量较小一侧墙身处搭接，搭接长度 $\geqslant 1.2l_{aE}$，中间错开长度 $\geqslant 500\text{mm}$。

两侧搭接方式：墙身水平筋上下相邻两层柱转角两侧交错搭接，搭接长度 $\geqslant 1.2l_{aE}$。

节点内搭接方式：两侧墙身水平筋伸至墙柱外侧纵筋内侧，弯折 $0.8l_{aE}$。100% 搭接。

（3）在斜转角墙墙柱位置，外侧墙身水平分布筋连续通过，内侧水平分布筋伸至对边墙柱纵筋内侧，弯折 $15d$。见 16G101-1 第 71 页左下"斜交转角墙"图示。

3. 剪力墙端部为翼墙时，墙身水平分布筋的构造（图 5-20）。

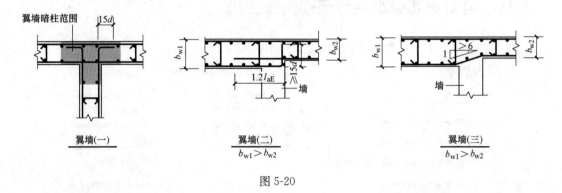

图 5-20

学习知识点：

（1）在翼墙处，垂直相交的墙身水平筋伸至对边墙柱纵筋内侧弯折 $15d$。

（2）对翼墙两侧剪力墙墙厚有变化的情况，如截面变化值与垂直相交墙厚比 $\geqslant 1/6$ 时，翼墙两侧剪力墙内侧水平筋连续通过，不做断开处理。当变化比 $< 1/6$ 时，做断开处理，墙厚一层的内侧水平分布筋伸至对边弯折 $15d$，墙厚较小一侧的内侧水平分布筋自进入垂直相交的剪力墙后，插入较厚的墙内 $1.2l_{aE}$。

（3）斜交翼墙处，墙身水平分布筋伸至墙柱对边纵筋内侧弯折 $15d$。见 16G101-1 第 72 页"斜交翼墙"。

4. 剪力墙端部为端柱时，墙身水平分布筋的构造

（1）端柱转角墙时，墙身水平分布筋的构造（图 5-21）。

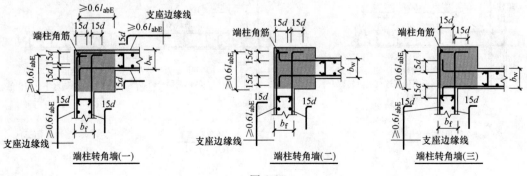

图 5-21

学习知识点：

位于两道 L 形相交的剪力墙转角处的端柱，根据其与两道剪力墙的位置关系分为图示中的三种情况。位于与端柱边部的墙身外侧水平分布筋插入端柱内平直段长度 $\geqslant 0.6\,l_{aE}$，弯折长度 $15d$。内侧水平分布筋伸至尽端端柱纵筋内侧弯折 $15d$。

（2）端柱翼墙时，墙身水平分布筋的构造（图 5-22）。

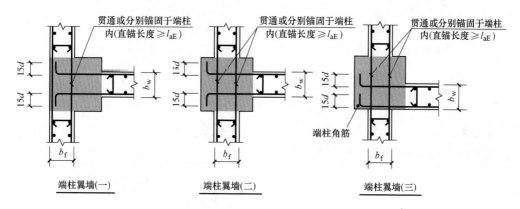

端柱翼墙(一)　　　　端柱翼墙(二)　　　　端柱翼墙(三)

图 5-22

学习知识点：

位于两道丁形相交的剪力墙处的端柱，根据其与两道剪力墙的位置关系分为图示中的三种情况。垂直相交的剪力墙水平分布筋伸至尽端端柱纵筋内侧弯折 $15d$。另一方向的墙身水平分布筋可贯通通过端柱，也可分别锚固于端柱内，直锚长度 $\geqslant l_{aE}$。

（3）端柱位于剪力墙端部时，墙身水平分布筋的构造（图 5-23）

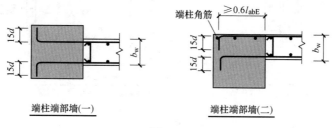

端柱端部墙(一)　　　　　　端柱端部墙(二)

图 5-23

学习知识点：

端柱位于剪力墙端部时，根据端柱与剪力墙的位置关系，分为上图两种情况。

剪力墙墙身水平分布筋伸至端柱尽端纵筋内侧，弯折 $15d$。

九、剪力墙约束边缘构件 YBZ 构造

参照 16G101-1 第 75～76 页学习本小节内容

1. 约束边缘暗柱构造（图 5-24）

学习知识点

约束边缘暗柱非阴影区内有配置箍筋和拉筋两种形式，可根据图纸规定或现场施工选

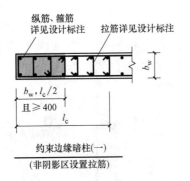
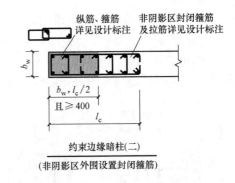

图 5-24

择其中一种。

2. 约束边缘翼墙构造（图 5-25）

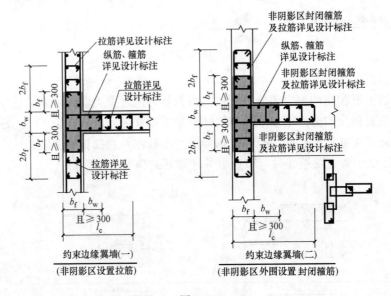

图 5-25

约束边缘翼墙非阴影区内有配置箍筋和拉筋两种形式，可根据图纸规定或现场施工选择其中一种。

3. 约束边缘转角墙构造（图 5-26）

约束边缘翼转角墙非阴影区内有配置箍筋和拉筋两种形式，可根据图纸规定或现场施工选择其中一种。

4. 约束边缘端柱构造（图 5-27）

约束边缘端柱非阴影区内有配置箍筋和拉筋两种形式，可根据图纸规定或现场施工选择其中一种。

5. 剪力墙身水平分布钢筋计入约束边缘构件体积配箍率的构造

（1）约束边缘暗柱（图 5-28）

学习知识点：剪力墙水平分布筋在约束边缘暗柱端部有两种构造，一种是 U 形钢筋

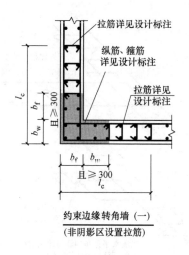

约束边缘转角墙（一）
（非阴影区设置拉筋）

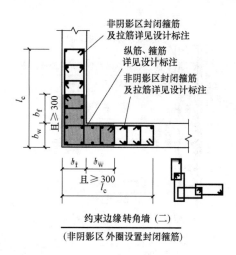

约束边缘转角墙（二）
（非阴影区外圈设置封闭箍筋）

图 5-26

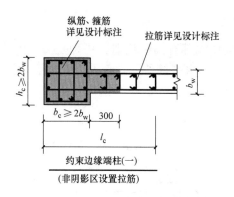

约束边缘端柱（一）
（非阴影区设置拉筋）

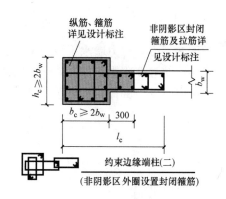

约束边缘端柱（二）
（非阴影区外圈设置封闭箍筋）

图 5-27

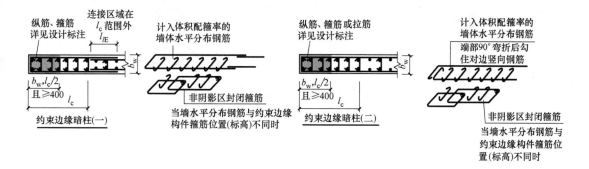

约束边缘暗柱（一）

约束边缘暗柱（二）

图 5-28

在约束边缘暗柱非阴影区外 100% 搭接构造；另一种是水平筋伸至端部 $90°$ 弯折后勾住对边竖向钢筋。施工翻样时可任选一种。

（2）约束边缘翼墙（图 5-29、图 5-30、图 5-31）

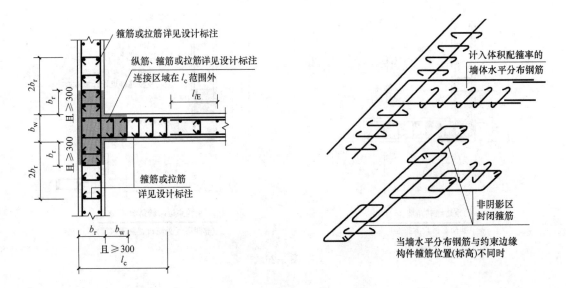

图 5-29　约束边缘翼墙（一）

学习知识点：剪力墙水平分布筋在约束边缘翼墙端部有两种构造：一种是 U 形钢筋在约束边缘暗柱非阴影区外 100％搭接构造；另一种是水平筋伸至端部 90°弯折后勾住对边竖向钢筋。施工翻样时可任选一种。

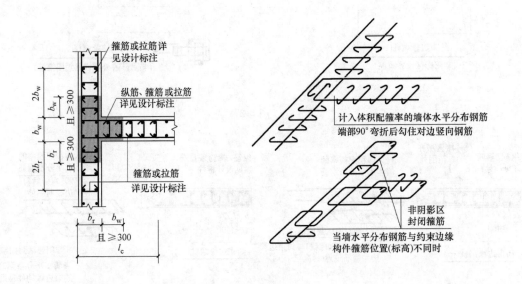

图 5-30　约束边缘翼墙（二）

（3）约束边缘转角墙

学习知识点：

剪力墙水平分布筋在约束边缘翼墙端部构造：水平筋伸至端部 90°弯折后勾住对边竖向钢筋。

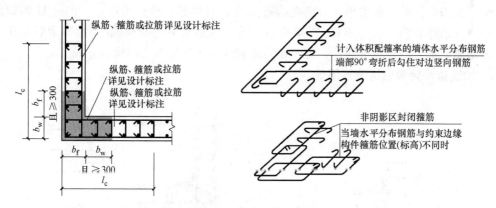

图 5-31 约束边缘转角墙

十、剪力墙构造边缘构件 GBZ 构造

参照 16G101-1 第 77 页学习本小节内容。

1. 构造边缘暗柱构造（图 5-32）

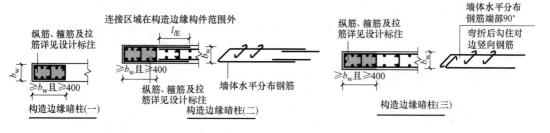

图 5-32

学习知识点：剪力墙水平分布筋在构造边缘暗柱端部有两种构造，一种是 U 形钢筋在约束边缘暗柱非阴影区外 100% 搭接构造；另一种是水平筋伸至端部 90°弯折后勾住对边竖向钢筋。施工翻样时可任选一种。

在实际翻样时多采用第二种构造方式。

2. 构造边缘翼墙构造（图 5-33）

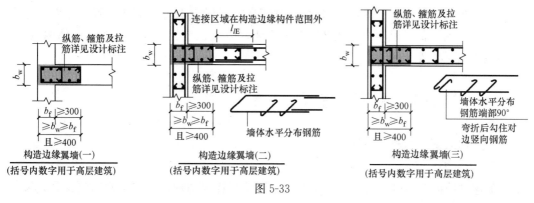

图 5-33

学习知识点：剪力墙水平分布筋在构造边缘翼墙端部有两种构造，一种是 U 形钢筋在约束边缘暗柱非阴影区外 100% 搭接构造；另一种是水平筋伸至端部 90°弯折后勾住对边竖向钢筋。施工翻样时可任选一种。在实际翻样时多采用第二种构造方式。

3. 构造边缘转角墙构造（图 5-34）

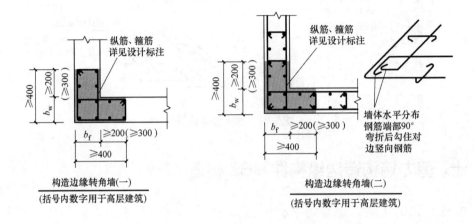

图 5-34

学习知识点：

剪力墙水平分布筋在构造边缘转角端部构造：水平筋伸至端部 90°弯折后勾住对边竖向钢筋。

4. 其他构造边缘构件构造（图 5-35）

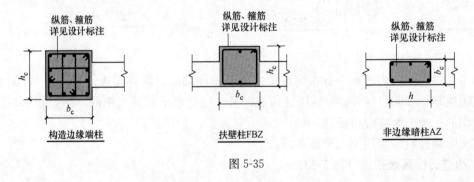

图 5-35

学习知识点：扶壁柱、非边缘暗柱通常在图纸平面布置图上不说明，而是在图纸总说明或平面布置图的备注说明中以文字的形式说明，以墙长度长于某个值时，在墙内设置，翻样时属易遗漏构件。

十一、连梁 LL 配筋构造

1. 连梁 LL 配筋构造（图 5-36）

学习知识点：

（1）连梁按纵向高度分类，分为楼层连梁和墙顶连梁两种；按连梁横向位置分为端部

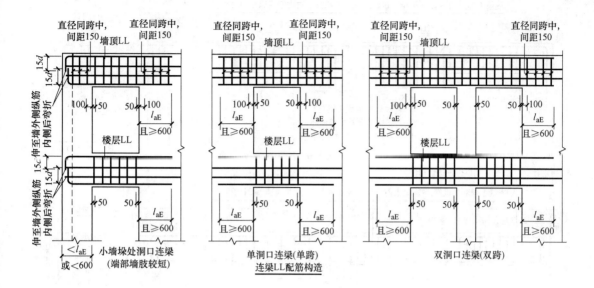

图 5-36

连梁、中部单洞口连梁和双洞口连梁。

（2）端部连梁顶部和底部纵筋能直锚时直锚，无法直锚时，可伸至墙外侧纵筋内侧弯折 $15d$。

（3）中部单洞口连梁伸入两端墙体或暗柱内一个锚固长度 l_{ae} 且 $\geqslant 600mm$。

（4）中部双洞口连梁伸入两端墙体或暗柱内一个锚固长度 l_{ae} 且 $\geqslant 600mm$。

（5）楼层连梁的箍筋在洞口范围内按设计值，在洞口两侧墙体内不布置箍筋，起步距离为 50mm。

（6）顶层连梁的箍筋在洞口范围内按设计值，在洞口两侧墙体内布置箍筋，箍筋级别、直径同洞口范围内箍筋，间距 150mm，起步距离为 100mm。

（7）连梁腰筋按设计值，设计未给出时，默认按墙体水平分布筋配筋，并与墙体水平分布筋拉通。

（8）连梁腰筋拉筋规定：当梁宽 $\leqslant 350mm$ 时，拉筋直径为 6mm，当梁宽 > 350 时，拉筋直径为 8mm，拉筋间距为箍筋间距的 2 倍，并上下错开布置。

2. 剪力墙边框梁 BKL 或 AL 与 LL 重叠时配筋构造（图 5-37）

学习知识点：

（1）连梁与边框梁或暗梁重叠时，当暗梁或边框梁顶部纵筋直径和根数大于连梁时，连梁顶部纵筋用暗梁或边框梁顶部纵筋替代。当连梁上部有附加筋时，连梁附加筋照设，附加筋在洞口两侧的锚固按 l_{aE} 且 $\geqslant 600mm$ 设置。

（2）连梁与边框梁重叠时，边框梁箍筋内箍可用连梁箍筋替代。

（3）边框梁和连梁的底部纵筋照设。

（4）边框梁端部顶部纵筋和底部纵筋构造同屋面框架梁构造，见 16G101-1 第 85 页和 67 页。

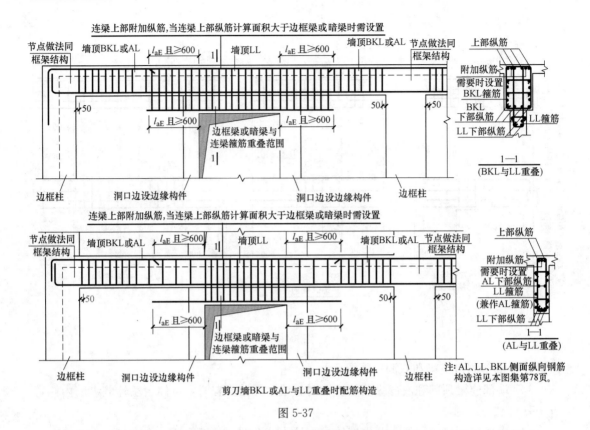

图 5-37

3. 剪力墙连梁 LLK 纵向钢筋、箍筋加密区构造（图 5-38）

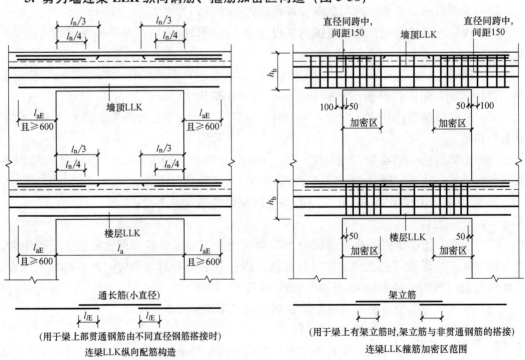

图 5-38

学习知识点：

（1）框连梁是16G101-1图集新增加的一种梁，多用于剪力墙结构中。

（2）框连梁按照纵向位置分为墙顶框连梁和楼层框连梁两种。

（3）框连梁的顶部贯通纵筋由两种不同直径的钢筋搭接时，其搭接长度为 l_{lE}。

（4）框连梁的顶部纵筋有架立筋时，架立筋与非贯通纵筋的搭接长度为150。

（5）框连梁在端部墙体内的锚固长度为 l_{aE} 且≥600mm。

（6）框连梁的顶部一排负筋和二排负筋伸入跨内的长度同框架梁要求。

（7）框连梁的腰筋狗仔做法同连梁。

（8）楼层框连梁的箍筋在洞口内起步距离为50mm，在洞口内的加密区长度为：一级抗震时，加密区长度≥2倍梁高且≥500mm；其他抗震等级时，加密区长度1.5倍梁高且≥500mm。在洞口两侧的锚固区内不设置箍筋。

（9）顶层框连梁的箍筋在洞口范围内构造同楼层框连梁。其在洞口两侧锚固区内设置箍筋，箍筋级别和直径同洞口范围内箍筋，间距为150mm，起步间距为100mm。

4. 连梁交叉斜筋、集中对角斜筋、对角暗撑配筋构造（图5-39、图5-40、图5-41）

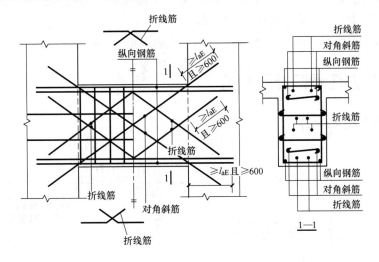

图5-39 连梁交叉斜筋配筋构造

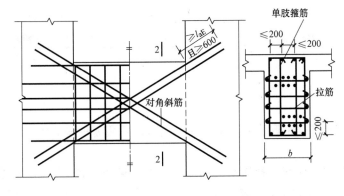

图5-40 连梁集中对角斜筋配筋构造

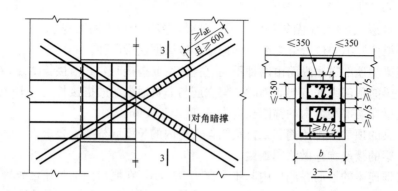

图 5-41　连梁对角暗撑配筋构造

用于筒中筒结构时，l_{aE} 均取为 $1.15l_s$。

学习知识点：

1. 250mm≤连梁的宽度≤400mm 时，连梁可采用交叉斜筋配筋；当连梁宽度≥400 时，连梁可采用对角斜筋配筋或对角暗撑配筋。

2. 连梁的加强筋伸入洞口两侧墙体内的长度为≥l_{aE}，且≥600mm。

十二、剪力墙洞口补强构造

1. 矩形洞口（图 5-42）

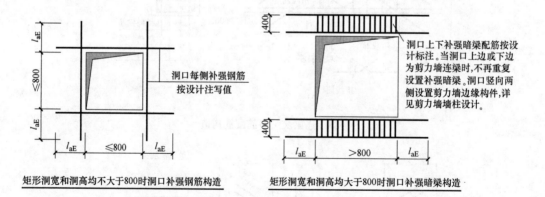

矩形洞宽和洞高均不大于800时洞口补强钢筋构造　　矩形洞宽和洞高均大于800时洞口补强暗梁构造

图 5-42

学习知识点：

（1）矩形洞口有补强钢筋和补强暗梁两种构造，采用哪种构造由设计在图纸总说明中具体规定。

（2）矩形洞口补强钢筋及补强暗梁钢筋锚入洞口两侧长度为 l_{aE}，补强暗梁的洞口两侧应配置墙柱，设计未给出时，应由设计明确。此处的墙柱在图纸平面布置图中一般不做绘制，翻样和算量时容易遗漏。

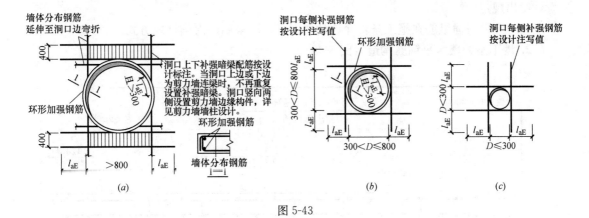

图 5-43

2. 圆形洞口（图 5-43）

学习知识点：

（1）圆形洞口的补强构造有三种方式，具体采用哪种由设计在图纸总说明中予以明确。

（2）圆形洞口补强钢筋伸入洞口两侧的墙体内长度为 l_{aE}，补强暗梁的洞口两侧应配置墙柱，设计未给出时，应由设计明确。此处的墙柱在图纸平面布置图中一般不做绘制，翻样和算量时容易遗漏。

十三、地下室外墙 DWQ 钢筋构造

参照 16G101-1 第 82 页学习本小节内容。

1. 地下室外墙竖向钢筋构造（图 5-44）

学习知识点：

（1）地下室墙体钢筋分为外侧竖向钢筋、内侧竖向钢筋、外侧水平钢筋、内侧水平钢筋、拉筋。外侧竖向钢筋又分为外侧竖向贯通纵筋和外侧竖向非贯通纵筋两种。外侧水平钢筋分为外侧水平贯通纵筋和外侧水平非贯通纵筋两种。

（2）外侧竖向贯通纵筋在基础内的锚固见 16G101-3 第 64 页，如设计人员在图纸中给出具体做法详图时，翻样人员应以图纸详图做法翻样。

（3）外侧竖向非贯通纵筋在基础内的锚固与外侧竖向贯通纵筋相同。

（4）外侧竖向贯通与非贯通纵筋封顶构造见本小节第 3 小节。

（5）外侧非贯通纵筋伸入跨内长度具体由

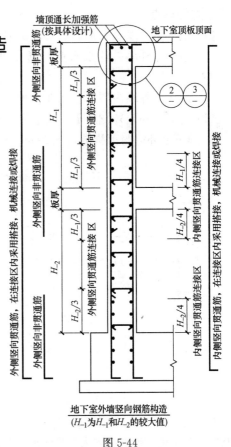

图 5-44

设计给出规定。

（6）竖向贯通纵筋在施工条件允许的情况下，可采用一次到顶的方式。

2. 地下室外墙水平钢筋构造（图 5-45）

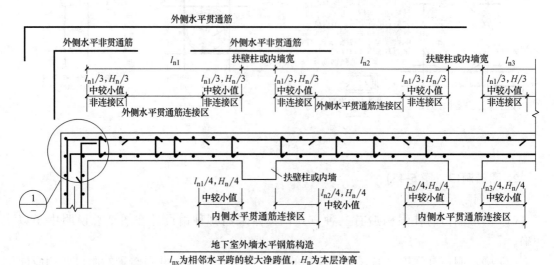

图 5-45

学习知识点：

（1）地下室外墙水平钢筋在竖向钢筋内侧，与楼层剪力墙不同。

（2）地下室外墙外侧水平筋在转角处可采用 100% 搭接方式，搭接弯折水平段长度为 $0.8l_{aE}$。

（3）地下室外墙内侧水平筋在转角处弯折水平段长度为 $15d$。

（4）地下室外墙外侧水平非贯通纵筋伸入跨内的长度由设计给出。

3. 地下室外墙封顶构造（图 5-46）

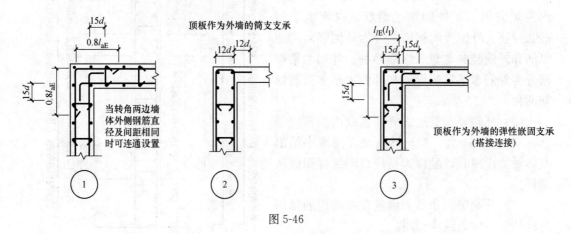

图 5-46

学习知识点：

（1）地下室外墙封顶构造有两种方式，一种是顶板作为地下室外墙的简支支承，另一种是顶板作为外墙的弹性嵌固支承，具体采用哪种封顶构造由设计人员在图纸中具体给出。

（2）顶板作为外墙的简支支承时，内侧和外侧竖向纵筋在顶部弯折 $12d$。

（3）顶板作为外墙的弹性嵌固支承时，地下室外墙外侧竖向钢筋与顶板顶部钢筋应有一个搭接长度，内侧竖向钢筋伸至顶板顶部板筋内侧弯折 $15d$。

（4）墙顶是否设置压顶筋具体由设计给出具体规定。

第三节　剪力墙构件钢筋翻样实例

一、剪力墙墙柱钢筋计算方法

（一）剪力墙墙柱需要计算的钢筋（表 5-2）

表 5-2

墙柱需计算的钢筋	墙柱纵筋	基础插筋
		中间层纵筋
		变截面纵筋
		顶层纵筋
	墙柱箍筋	
	墙柱拉筋	

（二）剪力墙墙柱计算实例

已知条件：

1. 墙柱的平面布置图如图 5-47 所示；

2. 结构楼层表如图 5-48 所示；

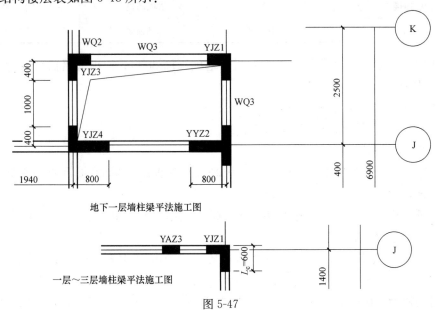

地下一层墙柱梁平法施工图

一层～三层墙柱梁平法施工图

图 5-47

3. 墙柱的柱表如图 5-49 所示：

屋面	屋面板顶	
顶层	51.830	实高
机房层	47.950	3880
16	44.880	3.070
15	41.880	3.000
14	38.880	3.000
13	35.880	3.000
12	32.880	3.000
11	29.880	3.000
10	26.880	3.000
9	23.880	3.000
8	20.880	3.000
7	17.880	3.000
6	14.880	3.000
5	11.880	3.000
4	8.880	3.000
3	5.880	3.000
2	2.880	3.000
1	−0.120	3.000
−1	−3.650	3.530
层号	标高(m)	层高(m)

底部加强部位（1～2层）

结构层楼面标高
结构层标高

图 5-48

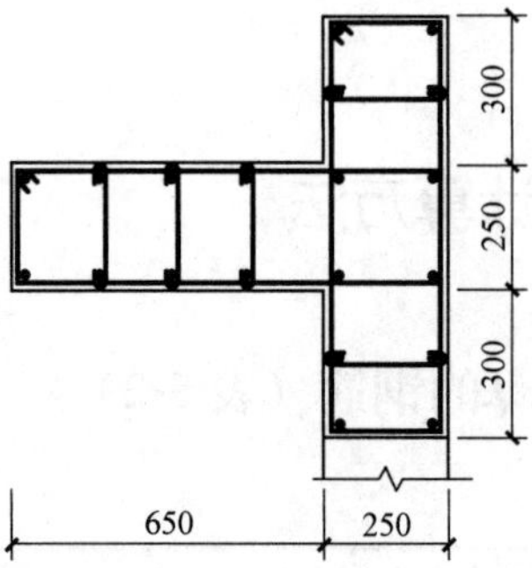

YYZ2
地下一层
20Φ14
Φ8@150

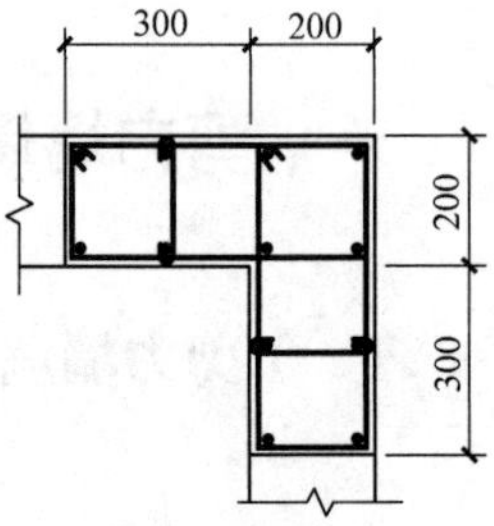

YYJZ1 (YJZ1a)
一层～三层
12Φ16(12Φ14)
Φ8@150

图 5-49

4. 其他已知条件（表 5-3）：

表 5-3

抗震等级	混凝土强度等级	保护层厚度(mm)	锚固长度
二级	C35	柱 20mm，基础 40/20mm	37d/40d
钢筋连接	接头百分率	嵌固部位	基础厚度及底层配筋
≥16mm 套筒；Ⅰ接头	50%面积百分率	基础顶面	750mm/X&YC18@200

地下室外墙钢板止水带中心高度为超出基础顶面 300mm，止水钢板高度为 300mm。原材长度为 9m。

计算 J 轴 YYZ2 地下一层～三层钢筋配料单。

（1）首先计算 YYZ2 在基础内的插筋：

当墙柱采用绑扎连接接头时：

高桩插筋的竖直段长度＝基础厚度－基础保护层厚度－基础底筋钢筋直径和＋纵筋露出基础顶面高度（$1.2l_{aE}$＋500＋$1.2l_{aE}$）

短桩插筋的竖直段长度＝基础厚度－基础保护层厚度－基础底筋钢筋直径和＋纵筋露出基础顶面高度（$1.2l_{aE}$）

由于 YYZ2 纵筋为 C14 采用绑扎搭接连接方式，由此可求得 YYZ2 的高低桩最小长度为：

高桩长度＝750 － 40 － 18－18＋1.2×37×14×2＋500＝2417.2mm

低桩长度＝750－40－18－18＋1.2×37×14＝1295.6mm

检查低桩露出基础顶面高度：$1.2l_{aE}$＝621.6mm 超出止水钢板高度，尺寸合适。

低桩露出基础顶面 621.6mm，高桩露出基础顶面 1743.2mm。

底部弯折长度：$37d$＝37×14＝518mm，基础厚度满足插筋直锚，底部弯折 $6d$ 且≥150mm，由此底部弯折长度为 150mm。

高桩下料长度＝2417.2＋150－$2d$＝2539.2mm，低桩下料长度＝1295.6＋150－$2d$＝1417.6mm

原材长度为 9m，接近的下料模数为 1.8mm、2.25m、3m，由此高桩的下料长度定为 3m，低桩的下料长度为 1.8m，相差 1.2m，满足错开 $1.2l_{aE}$＋500＝1121.6mm。

基础层箍筋数量＝max ［（基础高度－基础底部保护层）÷500，2］＋基础顶面以上固定箍 2 道＝2 道＋2 道

由此得到 YYZ2 在基础内的插筋料单如下表 5-4：

表 5-4

构件名称	直径级别	钢筋简图	下料（mm）	根数 * 件数	总根数	重量（kg）	备注
	Φ14	150 ⌐ 1647	1800	10	10	21.78	插入基础 674
	Φ14	150 ⌐ 2847	3000	10	10	36.30	插入基础 674
YYZ2 插筋	Φ8	210 ▢ 810	2170	4	4	3.43	2＋2
	Φ8	210 ▢ 960	2470	4	4	3.90	2＋2
	Φ8	⌐ 210	370	10	10	1.46	固定箍用

（2）计算 YYZ2 在地下一层的接筋及箍筋

① 首先由计算插筋得知高低桩露出基础顶面的高度分别为：2847－674＝2173mm；1647－674＝973mm。

② 层高由层高表得知为：地下一层 3.53m；首层 3m。

当采用绑扎搭接连接方式时：

不变截面的柱，接筋长度＝中间楼层层高 H＋$1.4l_{aE}$

变截面的柱，封头筋平直段长度＝中间楼层层高 H－保护层－本层高低桩露出长度＋$1.4l_{aE}$

变截面的柱，上层插筋长度＝$1.2l_{aE}$＋上层高低桩露出长度

分析 YYZ2 位置上层柱情况：YYZ2 上层变化为 YJZ1

对比其纵筋通断情况（图 5-50）：

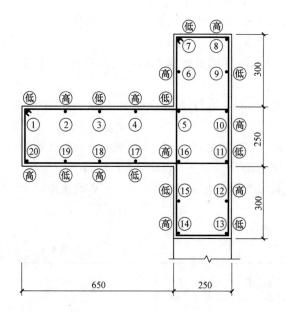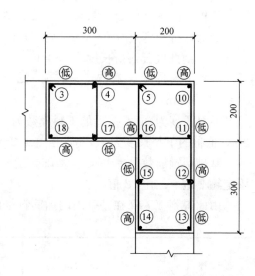

图 5-50

凡是单边变化值超过 30mm 的纵筋要做封头处理，凡是下层比上层多出的钢筋均做封头处理。见 16G101-1 第 74 页图示。

通过上下层柱大样图对照，①号筋、②号筋、⑳号筋、⑲号筋、⑥号筋、⑦号筋、⑧号筋、⑨号筋均做封头处理。⑤号、⑯号、⑮号、⑭号筋做封头，上层重新插筋，其他钢筋截面变化值为 25mm 小于做封头处理的 30mm 要求值，均做直通处理。

高桩封头筋的平直段长度＝中间楼层层高 H－保护层－本层高桩露出长度＋1.4 l_{aE}

$\qquad$ ＝3530－30－2173＋1.4×37×14＝2052.2mm （②⑳⑥⑧⑭⑯）

低桩封头筋的平直段长度＝中间楼层层高 H－保护层－本层低桩露出长度＋1.2 l_{aE}

$\qquad$ ＝3530－30－973＋1.4×37×14＝3252.2mm （①⑲⑦⑨⑤⑮）

直通钢筋的长度＝中间楼层层高 H＋1.4l_{aE}＝3530＋725.2＝4255.2mm （③⑰⑪④⑱⑩⑫）

接近下料模数 4m，直通钢筋长度取 4m，上层高低桩露出长度为 2173－255.2＝1917.8mm，973－255.2＝718mm。

低桩上层插筋长度＝1.2l_{aE}＋上层低桩露出长度＝1.2×37×16＋720＝1430mm （⑤⑮）

高桩上层插筋长度＝1.2l_{aE}＋上层高桩露出长度＝1.2×37×16＋1920＝2630mm （⑭⑯）

箍筋数量＝层高÷箍筋间距＋1－两道固定箍筋＝3530÷150＋1－2＝23 套 （去除插筋已经计算的 2 道）

外加两套上层固定箍筋。

由此得到地下一层 YYZ1 的料单如表 5-5 所示：

表 5-5

构件名称	直径级别	钢筋简图	下料(mm)	根件数*数	总根数	重量(kg)	备注
YYZ2 地下一层接筋	Φ14	3250 ⌐168	3421	6	6	24.84	1、19、7、9、5、15
	Φ14	2050 ⌐168	2221	6	6	16.12	20、20、6、8、14、16
	Φ16	4000	4003	8	8	50.60	3、17、11、13、4、18、10、12
	Φ16	1430	1433	2	2	4.53	插筋5、15插入710
	Φ16	2630	2633	2	2	8.32	插筋14、16插入710
	Φ8	210 810	2170	23	23	19.71	@150
	Φ8	210 960	2470	23	23	22.44	@150
	Φ8	210	370	5*23	115	16.81	@150
	Φ8	160 460	1370	2	2	1.08	@150
	Φ8	160 460	1370	2	2	1.08	@150
	Φ8	170	330	4	4	0.52	@150

（3）计算 YYZ2 在 1～2 层的接筋及箍筋

YYZ2 在首层变为 YJZ1，1～3 层无变化。

（1）本层高低桩露出长度为 1920mm、720mm。

（2）本层层高为 3m。

（3）连接方式为机械连接。

本层接筋长度＝本层层高 H

本层箍筋数量＝本层层高 H÷箍筋间距＋1

由此得到 1 层与 2 层接筋长度为 3m，箍筋数量＝3000÷150＋1＝21 套

L_c＝600mm，阴影区为 500mm，100mm 范围内多加一组拉筋。

料单如表 5-6 所示：

表 5-6

构件名称	直径级别	钢筋简图	下料(mm)	根件数*数	总根数	重量(kg)	备注
YJZ1 1～2 层	Φ16	3000 套 套	3003	12	12	56.94	
	Φ8	160 460	1370	21	21	11.36	@150
	Φ8	160 460	1370	21	21	11.36	@150
	Φ8	170	330	3*21	63	8.21	@150

（4）计算 YYZ2 在 3 层的接筋及箍筋

① 已知 YJZ1 在 3 层与 4 层间平面布置图发生了变化，YJZ1 变为 GJZ1，如图 5-51 所示：

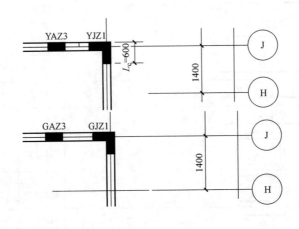

图 5-51

② 对比 YJZ1 与 GJZ1 柱表大样图如图 5-52 所示：

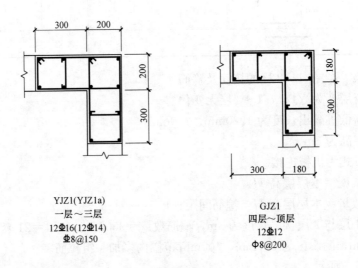

图 5-52

对比后发现（表 5-7）：

GJZ1 拐角内侧两边宽度各缩减 20mm，小于封头插筋要求的 30mm，纵筋可直通。

纵筋根数无变化，纵筋直径由 C16mm 变为 C12mm，钢筋连接方式在 4 层由机械连接变搭接。

箍筋直径及间距由 C8@150 变为 A8@200。

由 2 层接筋计算得知 3 层本层高低桩露出长度为 1920mm 和 720mm，3 层本层层高 3m。

由此得到 3 层接筋及箍筋与 2 层相同，4 层改搭接连接，3 层接筋一头套丝。

表 5-7

构件名称	直径级别	钢筋简图	下料 (mm)	根件数*数	总根数	重量 (kg)	备 注
YJZ1 3层	Φ16	3000 套	3003	12	12	56.94	
	Φ8	160 460	1370	21	21	11.36	@150
	Φ8	160 460	1370	21	21	11.36	@150
	Φ8	140	330	3*21	63	8.21	@150

（5）计算 GJZ1 在 4～16 层的接筋及箍筋

① 4 层高低桩露出长度仍为 1920mm 和 720mm。

② 4 层层高为 3m。

由此 4 层高低桩接筋长度＝本层层高 H＋1.4 l_{aE}＝3000＋1.4×37×12＝3000＋620＝3620mm。5 层露出长度为 1920mm 和 720mm。要求错开长度 810mm。

由于 3620mm 不是 9m 原材下料模数，会有 2480 的余料产生，因每层所需接筋长度为 3620，两层需要 7240mm，3000mm 是 9m 原材的下料模数，还需 4240mm，4240×2＝8480mm，9m 原材剩余 520mm。两层余料 520mm 可以接受。由此得出下料优化方案：一层 4240mm，一层 3000mm。4 层的高桩露出 1920 过高，接 4240mm 不合适，4 层低桩露出 720mm 接 3m 过低，因此需要进行一次高低桩的调整。4 层接筋用 2500mm 和 4500mm 分别接高桩、低桩，到 5 层高低桩互换。5 层开始按照一层 4240mm，一层 3000mm 进行接筋。由此得到如表 5-8 所示的方案：

表 5-8

层 数	本层桩长	高桩接筋	低桩接筋	上层桩长
4	1920/720	2500	4500	800/1600
5	800/1600	4240	4240	1420/2220
6	1420/2220	3000	3000	800/1500
7	800/1600	4240	4240	1420/2220
8	1420/2220	3000	3000	800/1600
9	800/1600	4240	4240	1420/2220
10	1420/2220	3000	3000	800/1600
11	800/1600	4240	4240	1420/2220
12	1420/2220	3000	3000	800/1600
13	800/1600	4240	4240	1420/2220
14	1420/2220	3000	3000	800/1600
15	800/1600	4240	4240	1420/2220
16	1420/2220	2170/1370		

16 层封顶筋竖直段长度＝本层层高 H－顶部保护层 100mm－本次高低桩露出长度＋$1.4l_{aE}$

低桩封顶筋竖直段长度＝3070－100－1420＋620＝2170mm

高桩封顶筋竖直段长度＝3070－100－2220＋620＝1370mm

弯折段 $12d=144$mm

GJZ1 在 4 层的料单如表 5-9 所示：

表 5-9

构件名称	直径级别	钢筋简图	下料(mm)	根件数＊数	总根数	重量(kg)	备注
GJZ1 4层	Φ12	2500	2503	6	6	13.34	搭接 620mm
	Φ12	4500	4503	6	6	23.99	搭接 620mm
	Φ8	140 440	1290	44	44	22.42	@200
	Φ8	140	300	44	44	5.21	@200

GJZ1 在 5、7、9、11、13、15 层料单如表 5-10 所示：

表 5-10

构件名称	直径级别	钢筋简图	下料(mm)	根件数＊数	总根数	重量(kg)	备注
GJZ1 5/7/9/11/13/15层	Φ12	4250	4253	12	12	45.32	搭接 620mm
	Φ8	140 440	1290	44	44	22.42	@200
	Φ8	140	300	44	44	5.21	@200

GJZ1 在 6、8、10、12、14 层的料单如表 5-11 所示：

表 5-11

构件名称	直径级别	钢筋简图	下料(mm)	根件数＊数	总根数	重量(kg)	备注
GJZ1 6/8/10/12/1层	Φ12	4250	4253	12	12	45.32	搭接 620mm
	Φ8	140 440	1290	44	44	22.42	@200
	Φ8	140	300	44	44	5.21	@200

GJZ1 在 16 层的料单如表 5-12 所示：

表 5-12

构件名称	直径级别	钢筋简图	下料(mm)	根数	件*数	总根数	重量(kg)	备注
	Φ 12	实量 ⌐— — — 2170 — — —¬ 144	2317	6		6	12.34	搭接 620mm
GJZ1	Φ 12	实量 ⌐— — 1370 — —¬ 144	1517	6		6	8.08	搭接 620mm
16 层	Φ 8	140 ▭ 440	1290	44		44	22.42	@200
	Φ 8	⌐140¬	300	44		44	5.21	@200

二、剪力墙墙身钢筋计算方法

(一) 剪力墙墙身需要计算的钢筋 (表 5-13)

表 5-13

墙身需计算的钢筋	墙身竖向分布筋	基础插筋
		中间层竖向分布筋
		变截面竖向分布筋
		顶层竖向分布筋
	墙身水平分布筋	外侧水平分布筋
		内侧水平分布筋
	墙身拉筋	

(二) 剪力墙墙身计算实例

1. 已知 WQ3 的平面布置图如图 5-53 所示:

为表达方便,图示直接给出了墙净长为 2550mm,边缘柱外侧到外侧的尺寸为 3600mm。墙厚 250mm。

2. WQ3 的大样图如图 5-54 所示

由大样图可知 WQ3 外侧竖向钢筋为 C14@200;

内侧竖向钢筋为 C12@200;

墙身水平筋为 C12@200;

拉筋为 A6@200,梅花形布置;

止水钢板高度为 300mm,中心线距离基础顶面 300mm,由此可知墙身竖向分布筋插筋短桩露出基础顶面高度不低于 450mm。

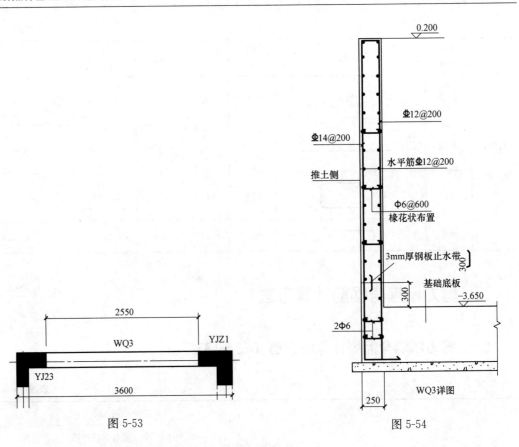

图 5-53

图 5-54

3. 其他已知条件如表 5-14 所示：

表 5-14

抗震等级	混凝土强度	保护层厚度（mm）	锚固长度
二级	C35	墙 25/15mm 基础 40/20mm	$37d/40d$
钢筋连接	接头百分率	嵌固部位	基础厚度及底层配筋
≥16mm 套筒；Ⅰ接头	50%面积百分率	基础顶面	750mm/X&.YC18@200

WQ3 基础插筋钢筋下料表计算如下：

1. 计算 WQ3 在基础内的竖向插筋

（1）插筋弯折长度：

内外侧竖向钢筋的锚固长度为：$37d=37\times14=518$mm。小于基础厚度 750mm，满足内外侧竖向分布钢筋在基础内直锚，弯折长度 $6d$ 且≥150，取 150mm。（16G101-3 第 64 页）

（2）插筋低桩竖向平直段长度＝基础厚度－基础底部保护层－基础底部钢筋直径和 $+1.2l_{aE}$

$$=750-40-36+1.2\times37\times14=674+621.6=1295.6\text{mm}。$$

（3）插筋高桩竖向平直段长度＝基础厚度－基础底部保护层－基础底部钢筋直径和 $+2\times1.2l_{aE}+500=750-40-36+1.2\times37\times14\times2+500=674+1243.2+500=2417.2$mm 取下料模数 2m 和 3m。

（4）计算插筋根数：墙竖向分布筋起步距离为自暗柱边缘纵筋 1 个间距起步

竖向分布筋根数＝（墙净长－2×起步间距）÷竖向分布筋间距＋1＝(2550－2×200)÷200＋1＝12

2. 计算 WQ3 在基础内的水平分布筋及固定筋

外侧弯折长度：墙身水平分布筋在转角墙处有三种节点可选择，按 16G101-1 第 71 页转角墙，节点计算施工比较方便。弯折长度为 0.8 l_{aE}＝355mm。

① 外侧水平筋平直段长度＝墙总长－两端保护层＝3600－20－20＝3560mm。

② 内侧弯折长度：15d＝15×12＝180mm。

③ 内侧水平筋平直段长度＝墙总长－两端保护层－两端墙柱外侧箍筋及纵筋直径和
＝3600－20－20－25－25＝3510mm。

④ 水平筋根数：基础内 2 道，基础以上 2 道固定筋。

3. 计算拉筋

基础内拉筋按大样图要求满布，共 12 根竖向钢筋×2 排＝24 根。

拉筋平直段尺寸＝墙厚－两侧拉筋保护层＝250－10－10＝230mm，墙拉筋的弯钩平直段长度为 5d，见 16G101-1 第 62 页。

由此得到 WQ3 在基础内的插筋料单如表 5-15 所示：

表 5-15

构件名称	直径级别	钢筋简图	下料(mm)	根数*件数	总根数	重量(kg)	备注
WQ3插筋	Φ14	150 / 1847	2000	6	6	14.52	插入基础 670mm@200
	Φ14	150 / 2847	3000	6	6	21.78	插入基础 670mm@200
	Φ12	150 / 1847	2000	6	6	10.66	插入基础 670mm@200
	Φ12	150 / 2847	3000	6	6	15.98	插入基础 670mm@200
	Φ12	355 / 3560 / 355	4273	4	4	15.18	水平筋 2+2
	Φ12	180 / 3510 / 355	4048	4	4	14.38	水平筋 2+2
	Φ6	230	350	24	24	1.86	满布

WQ3 地下一层接筋钢筋下料表如下：

1. 计算 WQ3 竖向分布筋接筋

（1）WQ3 层高＝3.65＋0.2＝3.85m

（2）WQ3 高低桩露出基础顶面高度：1847－670＝1177；2847-670＝2177

（3）竖向分布筋搭接长度＝1.2l_{aE}＝621.6

（4）高桩竖直段长度＝层高－顶部保护层厚度－高桩露出长度＋1.2l_{aE}＝3850－50－2177＋621.6＝2245mm

（5）低桩竖直段长度＝层高－顶部保护层厚度－低桩露出长度＋1.2l_{aE} 3850－50－1177＋621.6＝3245mm

（6）弯折长度＝12d＝12×14＝168mm

2. 计算 WQ3 水平分布筋

（1）水平分布筋内外侧尺寸与插筋计算结果相同

（2）水平分布筋道数＝（墙净高－上下起步间距）÷间距＋1－2 道固定箍筋
＝（3850－50－50）÷200＋1－2＝18 道

如墙的水平分布筋替代连梁腰筋时，连梁腰筋计算的墙水平筋不要重复计算，要么算在墙内；要么算在连梁内；要么连梁腰筋与墙水平分布筋按搭接，各算各的。可任选一种方案。

3. 计算 WQ3 拉筋

（1）墙的拉筋最下一排自基础顶面第二排水平分布筋开始设置，最上一排位于顶部板底或梁底以下第一排水平分布筋结束。见 16G101-1 第 74 页规定。

（2）共18排12列，间距200mm。首先按矩形布置算，6 排 5 列，梅花形布置 6×5＋（6－1）×（5－1）＝50 个，需要注意的是拉筋间距÷分布筋间距＝奇数时，是不能排布出梅花形的。

由此得到 WQ3 地下一层的接筋料单如表 5-16：

表 5-16

构件名称	直径级别	钢筋简图	下料(mm)	根件数*数	总根数	重量(kg)	备 注
WQ3 地下一层	Φ 14	2245 ⌐ 168	2416	6	6	17.54	搭接 620mm
	Φ 14	3245 ⌐ 168	3416	6	6	24.80	搭接 620mm
	Φ 12	2245 ⌐ 144	2392	6	6	12.74	搭接 620mm
	Φ 12	3245 ⌐ 144	3392	6	6	18.07	搭接 620mm
	Φ 12	355 ⌐ 3560 ⌐ 355	4273	18	18	68.30	外侧水平筋@200
	Φ 12	180 ⌐ 3510 ⌐ 180	2873	18	18	61.91	内侧水平筋@200
	Φ 6	⌐ 230	350	50	50	3.89	梅花布置@600

三、剪力墙墙梁钢筋计算方法

（一）剪力墙墙梁需要计算的钢筋（表 5-17）

表 5-17

剪力墙墙梁需计算的钢筋	连梁 LL	顶层连梁	纵筋、箍筋、拉筋
		中间层连梁	
	边框梁 BKL	顶层边框梁	
		楼层边框梁	
	暗梁 AL	顶层暗梁	
		楼层暗梁	

（二）剪力墙连梁 LL 计算实例

1. 已知连梁 LL6 的平面布置图如图 5-55 所示

为计算方便图中已给出了各段尺寸。

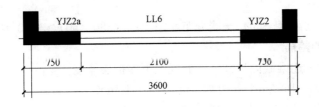

图 5-55

2. 连梁表如表 5-18 所示

表 5-18

编号	b	h	梁顶相对标高	所在楼层号	上部纵筋	下部纵筋	侧面纵筋	箍筋
LL1	200	1000		1～3	3 ⏀ 16	3 ⏀ 16	⏀ 10@200	⏀ 8@100(2)
LL2	200	500	0.120	1～3	3 ⏀ 16	3 ⏀ 16		⏀ 10@100(2)
LL3	200	400		1～3	3 ⏀ 16	3 ⏀ 16		⏀ 10@100(2)
LL4	200	400		1～3	2 ⏀ 16	2 ⏀ 16		⏀ 8@100(2)
LL5	200	500	0.120	1～3	2 ⏀ 16	2 ⏀ 16		⏀ 8@100(2)
LL6	200	580		1～3	3 ⏀ 16	3 ⏀ 16		⏀ 8@100(2)

3. 其他已知条件（表 5-19）

表 5-19

抗震等级	混凝土强度等级	保护层厚度（mm）	锚固长度
二级	C35	梁/连梁 20	$37d/40d$
钢筋连接	接头百分率	墙水平分布筋	侧面纵筋
≥16mm 套筒；Ⅰ接头	50%面积百分率	C10@200	未注明为墙水平筋

计算 LL6 的钢筋下料表：

1. 计算 LL6 的上部纵筋

LL6 的上部纵筋为 3C16，能直锚时，上部纵筋长度＝洞口长度＋$2l_{aE}$ 与 600 较大值，不能直锚时端部弯折 15d，上部纵筋长度＝左支座宽度－左支座端部保护层＋洞口长度＋右支座宽度－右支座端部保护层。

本例中 $L_{aE}=37×16=592$，左右支座均为 750mm 满足 LL6 纵筋直锚。由此上部纵筋长度 L 为：

$$L=洞口长度＋2×600＝2100＋1200＝3300mm$$

2. 计算 LL6 的下部纵筋

LL6 下部纵筋与上部纵筋相同。

3. 计算 LL6 的侧面纵筋

外侧侧面纵筋弯折为 $0.8l_{aE}=0.8\times37d=296\text{mm}$

内侧侧面纵筋弯折为 $15d=150\text{mm}$

外侧面纵筋平直段长度＝墙净长－左右保护层厚度＝3600－20－20＝3560mm

内侧面纵筋平直段长度＝墙净长－左右保护层厚度－左右支座外侧钢筋直径和＝3600－40－50＝3510

排数为＝（连梁高度－50）÷墙分布筋间距＝（580－50）÷200＝3 排

4. 计算 LL6 的箍筋

LL6 箍筋尺寸＝连梁截面尺寸－左右或上下保护层厚度

b 边为 200－40＝160mm，h 边为 580－40＝540mm

箍筋数量＝(洞口尺寸－左右两侧起步距离)÷间距＋1＝(2100－50－50)÷100＋1＝21 套

5. 计算 LL6 的拉筋

拉筋间距为箍筋间距的两倍，第一排为 11 个，第二排为 10 个，共 21 个拉筋。

由此得到 LL6 的钢筋下料表如表 5-20 所示：

表 5-20

构件名称	直径级别	钢筋简图	下料 (mm)	根*件数*数	总根数	重量 (kg)	备 注
LL6	Φ16	3300	3303	3	3	15.66	上部纵筋
	Φ10	296 ⌐ 3560 ⌐ 296	4155	2	2	5.13	外侧腰筋@200
	Φ10	150 ⌐ 3510 ⌐ 150	3813	2	2	4.71	内侧腰筋@200
	Φ16	3300	3303	3	3	15.66	下部纵筋
	Φ8	160 540	1530	21	21	12.69	@100
	Φ6	180	300	21	21	1.40	@200

第四节　剪力墙构件钢筋的软件计算

一、剪力墙墙柱钢筋的软件计算

剪力墙墙柱钢筋在软件内有两种计算方法，一种是数据表法，一种是图形法，在此以图形法介绍墙柱钢筋的计算方法：

1. 图纸识别条件

检查 CAD 图纸，如果是块和二维或三维线，先改为多段线或直线，隐藏不必要的图层，柱编号不要有青色的，若为青色则会和放置柱子编号颜色重叠，不易检查没有放置的柱子。

2. 操作步骤（图 5-56）

（1）点击工程设置进行常规设置，柱筋连接方式没有输入的默认为搭接连接；

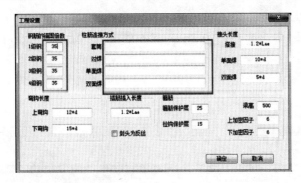

图 5-56

（2）新建楼层（图 5-57）

（3）导入图纸（图 5-58）

图 5-57

图 5-58

（4）原点定位（图 5-59）

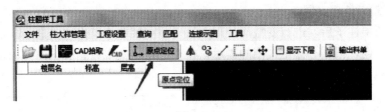

图 5-59

（5）楼层标高设置

只有底层需要设置标高，其他层只需输入层高即可自动计算出标高。

（6）楼层的设置（图 5-60）

选中底层，右键，设置插入长度、弯钩长度和下加密系数，以上各层也检查下楼层设置是否需要修改，若不修改则按照"工程设置"进行计算。

（7）"连接示图"设置各种规格每层的长度，然后勾选"应用数据"（图 5-61）。

（8）拾取柱大样数据（图 5-62）

拾取比例—拾取柱大样；拾取柱大样前先选择楼层，这样拾取好的柱子就默认选取层的标高，拾取柱大样时仔细核对柱筋和标高，如没有标高，则要设定标高。柱大样能顺利

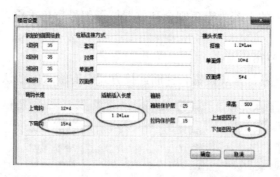

图 5-60

图 5-61

拾取的条件：

钢筋符号％％130～133；钢筋线要为是有宽度的多段线；柱边线为细线；柱标注属性为单行文字。

（9）放置柱子

从底层开始放置大样，不要从上往下或跳层，放置柱子时，空格键可以改变柱插入端点，F1 和 F2 旋转柱大样，键盘上的方向键镜像柱大样，如果是非正交的就输入旋转角度。

（10）变截面处理（图 5-63）

放置好两层柱子后，进行变截面处理，从上一层菜单栏点击"查询"—下部无连接的打勾，然后查询，根据有标记红圈的提示，检查并处理变根数、变截面，处理完成关闭对话框并标记颜色，红色表示锁定。

图 5-62

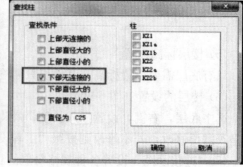

图 5-63

（11）勾选"显示下层"，记录下层有而在本层没有的柱子，然后切换到下一层将这些柱子封头处理（图 5-64）。

图 5-64

（12）在下一层点击"工具"查找上下层对接的数据，并根据要求处理数据（图 5-65）。

（13）接下来继续做第三层，第三层做好后，重复步骤（11）～（13），以上各层操作方法亦相同。

（14）输出柱插筋及各层插筋到钢筋料表（图 5-66）。

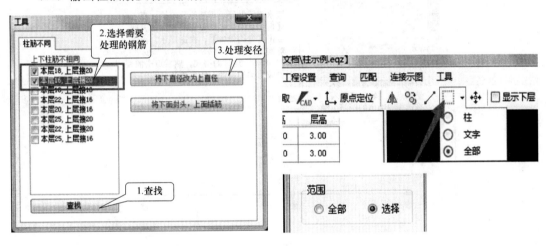

图 5-65   图 5-66

二、剪力墙墙身钢筋的软件计算

剪力墙墙身钢筋在软件内有两种计算方法，一种是数据表法，一种是 E 计算法，在此介绍 E 计算方法计算剪力墙墙身钢筋。

1. 图纸识别条件

（1）钢筋符号为％％130～133 格式。

（2）墙属性为直线，多线不行。

（3）标注属性为单行文字，多行文字不行。

2. 墙钢筋计算设置（图 5-67）

（1）拉钩栏输入 C6@400×600 表示矩形布置，横向 400，纵向 600；C6@400＊600 表示梅花形布置。

（2）立筋～上接中输入 3000t 表示如图 5-68a，下插栏输入 3000t 表示如图 5-68b，可以输入的字母有 T、F、S，分别表示套筒、反丝、反拐。

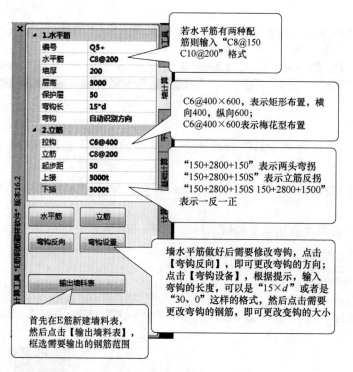

图 5-67

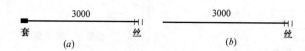

图 5-68

3. 墙钢筋软件计算步骤

（1）墙设置（图 5-69）

□ 1.水平筋	
编号	WQ3
水平筋	C12@200
墙厚	250
层高	3850
保护层	50
弯钩长	15*d
弯钩	自动识别方向
□ 2.立筋	
拉钩	C6@600*600
立筋	C14@200
起步距	200
上接	3000
下插	150+1847 150+2847

图 5-69

（2）画立筋（图 5-70）

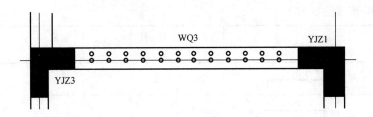

图 5-70

内外侧不同时，在立筋中分布输入两次，画两次。

（3）画水平筋（图 5-71）

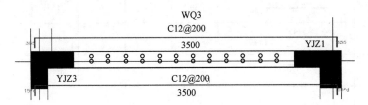

图 5-71

用弯钩设置修改弯折长度；用弯钩方向调整弯折的朝向。

（4）输出插筋（图 5-72）

构件名称	直径级别	钢筋简图	下料（mm）	根数 * 件数	总根数	重量（kg）	备　注
WQ3	Φ 12	355 ⌐ 3500 ⌐ 355	4213	4	4	14.96	水平筋@200
	Φ 12	180 ⌐ 3500 ⌐ 180	3863	4	4	13.72	水平筋@200
	Φ 14	150 ⌐ 1847	2000	6	6	14.52	插筋@200
	Φ 14	150 ⌐ 2847	3000	6	6	21.78	插筋@200
	Φ 12	150 ⌐ 1847	2000	6	6	10.66	插筋@200
	Φ 12	150 ⌐ 2847	3000	6	6	15.98	插筋@200

图 5-72

（5）输出接筋（图 5-73）

构件名称	直径级别	钢筋简图	下料（mm）	根件数*数	总根数	重量（kg）	备　注
	Φ 12	355⌐——3500——⌐355	4213	20	20	74.82	水平筋@200
	Φ 12	180⌐——3500——⌐180	3863	20	20	68.61	水平筋@200
	Φ 14	——2245——⌐168	2416	6	6	17.54	立筋@200
WQ3	Φ 14	——3245——⌐168	3416	6	6	24.80	立筋@200
	Φ 14	——2245——⌐144	2392	6	6	13.37	立筋@200
	Φ 14	——3245——⌐144	3392	6	6	24.63	立筋@200
	Φ 6	⌐220⌐	340	52	52	3.92	@600*600 梅

图 5-73

三、剪力墙连梁钢筋的软件计算

连梁在软件中可以使用梁功能也可以使用连梁数据表法进行计算，在此介绍连梁数据表法的使用方法。

1. 新建连梁文件（图 5-74）

2. 连梁设置（图 5-75）

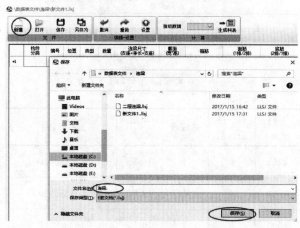

图 5-74

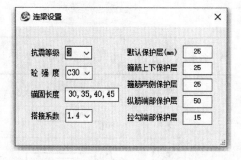

图 5-75

3. 拾取连梁表（图 5-76）

注意钢筋符号的替换，不符合软件识别规则的钢筋符号无法拾取到配筋信息。

4. 拾取连梁尺寸数据（图 5-77）

拾取时从左向右分别点击左支座起点、左支座终点、右支座起点、右支座终点，点击右键（图 5-78）。

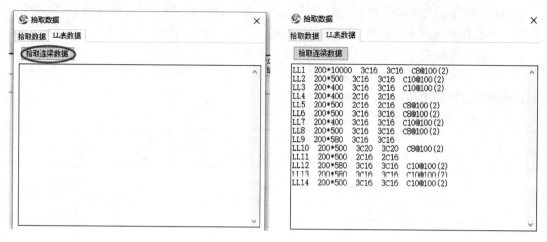

图 5-76

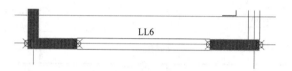

图 5-77

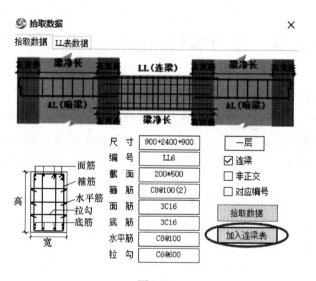

图 5-78

水平筋可手工输入，点击加入连梁表。

5. 连梁数据表（图 5-79）

构件分类	编号	位置	类型	数量	连梁尺寸（支座+净长+支座）	截面（宽*高）	箍筋	面筋（1排/2排）	底筋（2排/1排）	水平筋	拉勾	上下保护层	两侧保护层	连接连梁	水平筋与墙连	生成料表
▶1 中间	LL6	一层	连梁	1	900+2400+900	200*500	C8@100(2)	3C16	3C16	C8@100	C6@600					☑
*																☐

图 5-79

（1）构件分类为中间或顶层，其计算规则不同，对应于 16G101-1 第 78 页图集规定，选择时将鼠标光标点击到数据行的构件分类框内，点击鼠标右键进行选择。

（2）水平筋形式为 C8@200 格式时，软件按连梁侧面纵筋与墙水平分布筋拉通计算，当格式为 G6C8 时，连梁侧面纵筋按两端各锚入支座 15d 计算，当格式为 6C8 或 N6C8 时，连梁侧面纵筋按锚入左右支座各一个锚固长度计算。

6. 生成料单（图 5-80）

构件名称	直径级别	钢筋简图	下料(mm)	根数	件*数	总根数	重量(kg)	备　注
	Φ16	3680	3683	3		3	17.46	面筋1排
	Φ8	3040	3043	6		6	7.21	水平筋
LL6	Φ16	3680	3683	3		3	17.46	底筋1排
	Φ8	150 450	1330	24		24	12.61	C8@100(2)
	Φ6	170	290	4		4	0.26	@600

图 5-80

第五节　剪力墙构件翻样应注意的问题

1. 墙在基础内插筋不在同一平面时的处理

基础层内墙插筋及地下室外墙插筋在筏板变截面处及集水坑内生根时，墙插筋要下插到集水坑坑底、集水坑或筏板变截面处的斜坡上。此种情况要在墙插筋上标注现场实量，由现场返回测量数据后，标注好实测数据，再下发下料单，必要时，须画出钢筋大样图，并给钢筋编号。

2. 墙竖向钢筋和水平钢筋起步间距

剪力墙及地下室外墙自暗柱边竖向柱筋起，墙身竖向钢筋的起步间距为一个钢筋间距 s-bhc。（12G901-1 第 3-2 页）

剪力墙水平钢筋在层高范围内，最下一排水平分布筋距底部板顶 50mm，最上一排水平分布筋距顶部板顶不大于 100mm。顶部设有宽度大于剪力墙墙身厚度的边框梁时，最上一排水平分布筋距顶部边框梁梁底 100mm，边框梁内部不设置水平分布筋。（12G901-1 第 3-19、3-20 页）

3. 墙插筋高度

地下室外墙有止水带和肥槽导墙时，墙插筋的长度要加长到止水钢板和肥槽导墙以上。因为外墙墙身的插筋露出筏板的高度要求是≥0，焊接和直螺纹连接的要求是≥500mm，因此翻样经常会只考虑图集要求，而忘记了导墙和止水钢板的限制条件，造成下料尺寸过短、形成废料。

4. 剪力墙施工缝补强钢筋

剪力墙施工缝设计有补强钢筋时，容易遗漏。

5. 剪力墙水平筋、竖向筋搭接（图 5-81）

剪力墙水平筋搭接长度为 $1.2L_{ae}$，接头错开长度为 500mm，来源于 16G101-1 第 71 页。不能按 25%、50%、100% 搭接的 $1.2L_{ae}$、$1.4L_{ae}$、$1.6L_{ae}$ 计算。

剪力墙竖向钢筋搭接长度为 $1.2L_{ae}$，错开长度为 500mm，来源于 16G101-1 第 73 页。

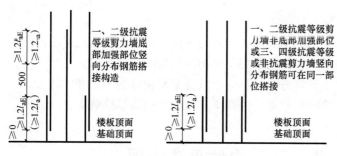
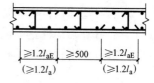

剪力墙身竖向分布钢筋连接构造　　（沿高度每隔一根错开搭接）
剪力墙水平筋钢筋交错搭接

图 5-81

第六章　基础构件的翻样

本章节学习思路：

基础构件翻样的学习步骤为：

1. 学习基础构件的平法施工图制图规则，目的是掌握基础构件平法施工图识图能力。
2. 学习基础构件的构造详图，目的是掌握基础构件钢筋的构造要求。
3. 学习基础构件钢筋的手工计算方法，目的是具备基础构件的手工翻样能力。
4. 学习使用软件的单构件法进行基础构件翻样，目的是提高翻样效率。

第一节　基础构件平法识图

本节内容为学习基础平法施工图制图规则，内容为 16G103-1 第 7 页~56 页，请参照图集内容学习本节课程。

一、独立基础构件的类型及代号

独立基础分为普通独立基础和杯口独立基础两种（表 6-1）。

独立基础类型及编号　　　　　　　　　　　　　　　　表 6-1

类　　型	基础底板截面形状	代　　号	序　　号
普通独立基础	阶形	DJ_J	××
	坡形	DJ_P	××
杯口独立基础	阶形	BJ_J	××
	坡形	BJ_P	××

二、独立基础的平法识图—平面注写（图 6-1、图 6-2）

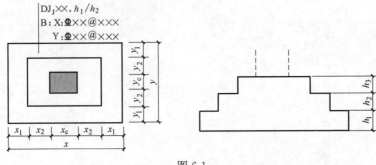

图 6-1

1. x 表示独立基础的横向尺寸，y 表示独立基础纵向尺寸。

2. DJ$_J$××，h_1/h_2 表示阶形独立基础，h_1 表示阶形的第 1 阶的高度，h_2 表示阶形的第 2 阶的高度。

3. B：x：C××@×××；y：C××@××× 表示独立基础的底部配筋，x 向为 HRB400 级直径为××间距为×××。

y 向为 HRB400 级直径为××间距为×××。

当 X 向 Y 向配筋相同时，注写为 X&Y：C××@×××。

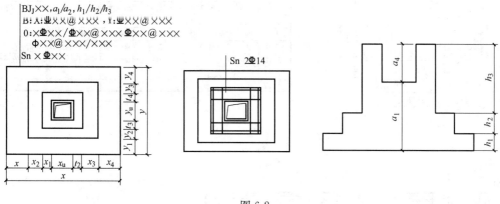

图 6-2

1. x 表示杯口独基横向尺寸，y 表示杯口独基纵向尺寸。

2. BJ$_J$××，a_0/a_1，$h_1/h_2/h_3$ 表示杯口独基，编号为××，a_0/a_1 表示杯口的深度和杯口底部到基础底部的尺寸，$h_1/h_2/h_3$ 表示杯口基础三个台阶的高度。

3. B：x：C××@×××；y：C××@××× 表示独立基础的底部配筋，x 向为 HRB400 级直径为××间距为×××。

y 向为 HRB400 级直径为××间距为×××。

4. O：×C××/C××@×××/C××@××× A××@×××/××× 表示杯口基础短柱配筋，短柱角筋为 x 根 HRB400 级直径××，长边中部筋为 Cxx@×××，短边中部筋为 C××@×××，箍筋为 HPB 级直径为××，短柱杯口壁内间距为×××，短柱其他部位箍筋间距为×××。

5. Sn 表示杯口基础上部焊接钢筋网每边为 x 根 HRB400 级，直径为××。

独立基础短柱 DZ、双柱独立基础顶部配筋、双柱独立基础的基础梁配筋注写方法见 16G101-1 第 11 页、15 页、16 页。

三、独立基础的平法识图—截面注写（图 6-3）

独立基础的截面注写方式分为截面标注和列表注写两种表达方式。采用截面注写时，应在基础平面布置图上对所有基础进行编号。

列表注写由两部分组成，一部分是独立基础列表，一部分是截面示意图。列表注写方式是采用较多的一种独立基础截面注写方式。

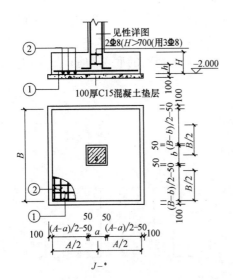

J-*(矩形柱)明细表

柱基编号	柱基尺寸				钢筋编号		柱尺寸		备注
	A	B	h	H	①	②	a	b	
J-1	2100	2100	250	450	Φ10@100	Φ10@100	详柱平法施工图		2号钢筋在下部
J-2	2400	2400	250	450	Φ12@120	Φ12@100	详柱平法施工图		2号钢筋在下部
J-3	2600	2600	250	500	Φ12@120	Φ12@100	详柱平法施工图		2号钢筋在下部
J-4	2700	2700	250	500	Φ12@100	Φ12@100	详柱平法施工图		2号钢筋在下部
J-5	3100	3100	250	600	Φ14@120	Φ14@120	详柱平法施工图		2号钢筋在下部
J-6	3300	3300	250	650	Φ14@120	Φ14@120	详柱平法施工图		2号钢筋在下部
J-7	3400	3400	250	650	Φ14@120	Φ14@120	详柱平法施工图		2号钢筋在下部
J-8	3500	3500	250	700	Φ14@120	Φ14@120	详柱平法施工图		2号钢筋在下部
J-9	4200	4200	250	800	Φ16@120	Φ16@120	详柱平法施工图		2号钢筋在下部
J-10	4700	4700	250	900	Φ16@120	Φ16@120	详柱平法施工图		2号钢筋在下部
J-11									
J-12									

图 6-3

四、条形基础的类型及代号（表 6-2）

条形基础分为梁板式条形基础和板式条形基础两种。

梁板式条形基础分为条形基础底板和基础梁两种构件。

条形基础底板分为坡形和阶形两种。

条形基础的类型及编号　　　　　表 6-2

类型		代号	序号	跨数及有无外伸
基础梁		JL	××	(××)端部无外伸
条形基础底板	坡形	TJB$_P$	××	(××A)一端有外伸
	阶形	TJB$_J$	××	(××B)两端有外伸

五、条形基础的平法识图

条形基础梁的注写方法在梁板式筏板基础内学习，本小节只学习条形基础底板的平法识图。

条形基础底板的注写方法有平面注写方法和截面注写方法两种。

（一）条形基础底板平面注写法（图 6-4）

条形基础底板有阶形和坡形两种形状。

1) TJB$_P$01（6B），h_1/h_2 表示编号为 01 的坡形条形基础底板，共 6 跨，两端外伸，坡形条形基础的高度为 h_1 和 h_2。

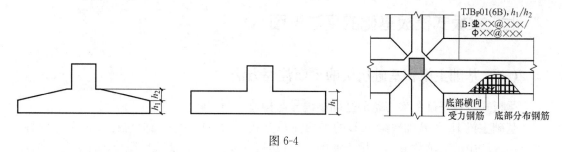

图 6-4

2）B：C××@×××@A××@×××表示条形基础底板横向受力筋为 HRB400 级直径为 xx 间距为×××，纵向分布筋为 HPB300 级直径为××间距为×××。

3）条形基础顶面有配筋时，标注形式为 T：C××@×××/A××@×××，其含义与底部配筋相同。

4）当某条条形基础底板的底面标高与条形基础底面基准标高不同时，应将条形基础底板底面标高注写在"（ ）"内。

5）地下车库外墙下的条形基础配筋形状与图集中的条形基础配筋形状一般不同。

（二）条形基础底板截面注写法—列表注写法（图 6-5）

条形基础底板截面注写法常用的为列表注写法，列表注写法有两部分组成，一部分是截面示意图，一部分是条形基础表。

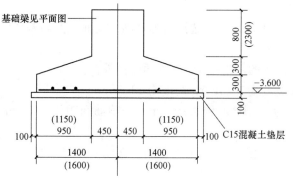

基础底板编号/截面号	截面几何尺寸			底部配筋(B)	
	b	b_i	h_1/h_2	横向受力钢筋	纵向分布钢筋

图 6-5

六、梁板式筏板基础的类型及代号（表 6-3）

梁板式筏板基础由基础主梁、基础次梁、基础平板构成。

梁板式筏形基础构件类型及编号   表 6-3

构 件 类 型	代 号	序 号	跨数及有无外伸
基础主梁（柱下）	JL	××	(××)、(××A)、(××B)
基础次梁	JCL	××	(××)、(××A)、(××B)
梁板筏形基础平板	LPB	××	—

七、梁板式筏板基础的平法识图

（一）基础主梁和基础次梁的平面注写方法

梁板式筏板基础主梁与条形基础梁编号与构造详图相同。

基础主梁 JL 与基础次梁 JCL 的平面注写方式分为集中标注与原位标注两部分内容，当集中标注中的某项数值不适用于梁的某部位时，则将该项数值采用原位标注，施工时原位标注优先。

（二）基础平板的平面注写方法（图6-6）

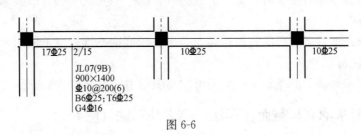

图 6-6

基础主梁的平面注写方法分为集中标注与原位标注两部分。

1. 集中标注

集中标注分为三项必注值与一项选注值

三项必注值为基础梁编号、截面尺寸、配筋，一项选注值为基础梁底面标高高差（相对于筏形基础平板底面标高）。

以上图为例，JL07（9B）表示编号为 07 的基础主梁，9 跨两端带外伸。

900×1400 表示基础主梁的截面尺寸宽度为 900mm、高度为 1400mm。

C10@200（6）表示基础主梁的箍筋为 HRB400 级直径 10mm，箍筋间距为 200mm，6 肢箍。

B：6C25；T6C25 表示基础梁的底筋为 6 根三级 25 的通长筋，面筋为 6 根三级 25 的通长筋。

腰筋为 4 根三级 16 的侧面构造筋。当面筋与底筋不止一排时，用"/"隔开。

选注的高差为空缺项表示基础梁的底部标高与基础平板的底标高相同。根据基础梁与基础平板的位置关系可以分为"高位板"、"低位板"、"中位板"。

2. 原位标注

（1）原位标注的梁支座底部纵筋，包含集中标注中的贯通纵筋。

（2）当有两排或三排时，用"/"将各排纵筋自上而下分开，比如上图中的原位标注"17C25 2/15"表示底部纵筋的总根数为 17 根，自上而下分别为 2 根和 15 根。

（3）当同排有两种直径的钢筋时，用"＋"将两种直径的纵筋连起来。

（4）当中间支座两边的底部纵筋配置不同时，需要在支座两边分别标注，当支座两边的底部纵筋配置相同时，可仅在支座的一边标注配筋值。

（5）当支座两侧的纵筋与集中标注相同时，相同处的原位标注可省略不注。

（6）竖向加腋梁加腋部位的钢筋，需在设置加腋的支座处以 Y 打头，注写在括号内。当在集中标注中标注了梁加腋，某跨不加腋时，则应在该跨原位标注等截面的 $b \times h$，以修正集中标注中的加腋信息。

（7）基础梁的附加箍筋或反扣吊筋可直接画在平面图的主梁上，用引线标注总配筋值，附加箍筋的肢数标注在括号内，当多数附加箍筋或反扣吊筋相同时，可在基础梁平法施工图上统一注明，少数与统一注明值不同时，再原位引注。

（8）当基础梁外伸部位变截面高度时，在该部位原位注写 $b \times h_1/h_2$，h_1 为根部截面高度，h_2 为尽端截面高度。

（9）原位注与修止内容

当基础梁集中标注的某项内容，比如梁截面尺寸、箍筋、底部与顶部贯通纵筋或架立筋、腰筋、梁底标高高差等，不适用于某一跨时或某外伸部分时，其修正内容原位标注在该跨或该外伸部位，施工时原位标注取值优先。

八、梁板式筏形基础平板的平面注写方法

梁板式筏板基础平板的平面注写方法在实际图纸设计中一般不会采用 16G101-3 第 33 页的注写方法，一般采用图 6-7 所示的方法：

1. 筏板注写的两个要素：第一要素筏板的厚度；第二要素是筏板的 X 向、Y 向底筋和面筋的配筋信息。

2. 当贯通筋采用两种规格钢筋"隔一布一"方式时，表达为 A@××/yy@×××，表示直径 ×× 的钢筋和直径 yy 的钢筋之间的间距为 ×× ×，直径为 ×× 的钢筋、直径为 yy 的钢筋间距分别为 ××× 的 2 倍。

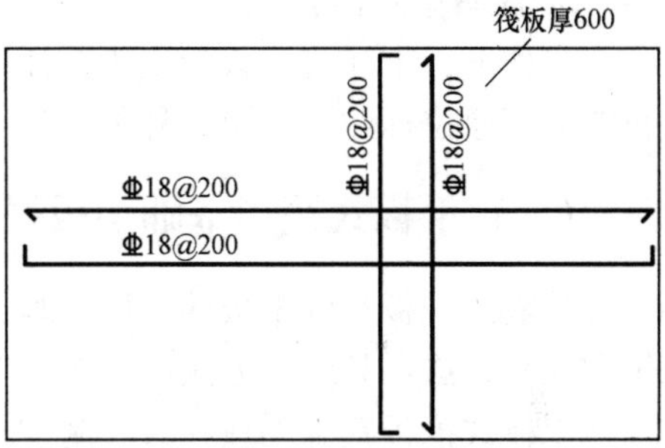

3. 非贯通筋在板平面布置图上直接图示表示。

图 6-7

4. 当在基础平板外伸阳角部位设置放射筋时，应注明放射筋强度等级、直径、根数以及设置方式。

5. 板的上下部纵筋之间设置拉筋时，应注明拉筋的强度等级、直径、双向间距等。

6. 应注明混凝土垫层厚度与强度等级。

九、平板式筏形基础的类型及代号（表 6-4）

平板式筏形基础构件编号　　　　　　　　　　　表 6-4

构件类型	代　号	序　号	跨数及有无外伸
柱下板带	ZXB	××	(××)、(××A)、(××B)
跨中板带	KZB	××	(××)、(××A)、(××B)
平板式筏形基础平板	BPB	××	—

外伸不计入跨数。

十、平板式筏形基础的平法识图

（一）柱下板带与跨中板带

柱下板带 ZXB 可视为无箍筋的宽扁梁。其注写方式分为集中标注和原位标注两部分。

柱下板带与跨中板带的集中标注应在第一跨引出，X 向为左端跨，Y 向为下端跨。注写内容包括：

1）注写编号；

2）注写截面尺寸；

3）注写底部和顶部贯通纵筋。

柱下板带和跨中板带的原位标注内容主要为底部附加非贯通筋，注写内容包括：

1. 注写内容以一段与板带同向的中粗虚线代表附加非贯通纵筋。柱下板带附加非贯通纵筋贯穿其柱下区域绘制；跨中板带横贯柱中线绘制。在虚线上注写底部附加非贯通纵筋的编号、钢筋等级、直径、间距，以及自柱中线分别向两侧跨内伸出的长度值，当两侧伸出长度相同时，单侧标注，另一侧不注。外伸部位的伸出长度值按构造相同，设计不标注。对于其他相同的附加非贯通纵筋，可只在虚线上标注编号。

2. 注写修正内容

当柱下板带和跨中板带集中标注中的某些内容不适用与某跨或某外伸部分时，则将修正的数值原位标注在该跨或外伸部位，施工时原位标注优先。

（二）平板式筏形基础平板

平板式筏板基础平板的平面注写方法在实际图纸设计中一般不会采用 16G101-3 第 40 页的注写方法，其注写方法同梁板式筏板平板的表达方式。

平板式筏板基础平板的底部附加非贯通纵筋表达方式同柱下板带和跨中板带附加非贯通纵筋的表达方式。

十一、桩基承台类型及代号（表 6-5）

桩基承台构件类型及编号　　　　　　　　　　　　表 6-5

类　　型	截面形状	代　　号	序　　号	说　　明
独立承台	阶形	CT_J	××	单阶截面即为平板式独立承台
	坡形	CT_P	××	
承台梁		CTL	××	（××）、（××A）、（××B）

十二、桩基承台平法识图

（一）桩基承台的平面注写

桩基承台的平面注写方式分为集中标注和原位标注两部分内容。

集中标注内容包括：独立承台编号、截面竖向尺寸、配筋三项必注内容，承台板底面标高和必要的文字注解两项选注内容。原位标注主要表达各边尺寸。

1. 独立承台编号

CT_J（××）表示编号为 xx 的阶形承台；CT_P（××）表示编号为××的坡形承台。

2. 独立承台竖向尺寸（图 6-8）

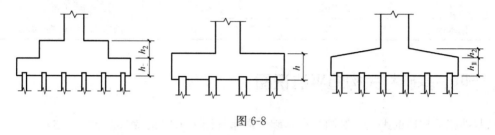

图 6-8

独立承台分为阶形截面、单阶截面、坡形截面三种。

3. 独立承台配筋

① 以 B 打头注写底部配筋，以 T 打头注写顶部配筋。

② 矩形承台 X 向配筋以"X"打头，Y 向配筋以"Y"打头，当两向配筋相同时，则以"X&Y"打头。

③ 当为等边三桩承台时，以"△"打头，注写三边配筋及分布筋。

④ 当为等腰三桩承台时，以"△"打头，注写底边受力筋＋两边对称斜边的受力筋，在"/"后注写分布筋。

（二）承台梁的平面注写

承台梁 CTL 的平面注写方式分为集中标注和原位标注两部分内容。

承台梁集中标注内容包括：承台梁编号、截面尺寸、配筋三项必注内容以及承台梁底面标高（与承台底面基准标高不同时）、必要的文字注解两项选注内容。

承台梁的配筋注写包括承台梁箍筋、承台梁底部纵筋以 B 打头，承台梁顶部纵筋以 T 打头，承台梁侧面腰筋以 G 打头。

承台梁的原位标注注写承台梁的附加箍筋或反扣吊筋，直接画在平面布置图的承台梁上，引线引注总配筋值，当多数相同时，可在平面布置图上统一注明，少数不同的再原位引注。

承台梁的集中标注中的某项内容（如截面尺寸、箍筋、面筋、底筋、架立筋、腰筋、梁底标高）不适用于某跨或某外伸部位时，将其修正内容原位标注，施工时原位标注优先。

十三、基础相关构造类型及代号（表 6-6）

基础相关构造类型及编号　　　　　　　　　　　　　　　　　　表 6-6

构造类型	代　号	序　号	说　明
基础联系梁	JLL	××	用于独立基础、条形基础、桩基承台
后浇带	HJD	××	用于梁板、平板筏形基础、条形基础

构造类型	代　号	序　号	说　明
上柱墩	SZD	××	用于平板筏形基础
下柱墩	XZD	××	用于梁板、平板筏形基础
基坑	JK	××	用于梁板、平板筏形基础
窗井墙	CJQ	××	用于梁板、平板筏形基础
防水板	FBPB	××	用于独基、条基、桩基加防水板

十四、基础相关构造平法识图

基础相关构造的平法＝制图系在基础平面布置图上采用直接引注方式表达。

（一）基础联系梁 JLL 的平法识图

基础联系梁 JLL 指连接独立基础、条形基础或桩基承台的梁。其制图规则按照非框架梁的制图规则执行。

（二）后浇带 HJD 的平法识图

后浇带 HJD 采用直接引注的方式表达，后浇带的平面形状及定位由平面布置图表达，后浇带留筋方式由引注内容表达，包括：

1. 后浇带编号及留筋方式代号；
2. 后浇带混凝土强度；
3. 后浇带采用超前止水构造时，因有大样图及配筋。

（三）上柱墩 SZD 的平法识图（图 6-9）

上柱墩有棱台形上柱墩和棱柱形上柱墩两种。

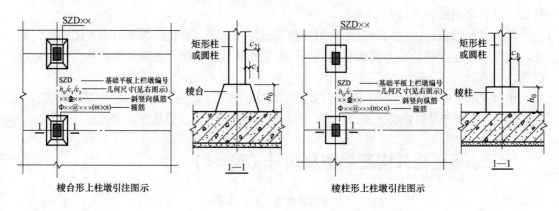

图 6-9

例如：SZD03，600/50/350，14C16/A10@100（4×4）

表示 3 号棱台状上柱墩，突出基础平板顶面高度为 600mm，底部每边出柱边缘宽度为 350mm，顶部每边出柱边缘宽度为 50mm，共配置 14 根 C16 斜向纵筋，箍筋直径为 10mm，间距 100mm，X 向 Y 向各为 4 肢。

（四）下柱墩 XZD 的平法识图（图 6-10）

下柱墩分为倒棱台形下柱墩和倒棱柱形下柱墩两种。

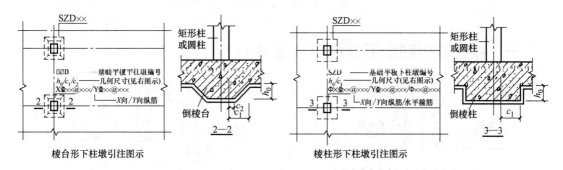

棱台形下柱墩引注图示　　　　　　　　棱柱形下柱墩引注图示

图 6-10

倒棱柱形下柱墩的配筋注写形式为：XCxx@×××/YCxx@×××/Axx @×××。

倒棱台形下柱墩的配筋注写形式为：XCxx@×××/YCxx@×××。

（五）基坑 JK 的平法识图

1. 基坑的注写编号为：JKxx

2. 几何尺寸：基坑深度 H_K/基坑平面尺寸 $x \times y$

基坑的配筋在基坑大样图中表示，如无大样图时，按基坑所在基础的同向钢筋配筋取值。

（六）窗井墙 CJQ 的平法识图

窗井墙的注写方式按剪力墙及地下室外墙的制图规则。

（七）防水板 FBPB 的平法识图

1. 注写编号：FBPB

2. 注写截面尺寸，注写防水板板厚 h

3. 注写防水板底部与顶部贯通纵筋，B 代表下部，T 代表上部，B&T 代表下部和上部，X 向贯通纵筋以"X"打头，Y 向贯通纵筋以"Y"打头，两向贯通纵筋配置相同时，以 X&Y 打头。

例如：FBPB1 $h=250$

B：X&Y：C12@200

T：X&Y：C12@200

表示防水板 1 号，板厚 250mm，板底部配筋双向 C12 间距 200mm，板顶部配筋双向 C12@200mm。

4. 防水板底面标高

此项为选注值，当防水板底面标高与独基或条基底面标高不一致时标注。

第二节　独立基础构件钢筋构造要求

一、独立基础底板配筋构造（图 6-11）

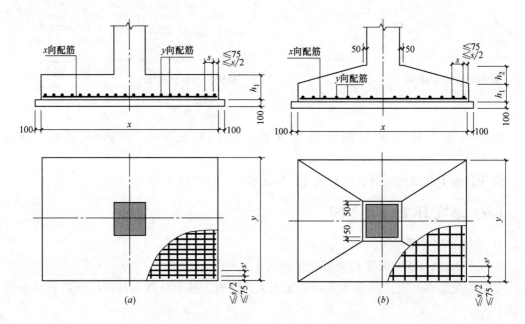

图 6-11　独立基础 DJ$_J$、DJ$_P$、BJ$_J$、BJ$_P$ 底板配筋构造

（a）阶形；（b）坡形

参照 16G101-3 第 67 页学习本小节。

独立基础阶形、坡形，杯口基础的阶形、坡形底板配筋形同，均为双向的配筋。

底板筋起步距离为距基础边缘二分之一板筋间距与 75mm 之间的较小值。

二、独立基础底板配筋长度缩减10%构造（图 6-12）

参照 16G101-3 第 70 页学习本小节内容。

1. 当独立基础底板四边长度均≥2500mm 时，且自柱中心到基础外边缘长度≥1250mm 时，按上图的 a 图示，四周的 4 根不缩减，其他缩减 10%。

2. 当独立基础底板四边长度均≥2500mm 时，而某边自柱中心到基础外边缘长度<1250mm 时，此边的底板配筋不缩减，其他≥1250mm 的边缩减 10%。

3. 当独立基础四边中有两边长度≥2500mm，而其他两边长度<2500mm 时，长度≥2500mm 的两边底板筋缩减 10%，长度<2500mm 的两边底板筋不缩减。

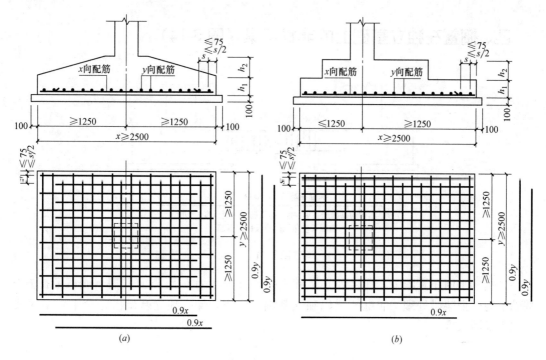

图 6-12　独立基础底板配筋长度减短 10％构造

（a）对称独立基础；（b）非对称独立基础

三、独立基础连系梁 JLL 构造（图 6-13）

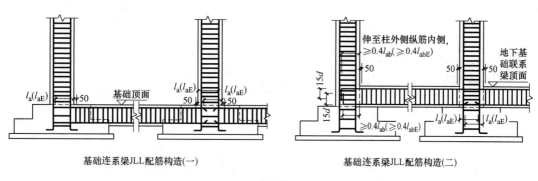

基础连系梁JLL配筋构造(一)　　　　基础连系梁JLL配筋构造(二)

图 6-13

参照图集 16G101-3 第 105 页学习本小节内容。

1. 独立基础设置连系梁时，按照连系梁与独立基础的位置关系可分为上图两种情况。

2. 连系梁以柱为支座，自进入柱边缘起伸入柱内一个 l_a 或 l_{aE}。

3. 当连系梁不能直锚时，连系梁端部过柱中心线长度不应小于 $5d$，端部弯折 $15d$。

4. 连系梁的箍筋自距离柱边 50mm 起步设置第一道箍筋。

四、搁置在独立基础上的非框架梁（图 6-14）

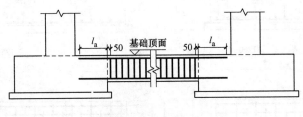

搁置在基础上的非框架梁

不作为基础连系梁；梁上部纵筋保护层厚度≤5d时，
锚固长度范围内应设横向钢筋

图 6-14

当基础平面布置图中，连接独立基础之间的梁标注为 L 而非 JLL 时，则按照搁置柱基础上的非框架梁处理。非框架梁以独立基础为支座，伸入独立基础内一个 L_a。注意是非抗震锚固长度。

第三节　独立基础构件钢筋翻样实例

一、独立基础构件钢筋计算（图 6-15）

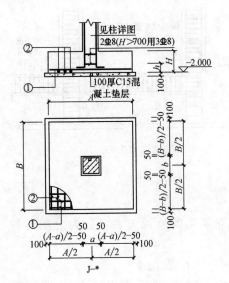

J-*明细表

柱基编号	柱基尺寸				钢筋编号		柱尺寸		备注
	A	B	h	H	①	②	a	b	
J-1	2100	2100	250	450	Φ10@100	Φ10@100	详柱平法施工图		2号钢筋在下部
J-2	2400	2400	250	450	Φ12@120	Φ12@120	详柱平法施工图		2号钢筋在下部
J-3	2800	2800	250	500	Φ12@120	Φ12@120	详柱平法施工图		2号钢筋在下部
J-4	2700	2700	250	500	Φ12@100	Φ12@100	详柱平法施工图		2号钢筋在下部
J-5	3100	3100	250	600	Φ14@120	Φ14@120	详柱平法施工图		2号钢筋在下部
J-6	3300	3300	250	650	Φ14@120	Φ14@120	详柱平法施工图		2号钢筋在下部
J-7	3400	3400	250	650	Φ14@120	Φ14@120	详柱平法施工图		2号钢筋在下部
J-8	3500	3500	250	700	Φ14@120	Φ14@120	详柱平法施工图		2号钢筋在下部
J-9	4200	4200	250	800	Φ16@120	Φ16@120	详柱平法施工图		2号钢筋在下部
J-10	4700	4700	250	900	Φ16@120	Φ16@120	详柱平法施工图		2号钢筋在下部

图 6-15

已知条件：

混凝土强度等级	保护层厚度
基础 C30	基础 40mm

计算独立基础 J-1 底板配筋：

由于 J-1 的四边长度为 2100mm＜2500mm，因此不做缩减处理。

底板筋的起步距离为≤75mm 和≤1/2s 之间的较小值，$1/2s＝50mm$，起步距离取 50mm。

X 向配筋长度＝X 边长－左侧保护层－右侧保护层＝2100－40－40＝2020mm；

Y 向配筋长度＝Y 边长－左侧保护层－右侧保护层＝X 向配筋长度

X 向配筋根数＝（Y 边长度－左侧起步距离－右侧起步距离）÷布筋间距＋1

　　　　　　＝（2100－50－50）÷100＋1＝21 根

Y 向配筋根数＝（X 边长度－左侧起步距离－右侧起步距离）÷布筋间距＋1＝X 向配筋根数＝21 根

J-1 底板配筋表如表 6-7 所示：

表 6-7

构件名称	直径级别	钢筋简图	下料(mm)	根数	件＊数	总根数	重量(kg)	备　注
J-1	Φ 10	2020	2023	21		21	26.21	X 向@100
	Φ 10	2020	2023	21		21	26.21	Y 向@100

二、独立基础构件底板配筋长度缩减10％的计算

计算上例中 J-3 的配筋，由于 J-3 的四边边长均为 2600mm，因此除四边最外侧钢筋外，其他配筋做 10％缩减。

1. 四边最外侧钢筋计算：

X 向配筋长度＝2600－40－40＝2520mm

X 向根数＝2 根

Y 向配筋长度＝2600－40－40＝2520mm

Y 向根数＝2 根

2. 做 10％缩减的钢筋长度计算：

X 向配筋长度＝X 向边长×0.9＝2600×0.9＝2340mm

X 向根数＝（Y 向边长－左右起步距离）÷布筋间距－1＝（2600－50－50）÷100－1＝24 根

Y 向配筋长度＝Y 向边长×0.9＝2600×0.9＝2340mm

Y 向根数＝（X 向边长－左右起步距离）÷布筋间距－1＝（2600－50－50）÷100－1＝24 根

J-3 底板配筋表如表 6-8 所示：

表 6-8

构件名称	直径级别	钢筋简图	下料（mm）	根　件数 * 数	总根数	重量（kg）	备　注
J-3	Φ 12	2520	2523	4	4	8.96	四边最外侧筋
X 向	Φ 12	2340	2343	24	24	49.93	@100
Y 向	Φ 12	2340	2343	24	24	49.93	@100

第四节　独立基础构件钢筋的软件计算

在 E 筋软件中，独立基础的计算与矩形承台使用同一功能进行计算。如图 6-16 所示：

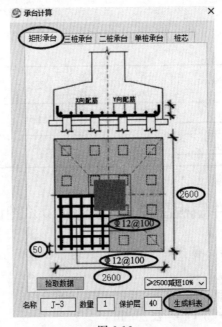

图 6-16

在数据位置根据图纸输入数据，独立基础底板配筋端部无弯钩，在弯钩数据框内不填入数据。点击"生成料表"得到如图 6-17 所示料表：

构件名称	直径级别	钢筋简图	下料（mm）	根　件数 * 数	总根数	重量（kg）	备　注
J-3	Φ 12	2340	2343	4	4	49.93	X 向,@100
	Φ 12	2520	2523	2	2	4.48	X 向两边
	Φ 12	2340	2343	24	24	49.93	Y 向,@100
	Φ 12	2520	2523	2	2	4.48	Y 向两边

图 6-17

第五节　条形基础构件钢筋构造要求

一、带基础梁的条形基础

参照 16G101-3 第 76 页学习本小节内容（图 6-18）：

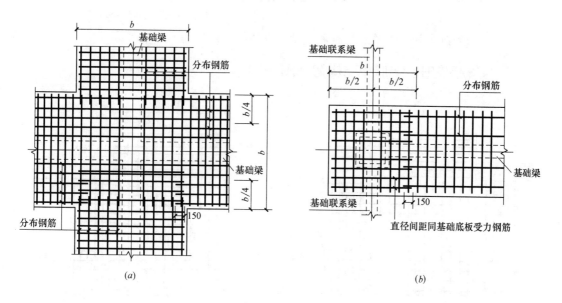

图 6-18

（*a*）十字交接基础底板，也可用于转角梁板端部均有纵向延伸；（*b*）条形基础无交接底板端部构造

（一）条形基础十字形相交构造：

1. 条形基础底板配筋短方向为受力筋，长方向为分布筋。

2. 十字形相交的条形基础底板相交部位两侧 1/4 条形基础宽度范围内均为双方向的受力筋，不布置分布钢筋。

3. 十字相交部位受力筋与分布筋的搭接长度为 150mm。

4. 带基础梁的条形基础底板，基础梁范围内不布置分布筋。

（二）条形基础端部无交接且有柱构造（图 6-19）

1. 端部柱下范围条形基础宽度双向范围内均布置受力钢筋，形成类似 $b \times b$ 的独立基础底板配筋，其范围内不布置分布钢筋。

2. 端部受力钢筋与分布钢筋的搭接长度为 150mm。

3. 带基础梁的条形基础底板，基础梁范围内不布置分布筋。

（1）条形基础最外侧钢筋起步距离为 ≤75mm 和 ≤$s/2$ 两者的较小值。

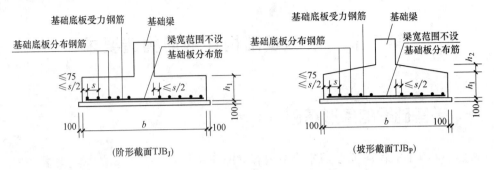

图 6-19

（2）条形基础内侧分布筋起步距离基础梁外边缘$\leqslant s/2$。

(三) 条形基础丁字形相交构造 (图 6-20)

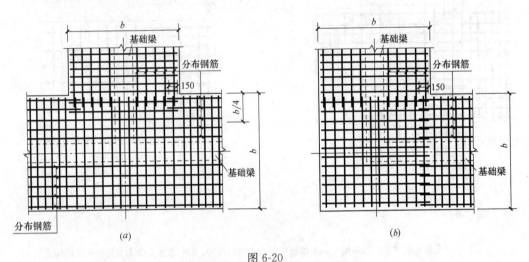

图 6-20

(a) 丁字交接基础底板；(b) 转角梁板端部无纵向延伸

1. 条形基础底板配筋短方向为受力筋，长方向为分布筋。
2. 在丁字形相交内侧区域 $b/4$ 范围内，布置非贯通方向的受力筋。
3. 受力筋与分布筋的搭接长度为 150mm。
4. 基础梁范围内不布置分布筋。

(四) 条形基础 L 形相交构造

1. 条形基础底板 L 形相交范围内布置双方向的受力筋，不布置双方向的分布筋。
2. L 形相交范围内形成 $b \times b$ 的钢筋网片，在双向基础梁范围内也设置。
3. 相交区域内的受力筋与分布筋的搭接长度为 150mm。

二、墙下条形基础 (图 6-21)

参照 11G101-3 第 77 页学习本小节内容

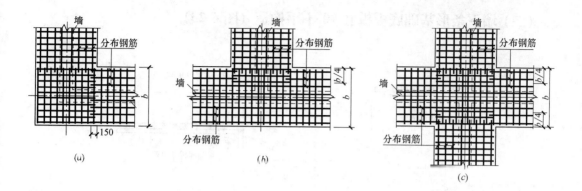

图 6-21

（a）转角处墙基础底板；（b）丁字交接基础底板；（c）十字交接基础底板

1. 墙下条形基础相交分为 L 形、丁字形、十字形相交三种情况。
2. 墙下条形基础底板，短方向为受力筋，长方向为分布筋。
3. 墙下范围内布置该方向的分布筋。
4. 相交范围内受力筋与分布筋的搭接长度为 150mm。

三、条形基础底板板底不平构造

参照 16G101-3 第 78 页学习本小结内容。

（一）柱下条形基础底板板底不平构造（图 6-22）

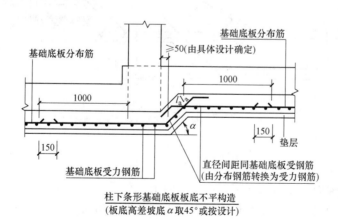

柱下条形基础底板板底不平构造
（板底高差坡底 α 取45°或按设计）

图 6-22

1. 在柱下条形基础底板图示左右各 1000mm 范围，分布筋改为受力筋，形成双向钢筋网片。
2. 在斜坡相交处，两个高度的受力筋互锚 l_a。
3. 在柱下钢筋网片端部，受力筋与分布筋的搭接长度为 150mm。

（二）墙下条形基础底板板底 90°不平构造（图 6-23）

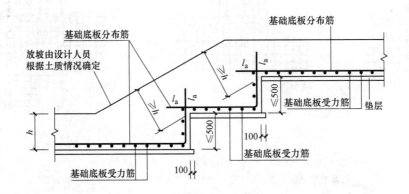

图 6-23　墙下条形基础底板板底不平构造

1. 在高差范围内，分布筋互锚 l_a。受力筋正常布置。
2. 在高差范围内，受力筋的布筋间距与正常范围内相同。

（三）墙下条形基础底板板底斜角不平构造（图 6-24）

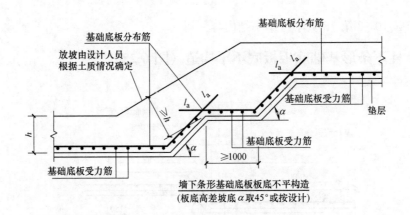

图 6-24

1. 在高差范围内，分布筋互锚 l_a，受力筋正常布置。
2. 在高差范围内，受力筋的布筋间距与正常范围内相同。

第六节　条形基础构件钢筋翻样实例

条形基础底板配筋计算
已知条件：

1. 已知条形基础平面布置图如图 **6-25** 所示。

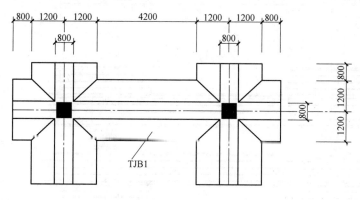

图 6-25

2. 其他已知条件

条形基础底板配筋		基础保护层厚度	
受力筋	分布筋		
C18@200	C12@200	40mm	

3. 条形基础剖面图如图 6-26 所示:

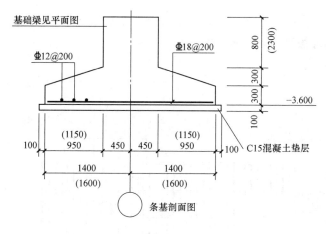

图 6-26

计算条形基础底板 TJB1 配筋（图 6-27）。

1. TJB1 基础底板分布筋计算

按照 16G101-3 第 76 页十字交接基础底板配筋构造要求，TJB1 条形基础底板的分布筋如上图 1 号筋、2 号筋所示构造。

（1）分布筋与另一向的受力筋搭接为 150mm。

（2）分布筋自条基边缘起步距离为≤75mm 和 $s/2$ 之间的较小值，分布筋自中部基础梁边缘起步距离为≤$s/2$。

（3）分布筋端部混凝土保护层为 40mm。

1 号筋的长度＝800＋40＋150＝990mm

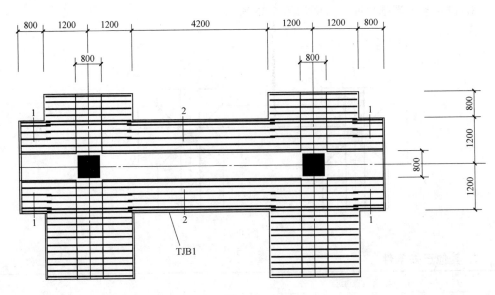

图 6-27

1 号筋的根数 $=[(b\div4-50)\div200+1]\times4=[(2400\div4-50)\div200+1]\times4=4\times4=$ 16 根

2 号筋的长度 $=4200+40+150=4390$ mm

2 号筋的根数 $=[(b\div4-50)\div200+1]\times2=[(2400\div4-50)\div200+1]\times2=8$ 根

2. TJB1 基础底板受力筋计算（图 6-28）

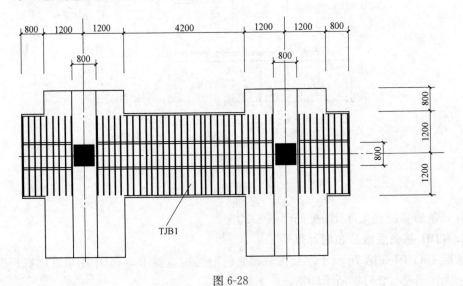

图 6-28

按照 16G101-3 第 76 页十字交接基础底板配筋构造要求，TJB1 条形基础底板的分布筋如上图 1 号筋、2 号筋所示构造。

（1）端部受力筋起步距离为 $\leqslant75$ mm 和 $s/2$ 之间的较小值，分布筋自中部基础梁边缘起步距离为 $\leqslant s/2$。

（2）分布筋端部混凝土保护层为 40mm。

受力筋的长度＝条形基础宽度-2保护层厚度＝2400－40－40＝2320mm。

左端受力筋根数＝（800＋1200－400－50－50）÷200＋1＝9根。

中部受力筋根数＝（1200－400＋4200＋1200－400－50－50）÷200＋1＝30根。

右端左端受力筋根数＝（800＋1200-400-50-50）÷200＋1＝9根。受力筋合计数量＝48根

TJB1配筋料表如表6-9所示：

表6-9

构件名称	直径级别	钢筋简图	下料（mm）	根件数数*	总根数	重量（kg）	备 注
	Φ12	990	993	16	16	14.11	@200
TJB1	Φ12	4390	4393	8	8	31.21	@200
	Φ18	2320	2323	48	48	223.01	@200

第七节　基础梁钢筋构造要求

一、基础梁JL钢筋构造

（一）基础梁JL纵向钢筋及箍筋构造（图6-29）

请参照16G101-3第79页学习本小节内容

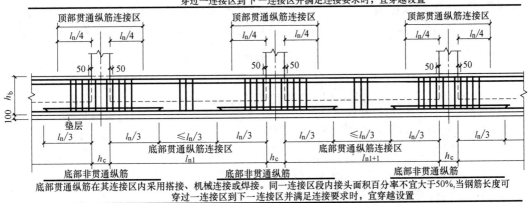

图6-29 基础梁JL纵向钢筋与箍筋构造

学习知识点：

1. 顶部贯通纵筋可采用搭接、机械连接或焊接三种方式。

2. 顶部贯通纵筋在同一连接区段内接头面积百分率不宜大于50％，当钢筋长度可穿

过一连接区到下一连接区并满足连接要求时，宜贯通设置。

3. 顶部贯通纵筋的连接区段在柱边 $l_n/4$ 范围内，l_n 为柱左右两侧较大跨的跨度值。

4. 底部贯通纵筋在其连接区内采用搭接、机械连接或焊接三种方式。

5. 底部贯通纵筋在同一连接区段内面积百分率不宜大于 50%，当钢筋长度可穿过一连接区到下一连接区并满足连接要求时，宜贯通设置。

6. 底部贯通纵筋的连接区段在跨中 $\leqslant l_n/3$ 范围内。

7. 底部非贯通纵筋长度为自柱边起向左右跨内各伸出 $l_n/3$，l_n 为柱左右两侧较大跨的跨度值。

8. 底部纵筋多于两排时，从第三排起非贯通纵筋向跨内的伸出长度值应由设计者注明。

9. 箍筋起步距离为自柱边起 50mm 起步，基础梁与柱相交的节点区内箍筋按梁端箍筋设置，不计入标注的总道数。

10. 两向基础梁相交时，交叉宽度内的箍筋按截面高度较大的基础梁设置，两向基础梁截面相同时任选一向箍筋贯通设置。

11. 纵向受力筋钢筋绑扎搭接区内的箍筋加密按搭接区箍筋加密要求设置。

12. 同跨箍筋有两种规格或间距时，各自设置范围按具体设计注写布置，如图 6-30 所示：

请参照 16G101-3 第 80 页

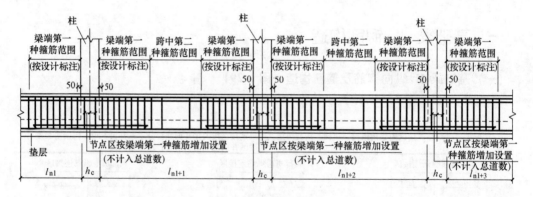

图 6-30 基础梁 JL 配置两种箍筋构造

（二）基础梁侧面构造钢筋及拉筋构造（图 6-31）

请参照 16G101-3 第 80 页学习本小节内容。

学习知识点：

1. 侧面构造腰筋按设计给定值设置。

2. 侧面腰筋的搭接长度为 $15d$。

3. 十字相交或丁字相交的基础梁，相交部位有柱且有水平加腋时，侧面腰筋锚入腋内 $15d$；当无柱时，腰筋锚入基础梁内 $15d$。

4. 拉筋的直径除有注明之外，默认为 8mm，间距为箍筋坚决的两倍。

5. 当基础梁配置侧面受扭腰筋时，受扭腰筋的搭接长度为 l_1，锚固长度为 l_a，锚固方式同基础梁上部纵筋。

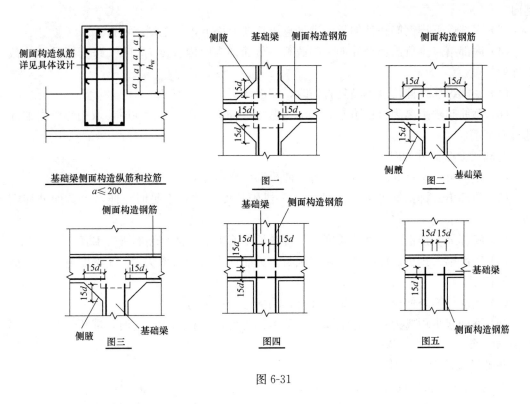

图 6-31

（三）基础梁端部及外伸部位钢筋构造

请参照 16G101-3 第 81 页学习本小节内容。

1. 梁板式筏形基础梁端部及外伸部位钢筋构造（图6-32）

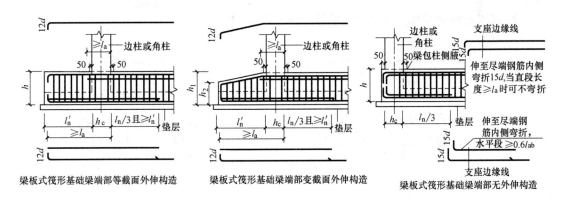

图 6-32

学习知识点：

基础梁等截面外伸时：

（1）顶部第一排钢筋伸至端部弯折 12d。

（2）顶部第二排钢筋伸入端部柱内一个锚固长度，柱宽不足时，伸至等截面外伸端部内。

（3）底部最下排钢筋在外伸长度满足直锚长度前提下，伸至端部弯折 $12d$。

（4）底部第二排负筋伸至外伸端部截断，负筋伸入跨内长度为≥1/3 跨度值且≥等截面外伸长度。

（5）底部纵筋外伸长度不满足直锚时，端部弯折长度为 $15d$。

（6）箍筋起步距离为自柱边起 50mm 等截面外伸部位箍筋无标注时，取相邻跨内端部的箍筋配筋。

基础梁变截面外伸时：

（1）顶部第一排钢筋随变截面弯折，伸至端部弯折 $12d$。

（2）顶部第二排钢筋伸入端部柱内一个锚固长度，柱宽不足时，伸至等截面外伸端部内。

（3）底部最下排钢筋在外伸长度满足直锚长度前提下，伸至端部弯折 $12d$。

（4）底部第二排负筋伸至外伸端部截断，负筋伸入跨内长度为≥1/3 跨度值且≥等截面外伸长度。

（5）底部纵筋外伸长度不满足直锚时，端部弯折长度为 $15d$。

（6）箍筋起步距离为自柱边起 50mm 等截面外伸部位箍筋无标注时，取相邻跨内端部的箍筋配筋。

基础梁端部无外伸时：

A. 顶部第一排钢筋伸至端部弯折 $15d$。

B. 顶部第二排钢筋伸至端部弯折 $15d$，翻样时比第一排缩进 25～50mm，以方便安装。

C. 底部最下排钢筋伸至端部弯折 $15d$。

D. 底部第二排钢筋伸至端部 $15d$，翻样时比第一排缩进 25～50mm，以方便安装。

2. 条形基础梁端部及外伸部位钢筋构造（图 6-33）

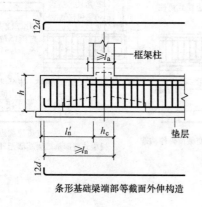
条形基础梁端部等截面外伸构造

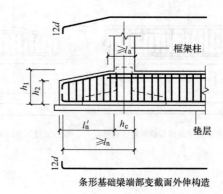
条形基础梁端部变截面外伸构造

图 6-33

学习知识点：

条形基础梁端部等截面外伸时：

（1）顶部第一排钢筋伸至端部弯折 $12d$。

（2）顶部第二排钢筋伸入端部柱内一个锚固长度，柱宽不足时，伸至等截面外伸端部内。

（3）底部最下排钢筋伸至端部弯折 $12d$。

条形基础梁端部变截面外伸时：

（1）顶部第一排钢筋随变截面弯折，伸至端部弯折 $12d$。

（2）顶部第二排钢筋伸入端部柱内一个锚固长度，柱宽不足时，伸至等截面外伸端部内。

（3）底部最下排钢筋伸至端部弯折 $12d$。

（四）基础梁 JL 梁底不平及变截面部位钢筋构造

参照 16G101-3 第 83 页学习本小节内容

1. 基础梁有高差变化的构造（图 6-34）

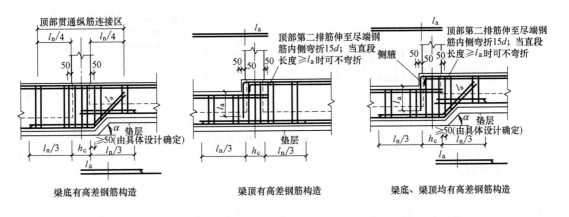

梁底有高差钢筋构造　　　　梁顶有高差钢筋构造　　　　梁底、梁顶均有高差钢筋构造

图 6-34

学习知识点：

梁底有高差时：

（1）截面大的基础梁底部最下排纵筋随变截面角度弯折，自伸入高位梁底起锚入一个非抗震锚固长度 l_a；底部第二排负筋随变截面角度弯折，自伸入高位梁底起锚入一个非抗震锚固长度 l_a。

（2）截面较小的基础梁底部最下排纵筋和第二排负筋自变截面点起，伸入截面较大的基础梁内一个非抗震锚固长度 l_a。

梁顶有高差时：

（1）截面较小的梁上部第一、二排纵筋伸入柱内一个非抗震锚固长度 l_a。

（2）截面较大的梁上部第一排纵筋弯折，伸入截面较小的梁内一个非抗震锚固长度 l_a。当不能直锚时弯折，总长度不小于 l_a，弯折段长度不小于 10cm。

（3）截面较大的梁上部第二排纵筋伸至柱端部弯折 $15d$，当柱截面宽度满足直锚时可不弯折。

梁底、梁顶均有高差时：

（1）截面大的基础梁底部最下排纵筋随变截面角度弯折，自伸入高位梁底起锚入一个非抗震锚固长度 l_a；底部第二排负筋随变截面角度弯折，自伸入高位梁底起锚入一个非抗震锚固长度 l_a。

（2）截面较小的基础梁底部最下排纵筋和第二排负筋自变截面点起，伸入截面较大的基础梁内一个非抗震锚固长度 l_a。

（3）截面较小的梁上部第一、二排纵筋伸入柱内一个非抗震锚固长度 l_a。

（4）截面较大的梁上部第一排纵筋弯折，伸入截面较小的梁内一个非抗震锚固长度 l_a。当不能直锚时弯折，总长度不小于 l_a，弯折段长度不小于 10cm。

（5）截面较大的梁上部第二排纵筋伸至柱端部弯折 15d，当柱截面宽度满足直锚时可不弯折。

2. 基础梁宽度有变化的构造（图 6-35）

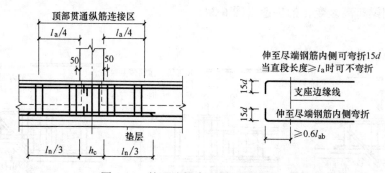

图 6-35　柱两边梁宽不同钢筋构造

学习知识点：

当柱两侧的基础梁宽度发生变化时，宽度较宽的部分底筋和面筋无法伸入截面宽度较小的梁内，这些钢筋在柱内锚固，当柱截面宽度能够满足直锚时，伸入柱内一个锚固长度 l_a，不能直锚时，伸至尽端弯折 15d。

（五）基础梁加腋钢筋构造

请参照 16G101-3 第 80、84 页学习本小节内容。

基础梁竖向加腋（图 6-36）：

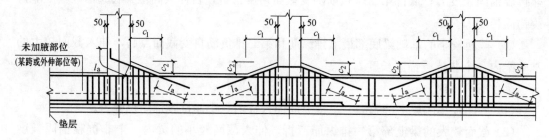

图 6-36　基础梁 JL 竖向加腋钢筋构造

1. 基础梁竖向加腋钢筋伸入两侧构件一个非抗震锚固长度 l_a，不能直锚时弯折锚固，总长度不小于 l_a。

2. 加腋部位的箍筋为缩尺箍筋，箍筋宽度不变，高度方向缩尺。箍筋配筋及间距同相邻跨内基础梁端部箍筋配筋。

基础梁水平加腋（图 6-37）：

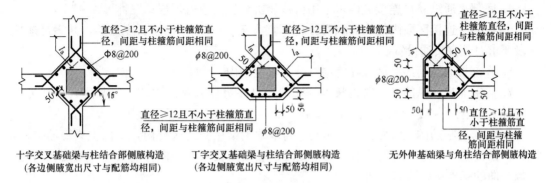

图 6-37

1. 水平加腋筋自加腋点起，锚入两侧基础梁内一个非抗震锚固长度 l_a，不能直锚时弯折锚固，总长度不小于 l_a。

2. 水平加腋筋的直径≥12mm 且不小于柱箍筋直径，间距与柱箍筋间距相同。

3. 加腋区竖向分布筋的直径为 A8@200。

4. 水平加腋区的水平加腋筋和竖向分布筋的直径和间距在此有明确规定，翻样时要注意遵从该要求，对量时此处容易产生争议。

其他情况的水平加腋构造参照 16G101-3 第 84 页学习。

二、基础次梁 JCL 钢筋构造（图 6-38）

参照 16G101-3 第 85 页学习本小节内容。

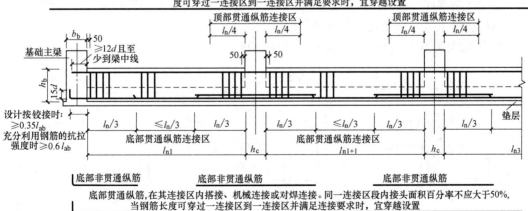

图 6-38　基础次梁 JCL 纵向钢筋与箍筋构造

学习知识点

1. 顶部贯通筋在连接区内可采用搭接、机械连接或对焊连接三种形式。

2. 在同一连接区段内接头面积百分比不宜大于 50%，当钢筋长度足够，并满足连接区段要求时，宜贯通设置。

3. 顶部贯通纵筋连接区段在柱边两侧 $l_n/4$ 范围内。

4. 底部贯通纵筋在连接区内可采用搭接、机械连接或对焊连接三种形式。

5. 在同一连接区段内接头面积百分比不宜大于 50%，当钢筋长度足够，并满足连接区段要求时，宜贯通设置

6. 底部贯通纵筋连接区段在跨中三分之一范围内。

7. 底部非贯通纵筋伸入跨内长度：端部为自柱边伸入跨内本跨 1/3 长度；中部为自柱边伸入左右跨内较大跨 1/3 长度。

8. 各跨内箍筋的起步距离为 50mm，与基础主梁相交的区域内，基础主梁箍筋贯通，基础次梁箍筋不贯通。两条基础次梁相交时，取截面较大的一向箍筋贯通；截面相同时，任取一向的基础次梁箍筋贯通。

9. 基础次梁配置两种箍筋时，按设计标注配筋，起步距离为 50mm。参见 16G101-3 第 86 页下部图示。

端部钢筋构造：

1. 基础次梁端部无外伸时，在端部柱内锚固，顶部贯通纵筋伸入柱内长度 ≥12d 且至少到梁中线；底部贯通纵筋与非贯通纵筋伸至柱外侧纵筋内侧弯折 15d。

2. 基础次梁端部等截面外伸时，顶部贯通纵筋伸至等截面端部弯折 12d；底部贯通纵筋在外伸长度满足直锚前提下，伸至等截面端部弯折 12d，不满足直锚长度时，伸至等截面端部弯折 15d；底部非贯通负筋伸至等截面端部截断，其向跨内伸出长度为外伸长度与 1/3 跨长之间的较大值。

3. 基础次梁端部变截面外伸时，顶部贯通纵筋随变截面弯折，伸至端部弯折 12d；底部贯通纵筋在外伸长度满足直锚前提下，伸至变截面端部弯折 12d，不满足直锚长度时，伸至变截面端部弯折 15d；底部非贯通负筋伸至变截面端部截断，其向跨内伸出长度为外伸长度与 1/3 跨长之间的较大值。

基础次梁端部等截面外伸与变截面外伸的构造参照 16G101-3 第 85 页右下方两图。

基础次梁 JCL 高差变化及截面变化钢筋构造：

1. 基础次梁 JCL 高差变化钢筋构造（图 6-39）

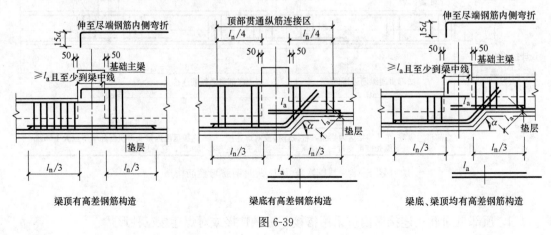

图 6-39

当梁顶有高差时：

顶部贯通纵筋伸入基础主梁内一个非抗震锚固长度 l_a，且至少到基础主梁中线。基础主梁宽度不满足直锚时，伸至主梁外侧纵筋内侧弯折 $15d$。

当梁底有高差时：

截面较大一侧的底部贯通纵筋及非贯通纵筋随变截面弯折，自进入截面较小基础次梁起，伸入一个非抗震锚固长度 l_a，不满足锚固长度时弯折，总长度满足 l_a。截面较小一侧的底部贯通纵筋及非贯通纵筋自变截面点起，伸入截面较大基础梁内一个非抗震锚固长度 l_a。

当梁底与梁顶均有高差时：

顶部贯通纵筋伸入基础主梁内一个非抗震锚固长度 l_a，且至少到基础主梁中线。基础主梁宽度不满足直锚时，伸至主梁外侧纵筋内侧弯折 $15d$。

截面较大一侧的底部贯通纵筋及非贯通纵筋随变截面弯折，自进入截面较小基础次梁起，伸入一个非抗震锚固长度 l_a，不满足锚固长度时弯折，总长度满足 l_a。截面较小一侧的底部贯通纵筋及非贯通纵筋自变截面点起，伸入截面较大基础梁内一个非抗震锚固长度 l_a。

2. 基础次梁 JCL 梁宽变化钢筋构造（图 6-40）

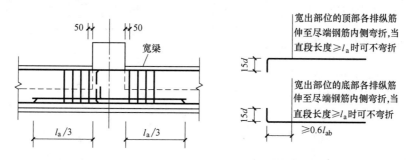

图 6-40 支座两边梁宽不同钢筋构造

学习知识点：

当基础主梁两侧的基础次梁宽度发生变化时，宽度较宽的部分底筋和面筋无法伸入截面宽度较小的梁内，这些钢筋在基础主梁内锚固，当基础主梁截面宽度能够满足直锚时，伸入基础主梁内一个锚固长度 l_a，不能直锚时，伸至尽端弯折 $15d$。

第八节　基础梁构件钢筋翻样实例

（一）了解基础梁钢筋

1. 基础梁构件需计算的钢筋种类

基础梁类构件需计算的钢筋种类有以下几种（表 6-10）：

表 6-10

序号	名称	部位	通俗名称	有无
1	下部通长筋	梁下部通长筋第 1 排	下铁通长筋/底筋通长筋	必有
2	下部支座负筋	梁下部第 1、2 排支座负筋	下铁负筋/支座负筋	可有

序号	名称	部位	通俗名称	有无
3	下部架立筋	梁下部支座负筋之间	下铁架立筋	可有
4	梁侧面钢筋	梁中部两侧	腰筋	可有
5	上部通长筋	梁上部第1、2、3排	上铁/面筋	必有
6	箍筋	沿跨内布置	环子	必有
7	拉筋	沿腰筋布置	拉钩	可有
8	反扣吊筋	主次梁相交处,主梁内	元宝筋	可有
9	附加箍筋	梁相交处	吊箍	可有

注:必有:必须有;可有:有的梁有,有的梁没有,由设计人员根据计算确定。

2. 基础梁类构件钢筋手算步骤

阅读梁标注

1. 阅读集中标注
2. 阅读原位标注
3. 查找支座尺寸、支座配筋
4. 查找基础梁轴向尺寸,计算每跨净跨长

(二) 分析基础梁钢筋构造

1. 计算钢筋锚固长度
2. 确定钢筋连接方式
3. 计算钢筋搭接长度
4. 判断支座处钢筋直锚/弯锚
5. 确定构件表面到钢筋端部扣减尺寸
6. 判定上/下铁连接位置
7. 与其他相关基础梁、柱钢筋的位置关系。比如:何梁在上,何梁在下
8. 分析梁高差变化、宽度变化、高度变化使用的节点构造

(三) 画出基础梁钢筋排布图

根据对基础梁钢筋构造分析,画出该条基础梁全部钢筋的排布图。

在翻样学习的初期,计算单条梁时,需要画出每条梁的钢筋排布图,特别是多跨复杂梁和使用特殊节点的梁。画钢筋排布图有助于对梁钢筋的构成、构造要求、排布方式的理解,从而能够准确计算钢筋的数量、尺寸、形状。等翻样熟练后,能够在脑海中形成虚拟排布图后,可省略该步骤,从而提高钢筋计算速度和效率。

(四) 计算钢筋尺寸、数量

1. 通过基础梁的标注尺寸和钢筋排布图,根据每种钢筋的计算公式,套入数据,计算尺寸和数量。一般按照上铁第1排—上铁第2排—腰筋—底筋第1排—底筋第2排—箍筋—拉筋—腰筋—附加箍筋的顺序计算。

2. 将超出原材长度的钢筋,根据钢筋连接位置要求,进行分解。既满足连接位置要

求，又不会产生废料尺寸，还有利于钢筋下料和绑扎方便快捷。（这是翻样水平高低的直接体现）

（五）填写钢筋下料表

1. 将构件名称、编号、钢筋的级别、直径、钢筋大样图、尺寸、根数、件数填入钢筋下料表相应栏内。

2. 根据每条钢筋的尺寸和角度扣减值计算每条钢筋的下料长度。根据下料长度和钢筋比重（米重）计算该钢筋的重量，填入钢筋下料表内。

三、基础梁 JL 手工计算实例

已知条件：

1. 基础梁 JL01 的平面布置图如图 6-41 所示：

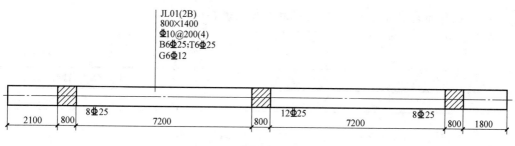

图 6-41

2. 其他已知条件：

抗震等级	混凝土强度等级	锚固长度	保护层厚度
基础构件非抗震	C30	35d	20/40

≥16mm 钢筋采用直螺纹机械连接，区分接头位置情况下，计算基础梁 JL01 的下料单。

翻样步骤一：阅读基础梁标注

1. 集中标注（表 6-11）

表 6-11

JL01 集中标注阅读	
跨数	2 跨 两端等截面外伸
截面尺寸	梁宽 800mm × 梁高 1400mm
箍筋配筋	HRB400 级，直径 10mm，4 肢箍
加密区箍筋间距	无
箍筋非加密区间距	200mm
箍筋肢数	4 肢箍
上铁通长筋	6 根直径 25mm 三级钢
腰筋配筋	6 根三级 12mm 构造腰筋
下铁通长筋	6 根直径 25mm 三级钢

2. 原位标注（表 6-12）

表 6-12

JL01 原位标注阅读	
第 1 跨左支座下铁	8 根三级 25mm 钢筋，其中 6 根通长筋，2 根支座负筋
第 1 跨右支座下铁	12 根三级 25mm 钢筋，其中 6 根通长筋，6 根支座负筋
第 2 跨右支座下铁	8 根三级 25mm 钢筋，其中 6 根通长筋，2 根支座负筋

3. 查找支座尺寸、支座配筋（表 6-13）

在与本层梁对应的柱平法施工图中，可以找到作为 JL01 左右支座的框柱为：KZ1，在柱表中可以查询到 KZ1 的尺寸和配筋：

表 6-13

柱号	截面尺寸($b×h$)mm	角筋	b 边中部筋	h 边中部筋	箍筋
KZ1	800×800	4C25	2C20	2C20	C8@100

4. 查找基础梁轴向尺寸，计算每跨净跨长（表 6-14）

为简单起见，本例中直接给出了段的尺寸：

表 6-14

左端等截面外伸尺寸	第 1 跨净长	第 2 跨净长	右端等截面外伸尺寸
2100mm	7200mm	7200mm	1800mm

翻样步骤二：分析梁钢筋构造

1. 基础梁上下铁在端支座的锚固方式

从结构设计总说明中得到的已知信息：抗震等级非抗震级、柱混凝土强度等级 C30。在本条基础梁中钢筋等级为三级钢，查询 16G101-1 第 58 页钢筋锚固长度表，得到锚固长度为 $35d$，d 为钢筋直径。

上铁、下铁的钢筋直径都是 25mm，则上下铁的锚固长度为 875mm。腰筋直径为 12mm，锚固长度为$=15×d=180$mm。

2. 基础梁上下铁端部保护层厚度

基础梁端部等截面外伸，根据 16G101-3 第 83 页等截面外伸构造，端部保护层取基础保护层 40mm。

3. 下铁通长筋构造

（1）端部钢筋伸至等截面尽端，向下弯折 $12d$，且自柱外侧外边缘伸入外伸部位平直部分的长度大于等于 l_a。

（2）下铁通长筋连接位置位于跨中三分之一净跨范围内。

4. 下铁第一排支座负筋构造

下铁第一排支座负筋向跨内伸出长度为：自柱内侧外边缘向跨内伸出三分之一净跨长且大于外伸长度。向等截面外伸部分伸出长度为到尽端向上弯折 $12d$。

5. 下铁第二排支座负筋构造

下铁第一排支座负筋向跨内伸出长度为：自柱内侧外边缘向跨内伸出三分之一净跨长且大于外伸长度。向等截面外伸部分伸出长度为到尽端。

6. 腰筋构造

本例中的基础梁腰筋为构造腰筋，G 开头，其在等截面外伸部分伸至尽端截断，在柱内锚入 15d。

7. 上铁通长筋构造

（1）上铁第一排纵筋伸至等截面外伸部位尽端，向下弯折 12d。

（2）上铁第二排纵筋伸至入柱内一个非抗震锚固长度 l_a。

（3）上铁通长筋连接位置位于自支座边起，四分之一净跨范围内。

8. 箍筋构造

（1）第一支箍筋布置的起步距离为自支座内边缘 50mm。

（2）箍筋加密区长度由设计人员给出：本例中的 JL01 无加密区规定。

9. 拉筋构造

（1）拉筋一般会在结构设计总说明中注明，如总说明中没有注明，则按照 16G101-3 第 82 页"梁侧面纵向构造筋和拉筋"中注 2 规定默认为 8mm。

（2）当设有多排拉筋时，上下排拉筋竖向错开设置。间距为箍筋非加密区间距的 2 倍。本例中 JL01 的腰筋为 6 根，分 3 排对称布置。拉筋间距为箍筋非加密区间距 200mm 的 2 倍，即 400mm。

翻样步骤三：画出梁钢筋排布图

依据前两个步骤，可以画出 JL01 的钢筋排布图如图 6-42 所示：

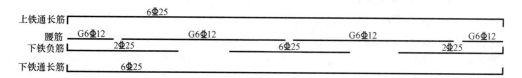

图 6-42

翻样步骤四：计算每根钢筋的尺寸、数量

1. 上铁通长筋计算（6 根）

（1）上铁端部弯钩长度 12d：12×25＝300mm

（2）上铁平直段长度：＝左端等截面外伸长度＋左支座宽＋第 1 跨净跨长度＋中间支座宽＋第 2 跨净跨长度＋右支座宽度＋右端等截面外伸长度－左侧保护层-右侧保护层＝2100＋800＋7200＋800＋7200＋800＋1800－50－50＝20600mm

（3）通长筋分解（图 6-43）

此通长筋用 9m 原材长度不足，需要使用接头。接头位于支座四分之一范围内，净跨 7200mm，净跨四分之一为：1800mm。3 根取 9000 起头，另 3 根掉头使用。50%接头百分率，检查发现满足接头要求。

3 根断料尺寸为：9000＋9000＋3100

另外 3 根断掉头使用为：3100＋9000＋9000

2. 腰筋计算（6 根）

（1）左端等截面外伸部位腰筋长度

腰筋长度＝等截面外伸长度＋伸入左端支座长度－左端保护层＝2100＋15×12－50＝

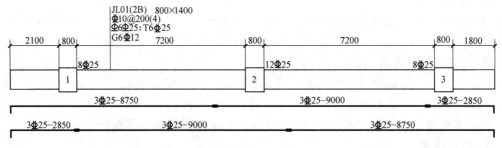

图 6-43

2230mm

(2) 第 1 跨腰筋长度

腰筋长度＝伸入第 1 跨左支座长度＋第 1 跨净跨长度＋伸入第 1 跨右支座长度＝15×12＋7200＋15×12＝7560mm

(3) 第 2 跨腰筋长度

腰筋长度＝伸入第 2 跨左支座长度＋第 2 跨净跨长度＋伸入第 2 跨右支座长度＝15×12＋7200＋15×12＝7560mm

(4) 右端等截面外伸部位腰筋长度

腰筋长度＝等截面外伸长度＋伸入右端长度－右端保护层＝1800＋15×12－50＝1930mm

3. 下铁第一排支座负筋计算

(1) 左端支座负筋第一排长度（2 根）

弯折长度 $12d$＝15×25＝300mm

首先验证外伸长度 2100＋柱宽 800 是否大于 l_a，l_a＝35d＝35×25＝875mm，符合图集要求。

再次验证第 1 跨净跨长的 1/3 与外伸长度 2100 哪个数值较大，7200÷3＝2400mm＞外伸长度 2100mm

平直段长度：等截面外伸长度－等截面外伸部位保护层＋柱宽＋三分之一第 1 跨净跨长度＝2100－50＋800＋2400＝5250mm

(2) 中间支座负筋长度（6 根）

无弯钩，平直段长度＝三分之一左右跨较大跨净长＋柱宽＋三分之一左右跨较大跨净长＝2400×2＋800＝5600mm

(3) 右端支座负筋第一排长度（2 根）

首先验证外伸长度 1800＋柱宽 800 是否大于 l_a，l_a＝35d＝35×25＝875mm，符合图集要求。

再次验证第 2 跨净跨长的 1/3 与外伸长度 1800 哪个数值较大，7200÷3＝2400mm＞外伸长度 1800mm

平直段长度：等截面外伸长度－等截面外伸部位保护层＋柱宽＋三分之一第 2 跨净跨长度＝1800－50＋800＋2400＝4950mm

4. 下铁第一排通长筋计算

(1) 下铁端部弯钩长度 $12d$：12×25＝300mm

（2）下铁平直段长度：

＝左端等截面外伸长度＋左支座宽＋第1跨净跨长度＋中间支座宽＋第2跨净跨长度＋右支座宽度＋右端等截面外伸长度－左侧保护层－右侧保护层＝2100＋800＋7200＋800＋7200＋800＋1800－50－50＝20600mm

（3）通长筋分解

此通长筋用9m原材长度不足，需要使用接头。接头位于跨中三分之一范围内，净跨7200mm，净跨三分之一为：2400mm。

第1根用5500起头，断料尺寸为：5500＋9000＋6600

第2根掉头使用，断料尺寸为：6600＋9000＋5500

经验证符合50％接头百分率要求和接头位于跨中三分之一要求。

5. 箍筋计算

（1）外箍筋尺寸

梁的截面尺寸为800×1400mm，梁的保护层厚度为25mm，则梁箍筋的宽度为800－25×2＝750mm。梁箍筋的高度为1400mm，梁下部保护层厚度为40mm，上部保护层厚度为20mm。因此梁箍筋的高度为14000－40－220＝1340

梁箍筋尺寸为：750mm×13400mm。

（2）内箍筋尺寸

内箍筋宽度尺寸按上筋均分，套最内侧两根纵筋。

内箍筋外皮宽度尺寸＝（外箍筋外皮尺寸－外箍直径×2－0.5角筋直径×2÷空数）×内箍套空数＋0.5内箍角筋直径×2＋内箍直径×2

$$＝（750－10×2－0.5×25×2÷5）×1＋0.5×25×2＋10×2$$
$$＝186mm$$

上筋根数6根，下筋根数6根，内箍筋套最中间两根，依据12G901-3第19页基础梁横截面纵向钢筋与箍筋排布构造。

内箍筋高度＝外箍筋高度＝1340mm。

（3）箍筋根数

假设取JL01方向的基础梁箍筋贯通

左端等截面外伸部位箍筋数量＝（左端等截面外伸长度－50－50）÷箍筋间距＋1＝11套

第1跨箍筋数量＝（第1跨净跨长－50－50）÷箍筋间距＋1＝37套

第2跨箍筋数量＝（第2跨净跨长－50－50）÷箍筋间距＋1＝37套

右端等截面外伸部位箍筋数量＝（右端等截面外伸长度－50－50）÷箍筋间距＋1＝10套

3棵柱内箍筋数量＝（柱宽－150－150）÷箍筋间距×3＝3×3套＝9套

箍筋共计104套。

6. 拉筋计算

（1）拉筋的直径

拉筋的直径除设计注明外，均默认为为8mm。（见16G101-3第82页）

（2）拉筋的宽度

基础梁 JL01 梁宽梁的截面尺寸为 800mm，梁的保护层厚度为 25mm，拉筋拉住腰筋，其宽度为：800－25－25＝750mm。

（3）拉筋的数量

拉筋的间距为非箍筋加密区间距的 2 倍，JL01 的非加密区间距为 200mm，因此拉筋的间距为 400mm。

拉筋起步距离为距支座边 50mm。

拉筋的数量＝（基础梁总长－50×2）÷拉筋间距×腰筋排数－1＝（20700－100）÷400×3－1＝155个

翻样步骤五：填写钢筋下料表

① 在填写钢筋下料表时，要扣除各种角度的弯曲调整值，计算出下料长度。

② 要根据下料长度与钢筋的比重，计算出钢筋的重量。

JL01 的钢筋配料表如表 6-15 所示：

表 6-15

构件名称	直径级别	钢筋简图	下料(mm)	根件数 * 数	总根数	重量(kg)	备注
	Φ25	300 ⎿8750 9000 2850⏋ 300 套 套	9000 9000 3100	3	3	2453.70	上 1 排(左挑—右挑) 长:20600
	Φ25	300 ⎿2850 9000 8750⏋ 300 套 套	3100 9000 9000	3	3	243.70	上 1 排(左挑—右挑) 长:20600
	Φ12	2230	2230	6	6	11.88	腰筋(左挑)
	Φ12	7560	7560	6	6	40.28	腰筋(跨 1)
	Φ12	7560	7560	6	6	40.28	腰筋(跨 2)
JL01 (1～3)	Φ12	1930	1930	6	6	10.28	腰筋(右挑)
	Φ25	300 ⎿6350 9000 5250⏋ 300 套 套	6600 9000 5500	3	3	243.70	底 1 排(左挑—右挑) 长 20600
	Φ25	300 ⎿5250 9000 6350⏋ 300 套 套	5500 9000 6600	3	3	243.70	底 1 排(左挑—右挑) 长:20600
	Φ25	300 ⎿5250	5500	2	2	42.35	底 1 排(左挑—跨 1)
	Φ25	5600	5600	6	6	129.36	底 1 排(支座 2)
	Φ25	4950 ⏌300	5200	2	2	40.04	底 1 排(支座 3)

续表

构件名称	直径级别	钢筋简图	下料(mm)	根数	件*数	总根数	重量(kg)	备注
JL01(1 3)	Φ10	750 / 1340	4340	104		104	278.49	左挑[11]跨@200(4)[37]2跨@200(4)[37]右挑[10]
	Φ10	186 / 1340	3210	104		104	205.98	左挑[11]右挑[10]1跨@200(4)[37]2跨@200(4)[37]
	Φ8	750	910	155		155	55.71	@400

第九节　基础梁构件钢筋的软件计算

基础梁的软件计算在 E 筋软件中与框架梁使用相同的功能进行计算。

以手工计算的 JL01 为例学习基础梁的软件翻样

1. 拾取数据

点击集中标准拾取按钮，连续拾取梁的集中标注、点取尺寸、支座原位标注、上部原位标注、吊筋位置。注意：基础梁的支座原位标注在梁的下部标注。

下中原位没有时，直接点击鼠标右键跳过。吊筋位置要点击次梁与主梁的两个交点，得到次梁梁口宽度。

被拾取后的标注颜色变为梁计算设置—常用设置中变色中选择的颜色，表示此标注已经被拾取过。

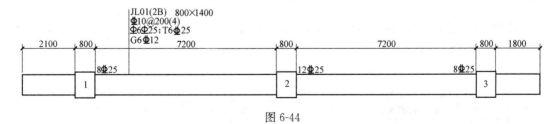

图 6-44

拾取后的页面如图 6-44 所示。梁计算页面拾取到的数据如图 6-45 所示：

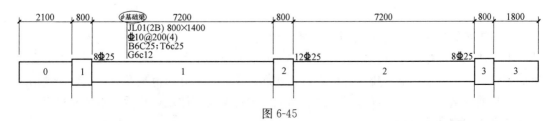

图 6-45

拾取基础梁数据后，在梁计算页面集中标注上方的"基础梁"前方的方框内软件自动画上一个"√"号，表示该条梁按基础梁的计算规则计算。

注意：

（1）在有些图纸中没有按图集制图规则将基础梁标注为"JL"，而是标注为"JZL"表示是基础主梁。对这种情况要首先在图纸中将"JZL"修改为"JL"，否则用软件拾取后，会按照井字梁的计算规则计算。

（2）如果图纸中的钢筋符号用特性查看时，内容中的钢筋符号不是％％132时，梁的数据拾取是拾取不到配筋信息的，需要使用软件中的CAD工具中的替换钢筋符号来对图纸中的钢筋符号进行替换，也可以使用CAD软件自身所带的"查找替换"功能来进行钢筋符号替换。

2. 系统计算

拾取完梁数据后，对照CAD图纸，检查基础梁计算页面中拾取到的数据是否一致。检查无误后，点击"系统计算"按钮，软件自动计算出梁的钢筋排布及尺寸信息、接头信息。如图6-46所示：

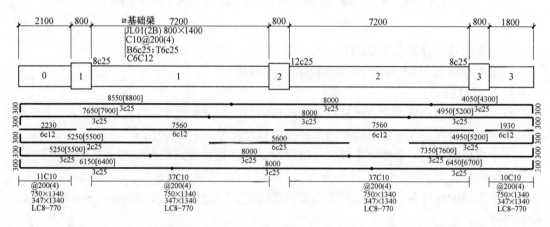

图 6-46

使用软件工具栏提供的钢筋编辑和接头设置功能，调整钢筋排布图中的钢筋长度、形状及接头数量和位置，以符合现场加工及安装要求（图6-47）。

图 6-47

钢筋排布的顺序为上部通长筋一排第1种断料尺寸、上部通长筋一排第2种断料尺寸、上部通长筋二排第1种断料尺寸、上部通长筋二排第2种断料尺寸、腰筋、下部支座负筋二排、下部支座负筋一排、底筋二排、底筋一排、箍筋分布范围及数量、箍筋规格及尺寸、拉筋规格及间距。拉筋数量、吊筋、梁口附加箍筋不体现。然后点击生成料表，得到该基础梁的钢筋配料单。

第十节　筏形基础平板钢筋构造要求

一、梁板筏形基础平板 LPB 钢筋构造

（一）梁板筏形基础平板 LPB 柱下区域、跨中区域钢筋构造（图 6-48）

参照 16G101-3 第 88 页学习本小节内容。

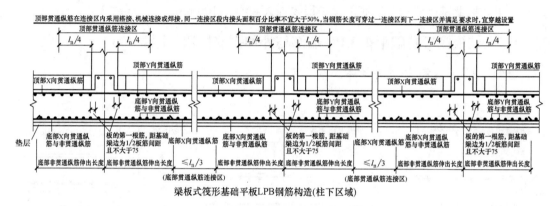

梁板式筏形基础平板LPB钢筋构造(柱下区域)

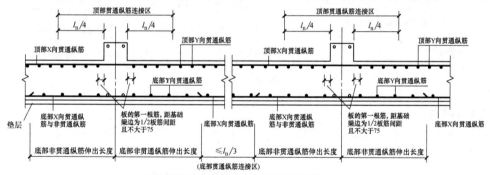

梁板式筏形基础平板LPB钢筋构造(跨中区域)

图 6-48

学习知识点：

顶部纵筋：

1. 有基础梁的筏板顶部贯通纵筋在连接区内采用搭接、机械连接或焊接三种连接形式。

2. 同一连接区内接头面积百分率不宜大于 50％。

3. 顶部贯通纵筋长度满足要求时宜贯通设置。

4. 顶部贯通纵筋的连接区在含基础梁内的基础梁两侧 1/4 净跨长度范围内。

5. 在基础梁范围内不设置另向的贯通纵筋。

6. 另向的贯通纵筋布置的起步距离为距离基础梁边 1/2 板筋间距，且不大于 75mm。

底部纵筋：

1. 有基础梁的筏板底部贯通纵筋在连接区内采用搭接、机械连接或焊接三种连接形式。

2. 同一连接区内接头面积百分率不宜大于 50%。

3. 底部贯通纵筋长度满足要求时宜贯通设置。

4. 底部贯通纵筋的连接区在跨中 1/3 范围内。

5. 在基础梁范围内不设置另向的贯通纵筋。

6. 另向的贯通纵筋布置的起步距离为距离基础梁边 1/2 板筋间距，且不大于 75mm。

7. 底部非贯通纵筋伸出长度为自基础梁中心线伸出基础梁宽＋1/3 净跨长度。

8. 基础梁底部纵筋与筏板底部贯通纵筋的位置关系为基础梁纵筋置于另向筏板底部纵筋之上，因此基础梁的箍筋底部保护层要加大到 40～100mm。

（二）梁板筏形基础平板 LPB 端部与外伸钢筋构造（图 6-49）

参照 16G101-3 第 89 页学习本小节内容。

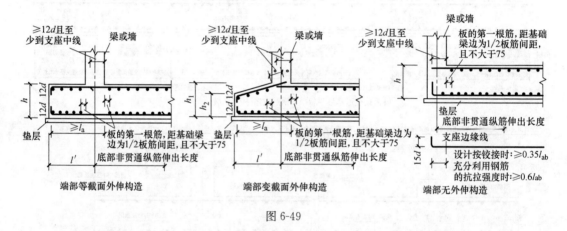

图 6-49

学习知识点：

有梁筏板端部构造分为端部等截面外伸、变截面外伸、端部无外伸三种构造。

端部等截面外伸构造：

当自梁或墙的内侧边到等截面外伸部位尽端长度≥底部纵筋锚固长度 l_a 时：

1. 顶部贯通纵筋伸至等截面外伸尽端弯折 12d。

2. 顶部非贯通纵筋伸入梁或墙内≥12d，且至少到支座中线。

3. 底部贯通纵筋伸至等截面外伸尽端弯折 12d。

4. 底部非贯通纵筋至等截面外伸尽端弯折 12d。

当自梁或墙的内侧边到等截面外伸部位尽端长度＜底部纵筋锚固长度 l_a 时：

1. 底部贯通与非贯通纵筋伸至等截面外伸尽端弯折 15d。

2. 底部非贯通纵筋伸入跨内长度为 1/3 第 1 跨净跨长。

3. 梁或墙范围内不布置同向的筏板底部和顶部纵筋，筏板同向底部和顶部纵筋布置的起步距离为自梁边或墙边 1/2 板筋间距，且不大于 75mm。

端部变截面外伸构造：

当自梁或墙的内侧边到等截面外伸部位尽端长度≥底部纵筋锚固长度 l_a 时：

1. 顶部贯通纵筋在变截面位置单独配筋，分别伸入梁或墙内≥12d，且至少到梁或墙中线。

2. 顶部贯通纵筋单独配筋，伸至变截面端部弯折 12d。

3. 底部贯通纵筋伸至等截面外伸尽端弯折 12d。

4. 底部非贯通纵筋伸至等截面外伸尽端弯折 12d。

当自梁或墙的内侧边到等截面外伸部位尽端长度 < 底部纵筋锚固长度 l_a 时：

1. 底部贯通与非贯通纵筋伸至等截面外伸尽端弯折 15d。

2. 底部非贯通纵筋伸入跨内长度为 1/3 第 1 跨净跨长。

梁或墙范围内不布置同向的筏板底部和顶部纵筋，筏板同向底部和顶部纵筋布置的起步距离为自梁边或墙边 1/2 板筋间距，且不大于 75mm。

端部无外伸构造：

1. 顶部贯通纵筋伸入梁或墙内≥12d，且至少到支座中线。

2. 底部贯通纵筋伸至梁或墙外侧纵筋内侧，弯折 15d。

3. 筏板的第 1 根钢筋距基础梁边或墙边 1/2 板筋间距，且不大于 75mm。

（三）梁板筏形基础平板 LPB 变截面部位钢筋构造（图 6-50）

参照 16G101-3 第 89 页学习本小节内容。

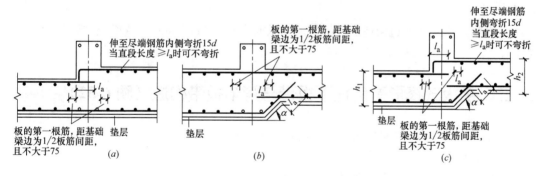

图 6-50　变截面部位钢筋构造

（a）板顶有高差；（b）板底有高差；（c）板顶、板底均有高差

学习知识点：

1. 有梁式筏板变截面分为板顶有高差、板底有高差、板顶和板底均有高差三种情况。

2. 当板顶有高差时，低板顶部纵筋伸入基础梁内一个非抗震锚固长度 l_a。高板顶部纵筋伸入基础梁内一个非抗震锚固长度 l_a，当基础梁宽度不满足直锚时，伸至基础梁外侧边缘弯折 15d。

3. 当板底有高差时，低板底部纵筋随变截面弯折，伸入高板内一个非抗震锚固长度 l_a。高板底部纵筋伸入低板内内一个非抗震锚固长度 l_a。

4. 当板顶和板底均有高差时，低板顶部纵筋伸入基础梁内一个非抗震锚固长度 l_a。高板顶部纵筋伸入基础梁内一个非抗震锚固长度 l_a，当基础梁宽度不满足直锚时，伸至基

础梁外侧边缘弯折 $15d$。低板底部纵筋随变截面弯折，伸入高板内一个非抗震锚固长度 l_a。高板底部纵筋伸入底板内内一个非抗震锚固长度 l_a。

（四）有梁筏板边缘侧面封边构造（图 6-51）

参照 16G101-3 第 93 页学习本小节内容。

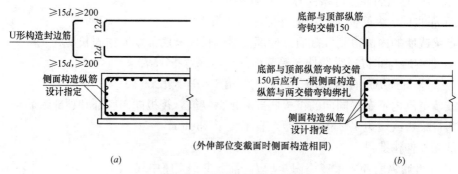

图 6-51　板边缘侧面封边构造

（a）U 形筋构造封边方式；（b）纵筋弯钩交错封边方式

学习知识点：

1. 梁板式筏板侧面封边构造有 U 形封边构造和顶部、底部纵筋上下交错封边构造两种方式。采用何种做法由设计指定，当设计未指定时，翻样人员可根据实际情况自选一种做法。

2. U 形构造封边筋构造：U 形封边构造筋弯折长度 $\geqslant 15d$ 且 $\geqslant 200$mm；侧面构造纵筋直径由设计指定。

3. 纵筋弯钩交错封边构造：底部与顶部纵筋弯钩交错 150mm，侧面构造纵筋直径由设计指定。

二、平板式筏形基础柱下板带与跨中板带构造（图 6-52）

参照 16G101-3 第 90 页学习本小节内容。

学习知识点：

1. 柱下板带与跨中板带的宽度由设计在图纸中注明。

2. 底部非贯通纵筋的伸出长度和布置范围由设计在图纸中注明。

3. 顶部若配置非贯通纵筋时，其伸出长度和布置范围由设计在图纸中注明。

4. 底部和顶部非贯通纵筋随底部和顶部贯通纵筋变截面部位在其布置范围内做相同变化。

5. 柱下板带和跨中板带的底部贯通纵筋，可在跨中 1/3 净跨范围内连接。

6. 柱下板带和跨中板带的顶部贯通纵筋，可在柱网轴线附加 1/4 净跨长度范围内连接。

7. 顶部和底部纵筋可采用搭接、机械连接和焊接三种连接形式。

三、平板式筏形基础平板构造（图 6-53）

参照 16G101-3 第 91 页学习本小节内容。

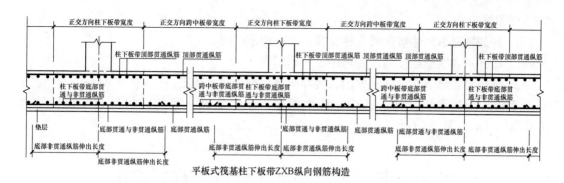

平板式筏基柱下板带ZXB纵向钢筋构造

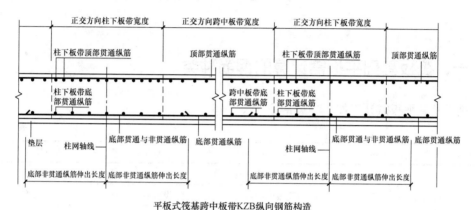

平板式筏基跨中板带KZB纵向钢筋构造

图 6-52

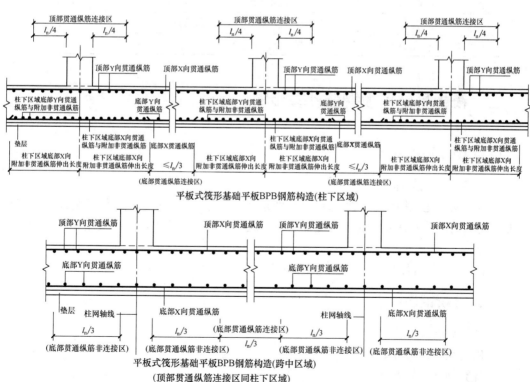

平板式筏形基础平板BPB钢筋构造(柱下区域)

平板式筏形基础平板BPB钢筋构造(跨中区域)
(顶部贯通纵筋连接区同柱下区域)

图 6-53

学习知识点：

1. 顶部贯通纵筋连接区段在柱宽及 1/4 净跨范围内。

2. 底部贯通纵筋连接区段在跨中 1/3 范围内。

3. 顶部和底部非贯通纵筋伸出长度和布置范围由设计指定。

平板式筏基平板（柱下板带、跨中板带、基础平板）变截面构造和端部构造见 16G101-3 第 93 页。

第十一节　筏形基础平板钢筋翻样实例

一、筏板基础平板需计算的钢筋种类

筏板基础平板需计算如下种类钢筋（表 6-16）：

表 6-16

序号	名称	部位	备注	有无
1	底部贯通筋	筏板底部双向		必有
2	底部非贯通筋	筏板底部双向	设计给出	可有
3	顶部贯通筋	筏板顶部双向		必有
4	顶部非贯通筋	筏板顶部双向	设计给出	可有
5	马凳筋	筏板底部与顶部中间	措施筋	必有

注：必有：必须有；可有：可有可无，由设计人员根据计算确定。

二、筏板基础平板钢筋计算步骤

（一）阅读筏板标注

1. 阅读筏板钢筋标注

底部双向贯通纵筋配筋、底部双向非贯通纵筋配筋、顶部双向贯通纵筋配筋、顶部双向非贯通纵筋配筋、马凳配筋。马凳配筋在图纸中一般不会给出，需要根据钢筋工程施工方案确定。

2. 阅读平面布置图，确定筏板范围和尺寸。

（二）分析钢筋构造

1. 计算钢筋锚固长度

2. 确定钢筋连接方式

3. 计算钢筋搭接长度

4. 确定端部构造和封边方式

5. 确定构件表面到钢筋端部扣减尺寸

6. 判定上/下铁连接位置

7. 与其他相关筏板的位置关系，连接部位构造要求

8. 分析变筏板自身内部高差变化及使用的节点构造

（三）计算钢筋尺寸及数量

一般按照基坑—筏板底部贯通纵筋 X 向—筏板底部非贯通纵筋 X 向—筏板底部贯通纵筋 Y 向—筏板底部非贯通纵筋 Y 向—马凳筋—筏板内基础梁或暗梁—筏板顶部贯通纵筋 Y 向—筏板顶部非贯通纵筋 Y 向—筏板顶部贯通纵筋 X 向—筏板顶部非贯通纵筋 X 向顺序进行翻样。

1. 确定钢筋形状。

2. 查找钢筋布筋尺寸和布筋范围，计算钢筋尺寸和根数。

（四）画出钢筋排布图

复杂的筏板钢筋一般按照筏板底部贯通筋 X 向—筏板底部贯通筋 Y 向—筏板顶部贯通纵筋 X 向—筏板顶部贯通纵筋 Y 向—筏板底部非贯通纵筋双向—筏板顶部非贯通纵筋双向分别画出 6 份钢筋排布图，以供现场绑扎带班班长现场指导安装使用。

钢筋排布图应大小合适，方便现场携带使用；字迹、线条清晰；包含钢筋编号、配筋信息、根数、接头形式和位置。

（五）填写钢筋下料表

将计算完成的钢筋数据填入下料单中，一般按照般按照筏板底部贯通及非贯通筋 X 向—筏板底部贯通及非贯通纵筋 Y 向、马凳筋—筏板顶部贯通及非贯通纵筋 X 向—筏板顶部贯通及非贯通纵筋 Y 向分别填写 4 份下料单。

三、筏板基础平板计算实例

（一）已知条件（图 6-54）

已知筏板厚度 800mm；基坑放坡角度 60°大坑深度 1550mm，小坑深度 1200mm；抗震等级为非抗震；混凝土强度 C30；筏板封边构造为底部、顶部贯通纵筋上下交错封边方式；平面布置图如下图所示；马凳采用比筏板钢筋降低一个规格钢筋制作；≥16mm 钢筋采用机械连接，接头等级为Ⅰ级接头。计算筏板钢筋下料表。

（二）计算步骤

1. 阅读筏板配筋

通过阅读筏板平面布置图得知筏板底部与顶部贯通纵筋为双层双向 C18@200；无底部非贯通纵筋；无顶部非贯通纵筋；马凳筋采用 C20 钢筋制作。

筏板横向尺寸为 16000mm；纵向尺寸为 11000mm。

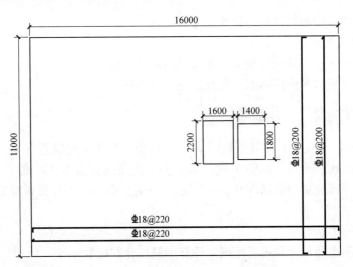

图 6-54

2. 分析钢筋构造

钢筋锚固长度查表为：$35d$。

钢筋连接方式为：机械连接。

筏板边部封边方式为：上下交错 150mm。

端部保护层扣减尺寸为 50mm。

钢筋连接位置：连接接头等级为Ⅰ级，可在任意位置连接，接头面积百分率为 50%。

筏板自身内部无变截面变化。

筏板内部有两个基坑。

3. 计算钢筋尺寸及数量

（1）基坑放坡

放坡方法参照本章第十八节基坑手工计算，目的是找到基坑与筏板底筋交接位置。

放坡后如图 6-55 所示：

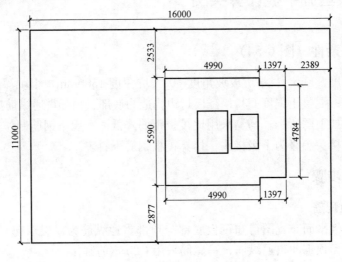

图 6-55

（2）计算底部通长纵筋 X 向钢筋（图 6-56）

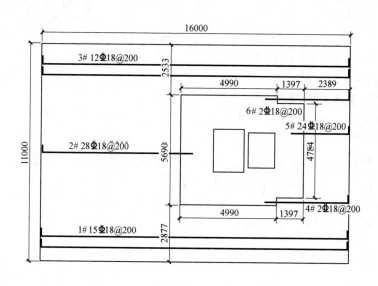

图 6-56

1＃钢筋计算：

　　两端弯折长度：上下交错 150mm，筏板厚度 800，弯折长度 425mm。

　　平直段长度：16000－50－50＝15000mm

　　原材长度 9m，套筒连接，9m 原材起步，50％面积接头百分率，配筋方案：9000＋7680（含弯折段）

　　布筋范围：2877mm

　　钢筋根数：（2877－50）÷200＋1＝15 根

2＃钢筋计算：

　　两端弯折长度：左端 425mm，右端不弯折

　　平直段长度：16000－50－4990－1397－2389＋35d＝7804mm

　　布筋范围：5590mm

　　钢筋根数：5590÷200＝28 根（注意此处不加 1）

3＃钢筋计算：

　　3＃钢筋与 1＃钢筋尺寸相同

　　布筋范围：2533mm

　　钢筋根数：（2533－50）÷200＝12 根

4＃钢筋计算：

　　两端弯折长度：左端不弯折，右端弯折 425mm

　　平直段长度：1397＋2389－50＋35d＝4366mm

　　布筋范围：（11000－2877－2533－4784）÷2＝403mm

　　钢筋根数：403÷200＝2 根

5＃钢筋计算：

　　两端弯折长度：左端不弯折，右端弯折 425mm

平直段长度：$2389+35d-50=2970$mm

布筋范围：4784mm

钢筋根数：$4784\div200=24$ 根

6#钢筋计算：

6#钢筋与4#钢筋相同。

底部通长纵筋 X 向料表如表 6-17 所示：

表 6-17

构件名称	直径级别	钢筋简图	下料(mm)	根数	件数*	总根数	重量(kg)	备注
1#	Φ18	430 ⌐7290━8610¬ 430 套	7680 9000	8		8	266.88	长：15900,@200
	Φ18	430 ⌐8610━7290¬ 430 套	9000 7680	7		7	233.52	长：15900,@200
2#	Φ18	430⌐ 7810	8190	28		28	458.64	,@200
3#	Φ18	430 ⌐7290━8610¬ 430 套	7680 9000	7		7	233.52	长：15900,@200
	Φ18	430 ⌐8610━7290¬ 430 套	9000 7680	7		7	233.52	长：15900,@200
4#	Φ18	4370 ¬430	4750	3		3	28.50	,@200
5#	Φ18	2970 ¬430	3360	25		25	168.00	,@200
6#	Φ18	4370 ¬430	4750	3		3	28.50	,@200

（3）计算底部通长纵筋 Y 向钢筋

Y 向计算方法与 X 向相同。其钢筋排布图如图 6-57 所示：

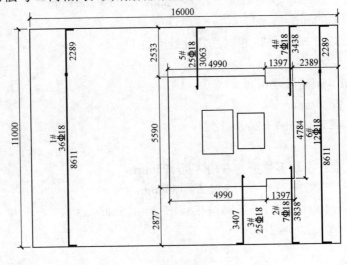

图 6-57

底部通长筋 Y 向料单如表 6-18 所示：

表 6-18

构件名称	直径级别	钢筋简图	下料（mm）	根数*件数	总根数	重量（kg）	备注
1#	Φ18	430 ⌐8610￬2290¬ 430 套	9000 2680	36	36	840.96	总长 10900
2#	Φ18	430 ⌐3840	4230	7	7	59.22	
3#	Φ18	3410¬ 430	3800	25	25	190.00	
4#	Φ18	3440¬ 430	3830	7	7	53.62	
5#	Φ18	3060¬ 430	3450	25	25	172.50	
6#	Φ18	430 ⌐8610￬2290¬ 430 套	9000 2680	12	12	280.32	总长 10900

（4）计算顶部通长纵筋 X 向钢筋（图 6-58）

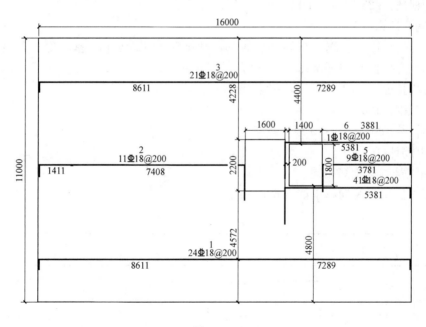

图 6-58

1# 钢筋计算：

两端弯折长度：上下交错 150mm，筏板厚度 800，弯折长度 425mm。

平直段长度：16000－50－50＝15000mm

原材长度 9m，套筒连接，9m 原材起步，50％面积接头百分率，配筋方案：9000＋7680（含弯折段）

布筋范围：4572mm

钢筋根数：（4572－50）÷200＋1＝24 根

2# 钢筋计算：

两端弯折长度：左端 425mm，右端弯折到基坑坑底，基坑深度 1550mm，基坑底板厚度 800，锚固长度 35d＝630，满足直锚，底部保护层留 100mm。弯折长度为 1450mm。

平直段长度：16000－50－1600－200－1400－3811－50＝8820mm

布筋范围：2200mm

钢筋根数：2200÷200＝11 根（注意此处不加 1）

3# 钢筋计算：

3# 钢筋与 1# 钢筋尺寸相同

布筋范围：4228mm

钢筋根数：（4228－50）÷200＝21 根

4# 钢筋计算：

两端弯折长度：左端弯折到基坑底部，基坑深度 1200mm，基坑底板厚度 800mm，满足直锚，弯折长度 1450mm，右端弯折 425mm

平直段长度：1400＋3881＋200－50-50＝5380mm

布筋范围：4800－4572＝228mm

钢筋根数：228÷200＝1 根

5# 钢筋计算：

两端弯折长度：左端弯折到基坑底部，基坑深度 1200mm，基坑底板厚度 800mm，满足直锚，弯折长度 1100mm，，右端弯折 425mm

平直段长度：3881－50－50＝3781mm

布筋范围：1800mm

钢筋根数 1800÷200＝9 根

6# 钢筋计算：

6# 钢筋与 4# 钢筋相同。

顶部通长纵筋 X 向料单如表 6-19 所示：

表 6-19

构件名称	直径级别	钢筋简图	下料(mm)	根数	件数*	总根数	重量(kg)	备注
1	Φ18	430 ⌐8610 7290¬ 430 套	9000 7680	24	24		800.64	@200 总长 15900
2	Φ18	430 ⌐1410 7410¬ 1450 套	1800 8820	11	11		233.64	@200 总长 8819
3	Φ18	430 ⌐8610 7290¬ 430 套	9000 7680	21	21		700.56	@200 总长 15900
4	Φ18	1450 ⌐5380¬ 430	7180	1	1		14.36	@200
5	Φ18	1100 ⌐3780¬ 430	5230	9	9		94.14	@200
6	Φ18	1450 ⌐5380¬ 430	7180	1	1		14.36	@200

（5）计算顶部通长纵筋 Y 向钢筋（图 6-59）

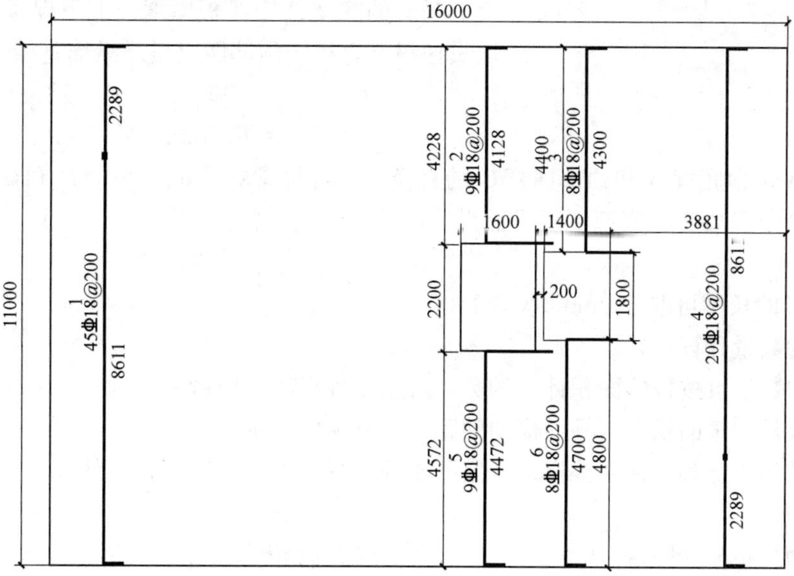

图 6-59

顶部通长筋 Y 向料单如表 6-20 所示：

表 6-20

构件名称	直径级别	钢筋简图	下料（mm）	根数	件数*	总根数	重量（kg）	备注
1	$\Phi18$	430 ⌐8610—2290⌐ 430 套	9000 2680	45		45	1051.20	@200 总长 10900
2	$\Phi18$	1100 ⌐4130⌐ 430	5930	9		9	106.74	@200
3	$\Phi18$	1100 ⌐4300⌐ 430	5750	8		8	92.00	@200
4	$\Phi18$	430 ⌐2290—8610⌐ 430 套	2680 9000	20		20	467.2	@200 总长 10900
5	$\Phi18$	430 ⌐4470⌐ 1450	6280	9		9	113.04	@200
6	$\Phi18$	430 ⌐4700⌐ 1100	6150	8		8	98.40	@200

（6）计算马凳钢筋

马凳筋一般采用比筏板钢筋降低一个规格制作，底板纵筋直径为 18mm，马凳采用 16mm 钢筋制作。筏板厚度较大时，采用门字形马凳，如图 6-60 所示：

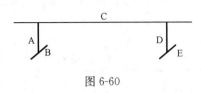

图 6-60

马凳需计算的有马凳的各段尺寸，马凳的数量。

马凳的尺寸计算：

马凳的高度 A ＝筏板厚度－上下保护层－底部下层贯通纵筋直径－顶部两层贯通纵筋直径

$$＝800－20－50－18－18×2$$
$$＝676mm$$

高度 A 包含底脚 B 和顶部横杆 C 的直径，下料时应从 A 值中扣除 B 和 C 的直径。

马凳底脚 B 要求≥底部下层贯通纵筋间距，此例中间距为 $200mm$，底脚 B 的长度可取 $300mm$。

横杆 C 的长度可取 $800mm≤C≤1500mm$。

马凳的数量计算：

马凳的数量可按板的面积计算约数，可根据现场实际用量进行调整。

马凳数量＝板面积÷（马凳横向间距×马凳纵向间距）

板内的集水坑和电梯井根据现场实际单独配置基坑支护钢筋，不计算马凳筋，要扣除空洞的面积。

此例中板的面积为：$16×11＝176m^2$，空洞面积为 $4.9×5.59＋1.397×4.784＝27.391＋6.683＝34m^2$

布置马凳筋的面积为 $142m^2$

马凳数量＝$142÷(1.5×1.5)＝63$个

马凳的横向长度和纵向排距可根据现场实际在 $800～1500mm$ 之间调整，无固定数量，可根据钢筋分项工程施工方案数据计算。

第十二节　筏形基础平板钢筋的软件计算

筏板基础平板钢筋在软件内有多种方法可以计算，比如板功能内的楼层板中的通长筋功能、板内的分段通长筋功能、基础内的筏板功能都可以实现筏板平板钢筋的计算。

在此以基础内的筏板功能介绍筏板平板钢筋的计算方法。

1. 筏板计算设置（图 6-61）

按照图纸规定在软件内填写以上信息。

2. 新建筏板（图 6-62）

在"构件管理"内点击鼠标右键，新建筏板

3. 设置筏板（图 6-63）

根据图纸规定，填写上图中筏板的属性设置值。

4. 导入 CAD 图纸（图 6-64）

点击上部工具栏中的第一个图标，跳转到 CAD 图纸，框选筏板 CAD 图纸，右键，导入图纸，如图 6-65 所示：

5. 新建基坑（图 6-66）

在"构件管理"内点击右键新建两个基坑。

图 6-61

图 6-62

图 6-63

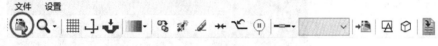

图 6-64

示：

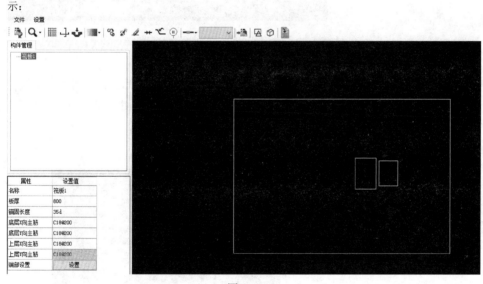

图 6-65

图 6-66

6. 识别筏板（图 6-67）

点击"构件管理"中的筏板，然后点击工具栏中的第二个图标，按"选择识别"，然后在导入图纸中点击筏板的各条边线，右键结束。图纸中的筏板边线变红色。

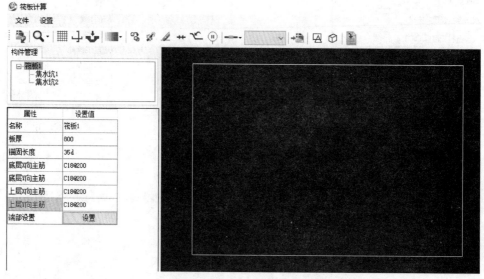

图 6-67

7. 识别集水坑（图 6-68）

点击"构件管理"中的集水坑 1，点击工具栏中的第 6 个图标，点击显示原图。

点击工具栏中的第 2 个图标，点击按选择识别，点击导入图纸中的集水坑 1，右键结束，集水坑 1 建立完毕。同样方法建立集水坑 2。

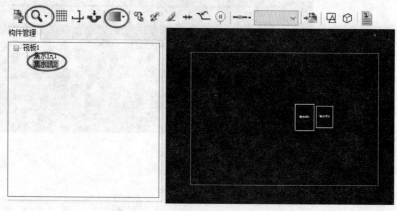

图 6-68

8. 生成筏板网格（图 6-69）

9. 生成钢筋（图 6-70）

点击工具栏中的第 4 个图标，生成筏板钢筋，紫色表示底部钢筋，黄色标识顶部钢筋。如不显示筏板边线，点击工具栏中的第 6 个图标，点击显示筏板边线。

10. 计算集水坑钢筋（图 6-71）

点击工具栏中的第 5 个图标，生成集水坑钢筋。

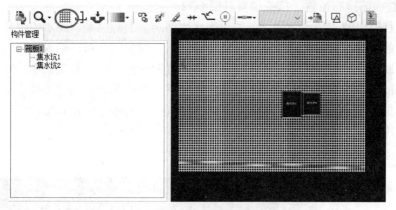

图 6-69

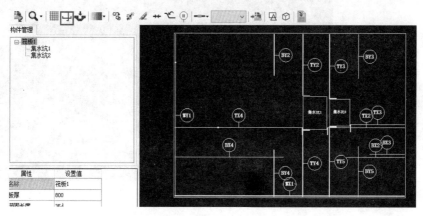

图 6-70

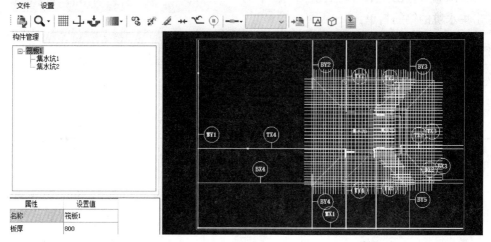

图 6-71

动态观察集水坑三维钢筋模型

点击工具栏中的倒数第 3 个图标，鼠标框选要观察的集水坑 1、2。弹出集水坑的三维图示，键盘上的左右键可以控制三维模型的旋转，观察其钢筋是否有问题。

11. 调整钢筋排布位置、接头位置（图 6-72）

点击工具栏中的"显示"图标，关闭集水坑筋网、上部钢筋，图示中仅显示底部钢筋线，点击钢筋线拖动鼠标可以调整钢筋线位置。点击编号圈，可以输入编号，点击接头拖动鼠标可以调整钢筋连接位置，点击工具栏中的复制图标，可以复制选中的钢筋，点击炸开功能，可以将一条钢筋线分为两根显示，以调整两种接头起步或多种接头起步。调整完毕后，点击工具栏中的绘制到 CAD 图标，可以把排布图输出到 CAD 图纸中显示，在CAD 中打印钢筋排布图。

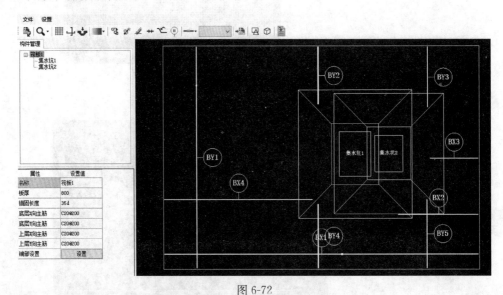

图 6-72

12. 输出料单（图 6-73）

排布图调整输出完毕后，点击工具栏中的"导出料表"图标，导出钢筋到料单中。同时输出集水坑的钢筋料单。

构件名称	直径级别	钢筋简图	下料 (mm)	根件数	件数*	总根数	重量 (kg)	备注
底筋 X 方向								
BX1	Φ20	9000　　6900　套	9000 6900	24		24	942.55	总长:15900
BX2	Φ20	4070	4070	2		2	20.11	总长:4074
BX3	Φ20	2470	2470	29		29	176.93	总长:2474
BX4	Φ20	7510	7510	31		31	575.04	总长:7512

图 6-73

第十三节　承台钢筋构造要求

一、矩形承台钢筋构造（图 6-74）

参照 16G101-3 第 94 页学习本小节。

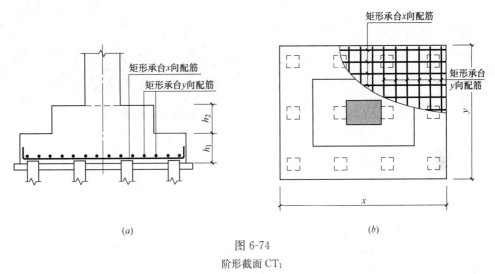

(a) (b)

图 6-74

阶形截面 CT_1

学习知识点：

1. 矩形承台基础多阶形、单阶形、坡形均为双向的配筋。

2. 端部弯钩弯折长度≥10d。

3. 底板筋起步距离为距基础边缘二分之一板筋间距与 75mm 之间的较小值。

二、等边三桩承台钢筋构造（图 6-75）

参照 16G101-3 第 95 页学习本小节内容。

学习知识点：

1. 受力筋端部钢筋伸至承台边缘弯折 10d，水平段长度≥35d+0.1D 时可不弯折

2. 受力筋伸入圆桩自内边缘起≥25d+0.1D。

三、六边形承台构造（图 6-76）

参照 16G101-3 第 97 页学习本小节内容。

学习知识点：

六边承台端部钢筋弯折≥10d。

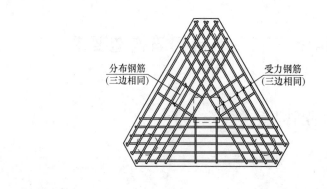

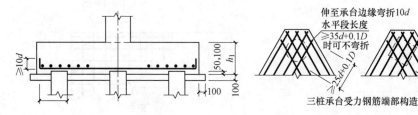

图 6-75

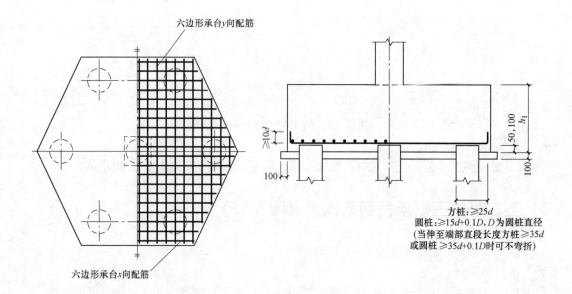

图 6-76

四、承台梁 CTL 钢筋构造（图 6-77）

参照 16G101-3 第 100、101 页学习本小节内容

学习知识点：

1. 上部钢筋弯折 $10d$，下部钢筋弯折 $10d$。

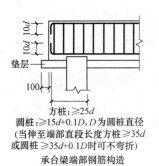

方桩：≥25d
圆桩：≥15d+0.1D,D为圆桩直径
(当伸至端部直段长度方桩≥35d
或圆桩≥35d+0.1D时可不弯折)
承台梁端部钢筋构造

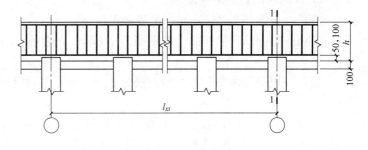

墙下单排桩承台梁CTL钢筋构造

图 6-77

2. 承台梁端部伸出圆桩内边缘≥35d+0.1D 时，端部上部钢筋和下部钢筋可不弯折。

第十四节 承台钢筋翻样实例

三桩承台手工计算实例

一、已知条件：

1. 已知三桩承台的平面布置图如图 6-78 所示：
2. 三棵桩之间的桩距为 750mm。
计算该承台受力筋的下料料单

二、计算步骤：

1. 计算底部边受力钢筋

最长一根钢筋的长度为 $1250 \times 2-50-50=2400mm$

根数为 4 根。

已知钢筋间距为 100mm。

已知三桩圆心组成的三角形为等边三角形，每个内角度数为 60°。间距与缩减尺寸之间为 60 的正切关系，即缩减尺寸＝间距÷1.732

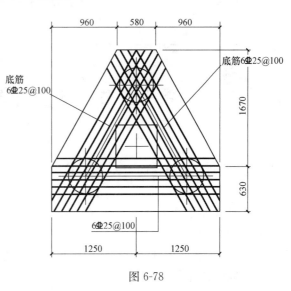

图 6-78

向上第 1 根钢筋长度为 $(1250-100\div1.732)\times2-50-50=2285mm$

根数为 1 根。

向上第 2 根钢筋的长度为 $(1250-200\div1.732)\times2-50-50=2170mm$

根数为根。

2. 计算两侧边受力钢筋

最长一根钢筋为 2400mm，根数为 1 根。

最长一根钢筋两侧的第 1 根钢筋为 2285mm，左侧根数为 2 根，右侧根数为 2 根，共计 4 根。

最长一根钢筋两侧的第 2 根钢筋为 2170mm，左侧根数为 2 根，右侧根数为 2 根，共计 4 根。

最长一根钢筋内侧的第 3 根钢筋长度为 $(1250-300\div1.732)\times2-50-50=2054$mm，左右两侧各 1 根，共计 2 根。

三、填写料单

填写料单如表 6-21 所示：

表 6-21

构件名称	直径级别	钢筋简图	下料(mm)	根件数* 数	总根数	重量(kg)	备注
CT1	Φ25	2400	2400	6	6	55.44	
	Φ25	2290	2290	5	5	44.08	
	Φ25	2170	2170	5	5	41.77	
	Φ25	2050	2050	2	2	15.78	

第十五节　承台钢筋的软件计算

承台在软件中用单钩件输入法进行计算。

计算步骤：

1. 矩形承台（图 6-79）

打开基础～承台

在页面内根据图纸输入矩形承台参数，点击生成料表，软件将计算结果列入料单中。

2. 三桩承台（图 6-80）

点击三桩承台，打开三种承台计算页面，根据图纸输入三桩承台参数。点击生成料表，软件将计算结果列入料单中。

3. 两桩承台梁（图 6-81）

打开二桩承台，根据图纸输入二桩承台梁参数。点击生成料表，软件将计算结果列入料单中。

4. 单桩承台（图 6-82）

打开单桩承台页面，根据图纸输入单桩承台参数。点击生成料表，软件将计算结果列入料单中。

注意此处区分三层钢筋的内外层安装关系。水平筋区分在内侧还是外侧。

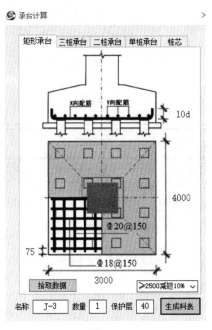

图 6-79

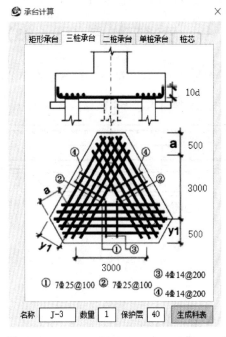

图 6-80

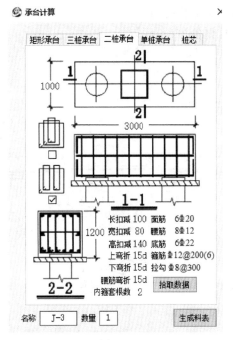

图 6-81

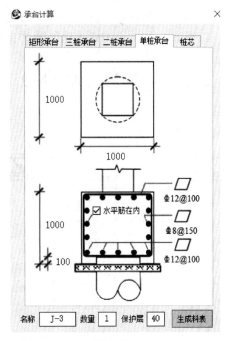

图 6-82

第十六节　基础相关构件钢筋构造要求

一、后浇带构造（图6-83）

参照16G101-3第107页学习本小节内容。

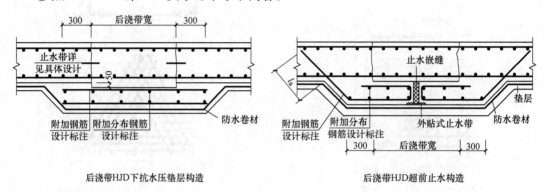

图6-83

学习知识点：

1. 筏板后浇带有抗水压垫层构造和超前止水构造两种方式，采用哪种方式由设计者指定。
2. 附加钢筋和附加分布钢筋由设计标注。
3. 抗水压垫层构造附加钢筋自后浇带向两侧各伸出长度为300mm。
4. 超前止水构造方式出边距离为自后浇带向两侧各300mm。

二、基坑构造（图6-84）

参照16G101-3第107页学习本小节内容。

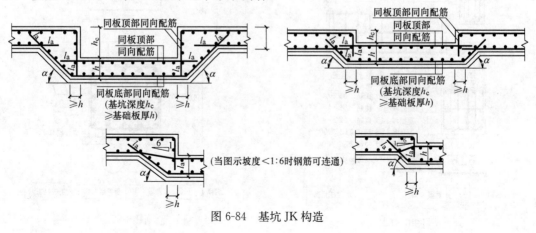

图6-84　基坑JK构造

学习知识点：

1. 基坑底部纵筋双向在图纸未注明时，取筏板同向钢筋直径和间距。

2. 基坑的出边距离在图纸未注明时，取≥筏板厚度 h。

3. 基坑角度为 45°或 60°两种，设计人员会在图纸中给出采用哪种放坡角度。

4. 当筏板顶部钢筋在基坑底板内不能满足直锚时，可弯折锚固，弯折段不小于 100mm。

5. 基坑底部钢筋在筏板内不能满足直锚时，可弯折锚固，弯折段不小于 100mm。总长度满足 l_a。

6. 基坑底板顶部纵筋在基坑壁内不能满足直锚时，可弯折锚固，弯折段不小于 100mm。总长度满足 l_a。

三、柱墩构造

（一）上柱墩构造（图 6-85）

参照 16G101-3 第 108 页学习本小节内容。

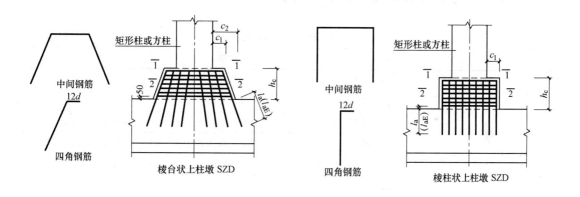

图 6-85

学习知识点：

1. 柱墩纵筋形式为上图左端所示，四角钢筋弯折长度为 $12d$。伸入基础内长度为一个锚固长度。

2. 分布筋为箍筋形式，棱台状上柱墩箍筋为缩尺箍筋。

（二）下柱墩构造（图 6-86）

参照 16G101-3 第 109 页学习本小节内容。

学习知识点：

1. 下柱墩有倒棱台形核倒棱柱形两种形式。

2. 下柱墩配筋锚入防水板或基础底板内一个锚固长度 l_a。

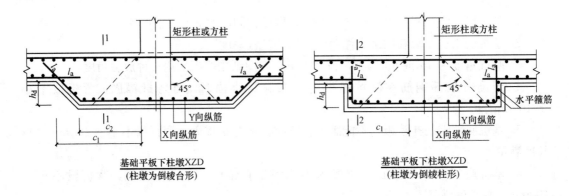

基础平板下柱墩XZD
（柱墩为倒棱台形）

基础平板下柱墩XZD
（柱墩为倒棱柱形）

图 6-86

第十七节　基础相关构件钢筋翻样实例

一、基坑需计算的钢筋种类（表 6-22）

基坑需计算钢筋种类　　　　　　　表 6-22

序号	名称	部位	备注
1	底部纵筋 X 向	基坑底部纵向	同筏板底部同向钢筋
2	底部纵筋 Y 向	基坑底部横向	同筏板底部同向钢筋
3	顶部纵筋 X 向	基坑底板顶部横向	同筏板顶部同向钢筋
4	顶部纵筋 Y 向	基坑底板顶部纵向	同筏板顶部同向钢筋
5	坑壁侧面分布筋	基坑四壁	同筏板顶部同向钢筋

二、基坑的手工计算步骤

1. 基坑放坡作图，确定坑部边缘位置
2. 计算基坑底部钢筋
3. 计算基坑顶部钢筋
4. 计算侧壁钢筋
5. 画出钢筋排布图
6. 填写钢筋料单

三、三角形各边长度关系

进行基坑的手工计算需要熟练地掌握 45°、60°角直角三角形的各边关系，这是进行基坑计算的基础。

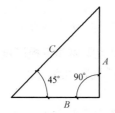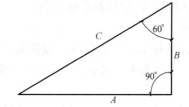

图 6-87

1. 45°内角直角三角形各边关系（图 6-87）

$C=1.414A=1.414B$

$A=B=0.707C$

2. 60°内角直角三角形各边关系

$C=1.155A=2B$

$A=0.866C$

$A=1.732B$

$B=0.577A$

四、双联基坑计算实例

单个基坑的计算方法比较简单，在实际工程中多见的是多个集水坑套坑，或集水坑与柱墩或筏板变截面或被墙所截断的情况，比较复杂。在此以两个基坑套坑的例子来说明基坑钢筋的计算方法。

图 6-88

（一）已知条件：

1. 已知集水坑的平面布置图如图 6-88 所示

2. 其他已知条件（表 6-23）：

表 6-23

抗震等级	混凝土强度等级	锚固长度	筏板配筋	保护层厚度
非抗震	C30	35d	双层双向 C20@200	50mm
放坡角度	基坑 1 深度	基坑 2 深度		
60°	1550mm	1200mm		

计算基坑 1 和基坑 2 的钢筋。

在此介绍使用作图法计算基坑的下料单。

（二）计算步骤

1. 基坑放坡作图，确定坑部边缘位置

（1）出边距离

在图纸未作出具体标注时，默认根据图集要求，出边距离≥筏板厚度 $h=800\mathrm{mm}$，自两个集水坑的坑口向外偏移 800mm，得到两个集水坑的坑底边界。

（2）坑边缘正投影长度

集水坑 1 的深度为 1550mm，根据 60°放坡的直角三角形各边关系，投影长度＝坑深×0.577＝894mm。

集水坑 2 的深度为 1200mm，根据 60°放坡的直角三角形各边关系，投影长度＝坑深×0.577＝692.4mm

自两个集水坑的坑底边线向外，集水坑 1 偏移 894mm，集水坑 2 偏移 692.4mm，得到两个集水坑的坑边缘界线。

（3）集水坑 1 和集水坑 2 相截取边界线

集水坑 1 比集水坑 2 坑深要深 1550－1200＝320mm，集水坑 2 被集水坑 1 截掉一部分，其截取边界线的正投影长度为＝高差×0.577＝320×0.577＝202mm。自集水坑 1 的坑底线向外偏移 202mm。

（4）修剪线条，得到套坑的正投影图形

首先修剪集水坑 1 和集水坑 2 的坑边缘线，把截取重合部分线条去除。

再修剪集水坑 2 坑底被集水坑 1 截取的边界线。

最后将各坑底角部与对应的坑边缘角部连线，得到套坑的正投影图（图 6-89）。

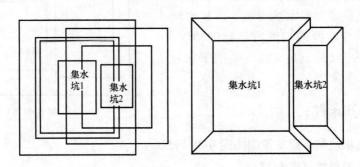

图 6-89

2. 计算基坑底部纵筋 X 向

基坑 1 底部纵筋 X 向（图 6-90）：

基坑 1 底部 X 向纵筋计算公式：锚固＋斜长＋水平段长度＋斜长＋锚固

1#钢筋计算（图 6-91）

1#钢筋有三段组成，A 段在坑底，其在正投影图中的投影尺寸反映的是 A 段的实长。

B 段在左侧坑壁及伸入筏板内，其有两部分组成，一部分是在坑壁的尺寸，一部分是伸入筏板内的锚固长度 $35d$。在坑壁的部分，其在正投影图中的尺寸是其实长的一半。

（60°放坡，底边＝0.5斜长）

　　C 段在右侧被集水坑 2 所截去的斜坡上，其有两部分组成，一部分是在小坑壁的尺寸，一部分是伸入筏板内的锚固长度 35d。在小坑壁的部分，其在正投影图中的尺寸是其实长的一半。（60°放坡，底边＝0.5斜长）。

　　通过 CAD 图纸测量 A＝3200－28.8－28.8＝3140mm

　　通过 CAD 图纸测量 B＝895×2＋35×20－50＝2440mm

　　通过 CAD 图纸测量 C＝202×2＋35×20－50＝1054mm

　　根据 CAD 图纸测量 1# 钢筋布筋范围＝3400mm

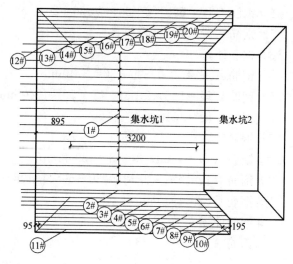

图 6-90

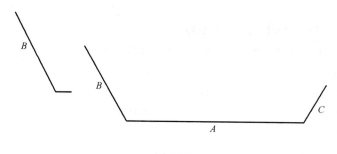

图 6-91

根数为：17 根

2# 钢筋计算

2# 钢筋 A 与 1# 钢筋 A 段相同＝3140mm

2# 钢筋 B 与 1# 钢筋 B 段相同＝2440mm

2# 钢筋 C 端图纸测量后，C＝230×2＋35×20－50＝1110mm

根数为 1 根

3# 钢筋计算

3# 钢筋 A 段＝3200－28.8－28.8＝3140mm

3# 钢筋 B 段＝895×2＋35×20－50＝2440mm

3# 钢筋 C 段＝430×2＋35×20-50＝1510mm

4# 钢筋计算

4# 钢筋 A 段＝3400－28.8－28.8＝3340mm

4# 钢筋 B 段＝795×2＋35×20－50＝2240mm

4# 钢筋 C 段＝430×2＋35×20－50＝1510mm

5# 钢筋计算

5♯钢筋 A 段＝3600－30－30＝3540mm

5♯钢筋 B 段＝695×2＋35×20-50＝2040mm

5♯钢筋 C 段＝1510mm

6♯钢筋计算

6♯钢筋 A 段＝3800－30－30＝3740mm

6♯钢筋 B 段＝595×2＋35×20－50＝1840mm

6♯钢筋 C 段＝1510mm

7♯钢筋计算

7♯钢筋 A 段＝4000－30－30＝3940mm

7♯钢筋 B 段＝495×2＋35×20－50＝1640mm

7♯钢筋 C 段＝1510mm

8♯钢筋计算

8♯钢筋 A 段＝4200－30－30＝4140mm

8♯钢筋 B 段＝395×2＋35×20－50＝1440mm

8♯钢筋 C 段＝ B 段＝1440mm

9♯钢筋计算

9♯钢筋 A 段＝4400－30－30＝4340mm

9♯钢筋 B 段＝ C 段＝295×2＋35×20－50＝1240mm

10♯钢筋计算

10♯钢筋 A 段＝4600－30－30＝4540mm

10♯钢筋 B 段＝ C 段＝195×2＋35×20－50＝1040mm

11♯钢筋计算

11♯钢筋 A 段＝4800－30－30＝4740mm

11♯钢筋 B 段＝ C 段＝95×2＋35×20－50＝840mm

12♯钢筋计算

12♯钢筋 A 段＝3200－30－30＝3140mm

12♯钢筋 B 段＝895×2＋35×20－50＝2440mm

12♯钢筋 C 段＝374×2＋35×20－50＝1400mm

13♯钢筋计算

13♯钢筋 A 段＝3400－30－30＝3240mm

13♯钢筋 B 段＝795×2＋35×20－50＝2240mm

13♯钢筋 C 段＝374×2＋35×20－50＝1400mm

14♯钢筋计算

14♯钢筋 A 段＝3600－30－30＝3540mm

14♯钢筋 B 段＝695×2＋35×20－50＝2040mm

14♯钢筋 C 段＝374×2＋35×20－50＝1400mm

15♯钢筋计算

15♯钢筋 A 段＝3800－30－30＝3740mm

15♯钢筋 B 段＝595×2＋35×20－50＝1840mm

15♯钢筋C段＝374×2＋35×20－50＝1400mm

16♯钢筋计算

16♯钢筋A段＝4000－30－30＝3940mm

16♯钢筋B段＝495×2＋35×20－50＝1640mm

16♯钢筋C段＝374×2＋35×20－50＝1400mm

17♯钢筋计算

17♯钢筋A段＝4200－30－30＝4140mm

17♯钢筋B段＝395×2＋35×20－50＝1440mm

17♯钢筋C段＝374×2＋35×20－50＝1400mm

18♯钢筋计算

18♯钢筋A段＝4400－30－30＝4340mm

18♯钢筋B段＝295×2＋35×20－50＝1240mm

18♯钢筋C段＝295×2＋35×20－50＝1240mm

19♯钢筋计算

19♯钢筋A段＝4600－30－30＝4540mm

19♯钢筋B段＝195×2＋35×20－50＝1040mm

19♯钢筋C段＝195×2＋35×20－50＝1040mm

20♯钢筋计算

20♯钢筋A段＝4800－30－30＝4740mm

20♯钢筋B段＝95×2＋35×20－50＝840mm

20♯钢筋C段＝95×2＋35×20－50＝840mm

21♯钢筋计算

21♯钢筋A段＝3200－30－30＝3140mm

21♯钢筋B段＝895×2＋35×20－50＝2440mm

21♯钢筋C段＝430×2＋35×20－50＝1510mm

基坑底部纵筋X向料单如表6-24所示：

表6-24

构件名称	直径级别	钢筋简图	下料(mm)	根件数*数	总根数	重量(kg)	备注
集水坑1X方向	Φ20	2440 3140 1050	6620	17	17	277.97	1♯
	Φ20	2440 3140 1110	6670	1	1	16.47	2♯
	Φ20	2440 3140 1510	7070	1	1	17.46	3♯
	Φ20	2440 3340 1510	7270	1	1	17.96	4♯

续表

构件名称	直径级别	钢筋简图	下料(mm)	根件数*数		总根数	重量(kg)	备注
	Φ20	2440 3540 1510	7070	1		1	17.46	5#
	Φ20	1840 3740 1510	7070	1		1	17.46	6#
	Φ20	1640 3940 1510	7070	1		1	17.46	7#
	Φ20	1440 4140 1440	7000	1		1	17.29	8#
	Φ20	1240 4340 1240	6800	1		1	16.80	9#
	Φ20	1040 4540 1040	6600	1		1	16.30	10#
集水坑1X方向	Φ20	840 4740 840	6400	1		1	15.81	11#
	Φ20	2440 3140 1400	6960	1		1	17.19	12#
	Φ20	2440 3240 1400	6860	1		1	16.94	13#
	Φ20	2240 3540 1400	6960	1		1	17.19	14#
	Φ20	2040 3740 1400	6960	1		1	17.19	15#
	Φ20	1840 3970 1400	6960	1		1	17.19	16#
	Φ20	1640 4140 1400	6960	1		1	17.19	17#
	Φ20	1240 4340 1240	6800	1		1	16.80	18#

续表

构件名称	直径级别	钢筋简图	下料（mm）	根数 * 件数	总根数	重量（kg）	备注
集水坑1X方向	Φ20	1040　4540　1040	6600	1	1	16.30	19#
	Φ20	840　4740　840	6400	1	1	15.81	20#
	Φ20	2440　3140　1510	7070	1	1	17.46	21#

基坑2底部纵筋X向（图6-92）：

基坑2底部纵筋X向计算公式：锚固＋水平段长度＋斜长＋锚固

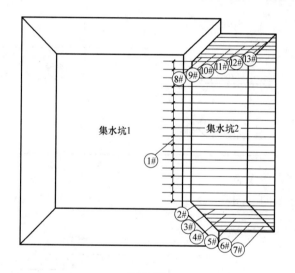

图6-92

基坑2底部X向纵筋形式如图6-93所示

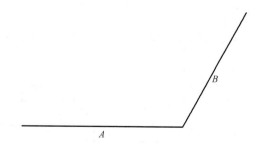

图6-93

基坑2底部X向纵筋料单如表6-25所示：

表 6-25

构件名称	直径级别	钢筋简图	下料(mm)	根数	件*数	总根数	重量(kg)	备注
集水坑2X方向	Φ20	2100 2030	4120	17		17	173.00	1#
	Φ20	2100 1000	3090	2		2	15.26	7#、13
	Φ20	2100 1200	3290	2		2	16.25	6#、12#
	Φ20	2100 1400	3490	2		2	17.24	5#、11#
	Φ20	2100 1600	3690	2		2	18.23	4#、10#
	Φ20	2100 1800	3890	2		2	19.22	3#、9#
	Φ20	2100 2000	4090	2		2	20.20	2#、8#

3. 计算基坑底部纵筋 Y 向

基坑 1 底部纵筋 Y 向（图 6-94）

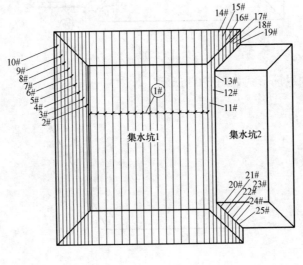

图 6-94

基坑 1 底部纵筋 Y 向钢筋计算公式：

1#～13#钢筋计算公式：锚固＋斜长＋水平段长度＋斜长＋锚固

14#～25#钢筋计算公式：锚固＋斜长＋水平段长度＋锚固

基坑1底部Y向纵筋料单如表6-26所示：

表 6-26

构件名称	直径级别	钢筋简图	下料(mm)	根件数*数	总根数	重量(kg)	备注
集水坑1 Y方向	⌀20	800　5370　800	6950	1	1	17.17	10#
	⌀20	1000　5170　1000	7150	1	1	17.66	9#
	⌀20	1200　4970　1200	7350	1	1	18.15	8#
	⌀20	1400　4770　1400	7350	1	1	18.65	7#
	⌀20	1600　4570　1600	7750	1	1	19.14	6#
	⌀20	1800　4370　1800	7950	1	1	19.64	5#
	⌀20	2000　4170　2000	8150	1	1	20.13	4#
	⌀20	2200　3970　2200	8350	1	1	20.62	3#
	⌀20	2400　3770　2400	8550	1	1	21.12	2#
	⌀20	2430　3740　2430	8590	16	16	339.48	1#
	⌀20	1070　800	1860	1	1	4.59	19#
	⌀20	1070　1000	2060	1	1	5.09	18#
	⌀20	1070　1200	2260	1	1	5.58	17#
	⌀20	1070　1400	2460	1	1	6.08	16#
	⌀20	1070　1600	2660	1	1	6.57	15#

构件名称	直径级别	钢筋简图	下料(mm)	根数	件数*	总根数	重量(kg)	备注
集水坑1 Y方向	Φ20	1070　1800	2860	1	1		7.06	14#
	Φ20	2000　4170　2000	8150	1	1		20.13	13#
	Φ20	2200　3970　2200	8350	1	1		20.62	12#
	Φ20	2400　3770　2400	8550	1	1		21.12	11#
	Φ20	800　1130	1920	1	1		4.74	25#
	Φ20	1000　1130	2120	1	1		5.24	24#
	Φ20	1200　1130	2320	1	1		5.73	23#
	Φ20	1400　1130	2520	1	1		6.22	22#
	Φ20	1600　1130	2720	1	1		6.72	21#
	Φ20	1800　1130	2920	1	1		7.21	20#

基坑2底部纵筋Y向（图6-95）

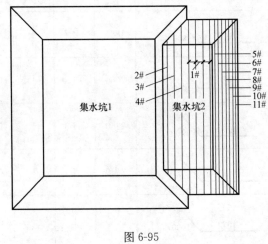

图 6-95

基坑 2 底部 Y 向纵筋料单如表 6-27 所示：

表 6-27

构件名称	直径级别	钢筋简图	下料(mm)	根数	件数	总根数	重量(kg)	备注
集水坑 2 Y 方向	Φ20	910 3340 910	5140	1	1	1	12.70	4#
	Φ20	1310 3340 1310	5940	1	1	1	14.67	3#
	Φ20	1710 3340 1710	6740	1	1	1	16.65	2#
	Φ20	2030 3340 2030	7380	4	4	4	72.91	1#
	Φ20	800 4570 800	6150	1	1	1	15.19	5#
	Φ20	1000 4370 1000	6350	1	1	1	15.68	6#
	Φ20	1200 4170 1200	6550	1	1	1	16.18	7#
	Φ20	1400 3970 1400	6750	1	1	1	16.67	8#
	Φ20	1600 3770 1600	6950	1	1	1	17.17	9#
	Φ20	1800 3570 1800	7150	1	1	1	17.66	10#
	Φ20	2000 3370 2000	7350	1	1	1	18.15	11#

4. 计算基坑 1 顶部纵筋 (图 6-96)

基坑底板顶部钢筋 X 向钢筋计算公式：锚固＋坑口 X 向长度＋锚固

基坑底板顶部钢筋 Y 向钢筋计算公式：锚固＋坑口 Y 向长度＋锚固

基坑 1 底板厚度 800mm，基坑 1 与基坑 2 的高差 1550－1200＝350mm。基坑 1 放坡出边距离 800mm，满足锚固长度 700mm 要求，基坑 1 底板顶部纵筋能够满足直锚，无需弯折锚固。

X 向纵筋长度＝1600＋35×20×2＝3000mm

X 向纵筋根数＝(2200－50－50)÷200＋1＝12根

Y 向纵筋长度＝2200＋35×20×2＝3600mm

Y 向纵筋根数＝(1600－50－50)÷200＋1＝9根

基坑 1 顶部纵筋料单如表 6-28 所示：

表 6-28

构件名称	直径级别	钢筋简图	下料(mm)	根数	件*数	总根数	重量(kg)	备注
集水坑1底板顶部	Φ20	3000	3000	12		12	88.92	@200
	Φ20	3600	3600	9		9	80.03	@200

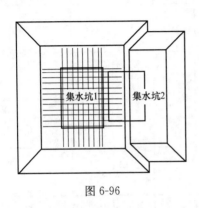

图 6-96

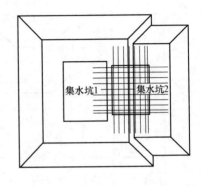

图 6-97

5. 计算基坑 2 顶部纵筋（图 6-97）

X 向纵筋长度＝1400＋35×20×2＝2800mm

X 向纵筋根数＝(1800－50－50)÷200＋1＝10根

Y 向纵筋长度＝1800＋35×20×2＝3200mm

Y 向纵筋根数＝(1400－50－50)÷200＋1＝8根

基坑 2 顶部纵筋料单如表 6-29 所示：

表 6-29

构件名称	直径级别	钢筋简图	下料(mm)	根数	件*数	总根数	重量(kg)	备注
集水坑2底板顶部	Φ20	2800	2800	10		10	69.16	@200
	Φ20	3200	3200	8		8	63.23	@200

6. 计算基坑侧壁钢筋

基坑侧壁钢筋的计算公式：锚固＋坑口尺寸＋锚固

基坑 1 的侧壁钢筋计算：

X 向长度＝35×20＋1600＋35×20＝3000mm

X 向根数＝(1550÷200－1)×2＝14根

Y 向长度＝35×20＋2200＋35×20＝3600mm

Y 向根数＝(1550÷200－1)×2＝14根

基坑2的侧壁钢筋计算：

X 向长度＝35×20＋1400＋35×20＝2800mm

X 向根数＝（1200÷200－1）×2＝10根

Y 向长度＝35×20＋1800＋35×20＝3200mm

Y 向根数＝（1200÷200－1）×2＝10根

基坑侧壁钢筋下料单如表 6-30 所示：

表 6-30

构件名称	直径级别	钢筋简图	下料（mm）	根件数＊数	总根数	重量（kg）	备注
集水坑 1 侧壁	⏀20	3000	3000	14	14	103.74	@200
	⏀20	3600	3600	14	14	124.49	@200
集水坑 2 侧壁	⏀20	2800	2800	10	10	69.16	@200
	⏀20	3200	3200	10	10	79.04	@200

第十八节　基础相关构件钢筋的软件计算

在本章中重点介绍多联基坑的软件计算方法。

E 筋翻样下料软件中提供了三种基坑的计算方法，一种是使用筏板基础平板的软件计算，在软件中的基础～筏板功能，在计算筏板基础平板的同时，可计算输出基坑的底部钢筋。第二种是使用基础～三维基坑功能，单独计算基坑的底部钢筋。第三种是使用基础～基坑功能，计算单个基坑的全部钢筋。

在此以基础～三维基坑功能学习如何使用软件计算。

一、导入图纸（图 6-98）

本步骤作用是将 CAD 图纸中集水坑的坑口导入软件中，以得到两坑的坑口尺寸和位置关系。在导入前，首先在 CAD 图纸中将坑口线分解成直线，多段线的形式无法导入软件。

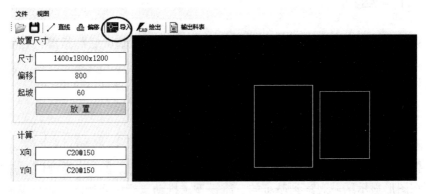

图 6-98

分解完毕后，点击软件工具栏中的"导入"图标，跳转到 CAD 图纸，鼠标框选坑口的线，点击右键，跳转回软件，导入的坑口线显示在软件右侧的黑色图形区域内。

二、设置基坑尺寸

如上图所示，在尺寸输入框内输入基坑 1 的尺寸，第 1 个尺寸是坑口横向尺寸，第 2 个尺寸是坑口纵向尺寸，第 3 个尺寸是基坑 1 的坑深。

在"偏移"输入框内输入基坑 1 的单边起坡出边距离。在"起坡"内输入起坡角度 45°或 60°。

三、放置基坑（图 6-99）

点击"放置"按键，在右侧图形显示区内的基坑 1 图形上捕捉端点，点击鼠标左键放置基坑 1。

重复步骤二和步骤三放置基坑 2。

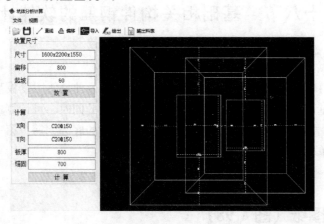

图 6-99

四、计算基坑

在计算项中输入 X 向和 Y 向配筋信息，在板厚中输入基坑底部板厚，在锚固中输入锚固长度。

点击计算按键，左侧显示计算后的基坑 1 和基坑 2 的钢筋网。

五、观察基坑（图 6-100）

若需要观察基坑 1 和基坑 2 的三维效果图，点击视图菜单～三维视图，选择观察视角，即可在图形显示区域观察到基坑的三维模型。推动鼠标中间的滚轮，可缩放三维模型显示的大小，按住鼠标左键，移动鼠标，即可 360°旋转三维模型进行观察。

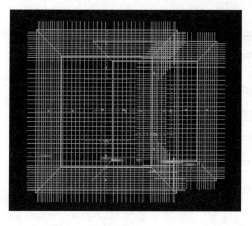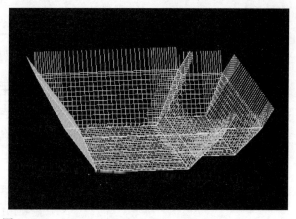

图 6-100

六、输出料单

点击"输出料表"，即可将基坑 1 和基坑 2 的底部钢筋计算结果输出到软件"钢筋表"内。

七、输出排布图

需要输出基坑钢筋排布图时，点击 CAD 绘出，即可跳转到 CAD 软件内，点击鼠标左键，指定插入点，即可将基坑钢筋排布图绘制到 CAD 页面，进行打印。

注意：基础～三维基坑功能只用来计算单个或多联基坑的底部钢筋，基坑顶部钢筋和四壁钢筋计算比较简单，可手算进行补充。

第十九节　基础构件翻样应注意的问题

一、集水坑放坡底筋图纸和现场不符问题

施工现场基坑放坡不准确，如直接按图纸计算，不进行现场尺寸校核，造成基坑钢筋和筏板底筋的料单尺寸与现场不符。同时应注意：（1）集水坑底筋伸入筏板内的锚固长度会因此造成锚固长度不足；（2）筏板高度较小时，忘记考虑筏板厚度，锚固钢筋露出筏板顶面；（3）筏板厚度不满足基坑底筋直锚时，未做弯折锚固。

二、基础梁 JL 上部二排筋端部有外伸构造（图 6-101）

基础梁 JL 上部二排钢筋端部有外伸时，二排筋不伸至外伸端部，伸入边柱或角柱大于等于 L_a。来源 16G101-3 第 81 页。

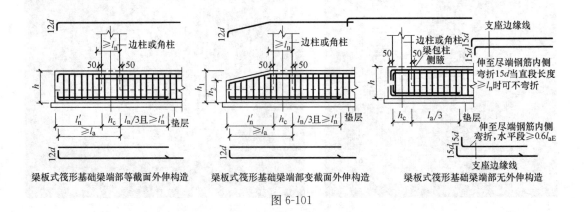

梁板式筏形基础梁端部等截面外伸构造　　梁板式筏形基础梁端部变截面外伸构造　　梁板式筏形基础梁端部无外伸构造

图 6-101

三、集水坑附加筋

集水坑附加筋一般是由筏板附加底筋或附加面筋随集水坑钢筋一起铺设，附加筋要与集水坑的筋放到一份料单上，防止铺设集水坑钢筋时，附加筋还没有加工的情况，耽误施工。

四、集水坑放坡

集水坑放坡遇坑边时，靠坑边一侧应为直角或被坑边截去一部分，不再是完整放坡，如扔按照完整放坡，则集水坑靠坑边的一侧钢筋弯折角度或形状错误。

五、集水坑坑底不完整，底筋的弯折（图 6-102）

集水坑被坑边截取不完整时，底筋向上弯折的位置，图纸有说明到坑底上表面的应按说明做。在现场实际翻样施工时，有部分翻样人员直接按软件料单不修改，造成底筋在端部弯折到筏板顶面的情况，产生钢筋浪费。

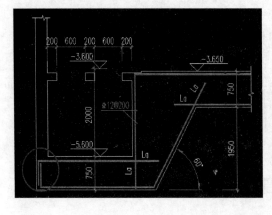

图 6-102

参 考 文 献

［1］ 中国建筑科学研究院. GB 50010—2010 混凝土结构设计规范 ［S］. 北京：中国建筑工业出版社，2015.

［2］ 中华人民共和国住房和城乡建设部. JGJ 3—2010 高层建筑混凝土结构设计技术规程 ［S］. 北京：中国建筑工业出版社，2010.

［3］ 中国建筑科学研究院. GB 50011—2010 建筑抗震设计规范 ［3］. 北京. 中国建筑工业出版社，2010.

［4］ 中国建筑科学研究院. GB 50204—2015 混凝土结构工程施工质量验收规范 ［S］. 北京：中国建筑工业出版社，2015.

［5］ 中国建筑标准设计研究院有限公司. 16G101-1、2、3 混凝土结构施工图平面整体表示方法制图规则和构造详图 ［S］. 北京：中国计划出版社，2016.